高等职业教育“十三五”创新型规划教材

农产品检验与物流安全

吴砚峰　尚书山　主编

北京理工大学出版社
BEIJING INSTITUTE OF TECHNOLOGY PRESS

图书在版编目（CIP）数据

农产品检验与物流安全/吴砚峰，尚书山主编．—北京：北京理工大学出版社，2018.8（2018.9 重印）

ISBN 978-7-5682-5117-4

Ⅰ.①农…　Ⅱ.①吴…　②尚…　Ⅲ.①农产品-食品检验-高等学校-教材②农产品-物流管理-高等学校-教材　Ⅳ.①TS207.3 F724.72

中国版本图书馆 CIP 数据核字（2017）第 319718 号

出版发行／北京理工大学出版社有限责任公司
社　　址／北京市海淀区中关村南大街 5 号
邮　　编／100081
电　　话／（010）68914775（总编室）
（010）82562903（教材售后服务热线）
（010）68948351（其他图书服务热线）
网　　址／http：//www.bitpress.com.cn
经　　销／全国各地新华书店
印　　刷／北京富达印务有限公司
开　　本／787 毫米×1092 毫米　1/16
印　　张／13
字　　数／310 千字
版　　次／2018 年 8 月第 1 版　2018 年 9 月第 2 次印刷
定　　价／35.00 元

责任编辑／刘永兵
文案编辑／刘永兵
责任校对／周瑞红
责任印制／施胜娟

图书出现印装质量问题，请拨打售后服务热线，本社负责调换

前　言

为贯彻落实《国务院关于印发物流业发展中长期规划（2014— 2020 年）的通知》《广西农产品冷链物流系统规划》《中共广西壮族自治区委员会、广西壮族自治区人民政府关于加快服务业发展的若干意见》《广西壮族自治区人民政府办公厅关于进一步促进农产品加工业发展的实施意见》和《广西壮族自治区人民政府关于印发广西壮族自治区国民经济和社会发展第十三个五年规划纲要的通知》等文件，引导广西物流业科学发展，广西壮族自治区人民政府办公厅印发了《广西物流业发展“十三五”规划（2016-2020）》。规划中明确指出未来 5 年，广西将大力推进粮食、食糖物流发展，建设以亚热带果蔬基地为依托的特色农产品冷链、以水产品加工企业为依托的水产品冷链、以农产品批发市场为依托的农产品流通冷链、以大型商业连锁为依托的终端冷链，形成完善的农产品冷链物流体系。

伴随着农产品冷链物流的兴起和发展，农产品质量安全问题也不时发生。因此，如何保障物流过程中农产品质量安全是当前亟待解决的问题。而科学准确的检测数据是农产品质量安全检测的核心竞争力，只有守好“检得准”的“本分”，才能履行好农产品质量安全检测工作的“本职”，成为农产品质量安全监管技术支撑的“本位”。

本书基于当前农产品检验与物流安全的新需求和新形势而编写，目的是满足相关高职院校培养农产品检验与物流安全方面新型技术人才的需要，培养出既掌握农产品检验与物流安全方面的基础知识又具有解决实际问题能力的新型物流人才。

在内容上，本书全面而系统地介绍了农产品检验的相关技术和物流安全的相关要求及应用。

本书由吴砚峰、尚书山担任主编，并负责全书的策划与统稿；廖庆娟担任副主编，具体编写分工如下：第 1 章、第 3 章、第 4 章、第 5 章、第 6 章由尚书山、廖庆娟、李飞诚、余丽燕、李建春编写；第 9 章、第 10 章、第 11 章由吴砚峰、杨清、李建春编写；第 2 章由谷玉红、廖庆娟编写；第 7 章、第 8 章由尚书山、盛舒蕾、王伟编写。本书的编写还得到了山东商业职业学院、广东农工商职业技术学院、太古冷链物流有限公司的大力支持，在此对他们的辛勤工作表示衷心的感谢！

本书是编者长期从事物流专业教学工作的经验积累和体会结晶，在编写过程中也参考了大量的相关书籍、文献、互联网资料和论文等，借鉴了同行专家、学者的意见，在此谨对他们表示由衷的谢意。

由于编者水平有限，书中疏漏和不当之处在所难免，恳请同行和读者给予指正；书中有些观点、资料的引用，由于疏忽可能没有标明出处，在此一并感谢并表示歉意。

编　者

目　录

第 1 章　农产品与农产品质量安全概论 …………………………………………（1）
第一节　农产品定义 ……………………………………………………………（1）
第二节　农产品的种类划分 ……………………………………………………（2）
第三节　农产品质量安全基础知识 ……………………………………………（12）
课后练习 …………………………………………………………………………（15）
案例分析 …………………………………………………………………………（16）
第 2 章　肉的安全检测 ……………………………………………………（17）
第一节　肉的基础知识 …………………………………………………………（17）
第二节　肉的鲜度检测方法 ……………………………………………………（20）
课后练习 …………………………………………………………………………（22）
案例分析 …………………………………………………………………………（23）
第 3 章　农产品中农药残留检测 ……………………………………………（24）
第一节　农药残留检测基础知识 ………………………………………………（24）
第二节　农产品农药残留检测技术与设备 ……………………………………（27）
第三节　有机磷类农药残留的测定 ……………………………………………（35）
第四节　不同国家和地区对农药残留的相关规定 ……………………………（43）
课后练习 …………………………………………………………………………（45）
案例分析 …………………………………………………………………………（46）
第 4 章　农产品中重金属检测 ………………………………………………（49）
第一节　农产品中重金属污染的危害 …………………………………………（49）
第二节　农产品中的重金属检测方法 …………………………………………（53）
课后练习 …………………………………………………………………………（58）
案例分析 …………………………………………………………………………（59）
第 5 章　农产品质量安全检测技术 …………………………………………（60）
第一节　近红外光检测技术 ……………………………………………………（60）

第二节　X射线检测技术 …… (64)
第三节　机器视觉检测技术 …… (68)
第四节　声学特征及超声波检测技术 …… (71)
第五节　生物传感器检测技术 …… (73)
课后练习 …… (75)
案例分析 …… (76)
第6章　农产品运输安全管理 …… (77)
第一节　农产品运输安全基础知识 …… (77)
第二节　农产品运输安全的技术与设备 …… (81)
第三节　冷链运输管理实训系统 …… (92)
课后练习 …… (103)
案例分析 …… (103)
第7章　农产品贮藏安全管理 …… (105)
第一节　农产品贮藏安全基础知识 …… (105)
第二节　农产品贮藏的安全设施设备 …… (109)
第三节　冷链仓储管理实训系统介绍 …… (118)
课后练习 …… (132)
案例分析 …… (133)
第8章　农产品质量安全追溯 …… (135)
第一节　农产品质量安全追溯概述 …… (135)
第二节　农产品质量安全监管与追溯信息系统 …… (137)
第三节　冷链温度GPS追溯子系统 …… (139)
课后练习 …… (144)
案例分析 …… (145)
第9章　农产品质量安全法律法规 …… (147)
第一节　《中华人民共和国农产品质量安全法》解读 …… (147)
第二节　新修订的《中华人民共和国食品安全法》解读 …… (152)
第三节　农产品流通的法律制度 …… (156)
课后练习 …… (158)
案例分析 …… (159)
第10章　农产品质量安全的标准 …… (161)
第一节　农产品质量安全标准概述 …… (161)
第二节　农产品质量安全的技术标准 …… (168)
课后练习 …… (177)
案例分析 …… (178)
第11章　我国冷链物流的发展与趋势 …… (179)
第一节　我国冷链物流发展情况介绍 …… (179)

第二节 我国冷链物流班列的发展 ……………………………………………………………（184）
第三节 我国生鲜电商异军突起 ………………………………………………………………（189）
第四节 快递与冷链物流融合发展 ……………………………………………………………（195）
课后练习 ……………………………………………………………………………………………（197）
案例分析 ……………………………………………………………………………………………（198）

第1章

农产品与农产品质量安全概论

第一节　农产品定义

目前对农产品的定义很多，一般而言，农产品的定义有狭义与广义的两种。狭义的是指由种植而获得的产品，包括粮食作物种植与经济作物种植产生的产品；广义的农产品除了狭义农产品外，还包括其他农业生产所产生的动植物产品，如林业产品、水产品、养殖产品等。

一、农产品的概念

从广义上讲，农产品是指种植业、养殖业、林业、牧业、水产业生产的各种植物、动物的初级产品及初级加工品。具体包括种植、饲养、采集、编织、加工以及捕捞、狩猎等产业的产品。主要有粮食、油料、木材、肉、蛋、奶、棉、麻、烟、茧、茶、糖、畜产品、水产品、蔬菜、花卉、果品、干菜、干果、食用菌、中药材、土特产品以及野生动植物原料等。

二、其他相关概念

（一）初级农产品

初级农产品是指种植业、畜牧业、渔业产品，不包括经过加工的这类产品。初级农产品包括谷物、油料、农业原料、畜禽及产品、林产品、水产品、蔬菜、水果和花卉等。

（二）初级加工农产品

初级加工农产品是指必须经过某些加工环节才能食用、使用或储存的加工品，如消毒奶、分割肉、食用油、饲料等。

（三）名优农产品

名优农产品是指由生产者自愿申请，经有关部门初审，经权威机构根据相关规定程序认定的生产规模大、经济效益显著、质量好、市场占有率高，已成为当地农村经济主导产业，有品牌、有明确标识的农产品。产品种类包括粮油、蔬菜、水果、畜禽及其产品、水产品、棉麻、花卉、中药材、食用菌、种子、苗木等。

（四）转基因农产品

转基因农产品是指利用基因转移技术，即利用分子生物学的手段将某些生物的基因转移到另一些生物的基因上，进而培育出的人们所需要的农产品。

（五）免税农产品

免税农产品是指直接从事植物的种植、收割和动物的饲养、捕捞的单位和个人的自产农产品。

购进免税农产品的买价，只限于经主管税务机关批准使用的收购凭证上注明的价款。购买农产品的单位在收购价格之外按规定交纳农业特产税，准予并入农产品的买价计算进项税额。

我国已取消了原设的特产税，有些地方还取消了农业税，这对我国的农业产业结构调整和发展高效农业将产生不可估量的促进作用。

第二节　农产品的种类划分

农产品品种繁多，其分类方法也有多种，既有传统习惯的分类方法，也有随着新的农产品产生而出现的新的分类方法。如表 1–1 所示。

表 1–1　农产品分类

分类依据	种　　类
按照传统习惯分类	粮油、果蔬及花卉、林产品、畜禽产品、水产品和其他农副产品
按照品质分类	普通农产品、无公害农产品、绿色食品、有机食品
按照是否经过加工分类	初级农产品、初级加工和深加工农产品
按照是否有转基因成分分类	非转基因农产品、转基因农产品

一、按传统习惯划分的农产品

按传统习惯一般把农产品分为粮油、果蔬及花卉、林产品、畜禽产品、水产品和其他农副产品六大类。

（一）粮油

粮油是对谷类、豆类、油料及其初加工品的统称。粮油产品是关系到国计民生的农产品，它不仅是人体营养和能量的主要来源，也是轻工业的主要原料，还是畜牧业和饲养业的主要饲料来源。粮食是人类生存和发展的最基本的生活资料。离开粮食，人类就无法生存，整个社会再生产就无法进行。我国人口众多，耕地面积少，解决和保证吃饭问题显得尤为重要。

我国粮食作物有 20 多种，产地分布广泛，长江流域和长江以南是稻米主产区，黄河两岸是小麦主产区，东北、内蒙古和华北地区盛产玉米、大豆和杂粮，东北的水稻、玉米、大豆享誉全国。我国利用植物种子做油料原料的农产品有大豆、芝麻、花生、棉籽、菜籽、葵花籽、玉米等。芝麻油是一种香料油，又称为香油。

按植物学科属或主要性状、用途可将粮油分为原粮（禾谷类、豆类、薯类）、成品粮、油料（草本油料、木本油料，非食用油料、食用油料）、油脂（食用油脂、非食用油脂）、粮油加工副产品、粮食制品和综合利用产品等七大类。粮食又可分为主粮和杂粮、粗粮和细粮、夏粮和秋粮、贸易粮、混合粮等。

农业是我国国民经济的基础，而粮油产品的生产是农业的基础。研究粮油产品的生产、加工、检验、储存和养护，有效利用粮油产品资源，充分发挥粮油原料及其产品在人民生活和工业生产、农业生产中的作用，是我国经济建设的一项重要任务。

（二）果蔬及花卉

1. 蔬菜和果品

蔬菜和果品，尤其蔬菜是人们日常生活中不可缺少的副食品，果蔬所含的营养成分对人类有特殊的食用意义，新鲜果蔬含有丰富的维生素和矿物质。食用果蔬不仅可使人体摄取较多的维生素来预防维生素缺乏症，而且大量的钠、钾、钙等矿物质的存在使果蔬成为碱性物质，在人体的生理活动中起着调节体液酸碱平衡的作用。果蔬中所含的糖和有机酸可以供给人体热量，并能形成鲜美的味道。果蔬中的纤维素虽不能被人体吸收，但能促进胃肠蠕动，刺激消化液分泌，有助于食物的消化吸收及废物的排泄。很多果蔬还能调节人体生理机能，有辅助治疗疾病的作用。

我国地域辽阔，地跨寒、温、亚热三个气候带，自然条件优越，气候、土壤和地形等自然环境条件适合果蔬的生长，果树和蔬菜资源极其丰富，培育了许多优良品种。我国果蔬种类多、品种全、品质佳闻名于世界。蔬菜如胶州的大白菜、章丘的大葱、北京的“心里美”萝卜、四川的榨菜、湖南的冬笋；果品如山东的香蕉苹果和大樱桃，辽宁的国光苹果，河北的鸭梨，吉林延边的苹果梨，山东和辽宁的山楂，浙江奉化的玉露水蜜桃，山东肥城的佛桃，广东和台湾的香蕉、菠萝，广东和福建的荔枝、龙眼，四川江津的鹅蛋柑，江西的南丰蜜橘，广西的沙田柚，等等。这些果蔬风味各异，是享有盛誉的名果蔬。近年来，我国培育和改良了很多果蔬品种，同时引进了很多国外果蔬品种，丰富了国内果蔬资源，满足了市场需要。

蔬菜按食用器官可分为：① 根菜类，如萝卜、土豆。② 茎菜类，如莴笋、竹笋、莲藕。③ 叶菜类，如小白菜、大白菜、菠菜、大葱。④ 果菜类，如茄子、黄瓜、菜豆。⑤ 花菜类，如黄花菜、菜花。⑥ 食用菌类：如香菇、木耳。

蔬菜按农业生物学可分为根茎类、白菜类、芥菜类、甘蓝类、绿叶菜类、葱蒜类、茄果类、瓜类、豆类、水生菜类、多年生菜类和食用菌类。

果品按果实构造可分为：① 仁果类，如苹果、梨、山楂。② 核果类，如桃、枣。③ 浆果类，如葡萄、香蕉。④ 坚果类，如核桃、板栗。⑤ 柑橘类，如柑、橘、橙、柚、柠檬。⑥ 复果类，如菠萝、菠萝蜜、面包果。⑦ 瓜类，如甜瓜、西瓜。

果品按商业经营习惯可分为鲜果、干果、瓜类以及它们的制品四大类。鲜果是果品中最多和最重要的一类。为了经营方便又把鲜果分为伏果和秋果，还分为南果和北果。

2. 花卉

“花卉”中的“花”和“卉”是两个含义不同的字，花是高等植物繁殖后代的器官，卉是百草的总称。“花卉”一词从字面上讲，就是开花的植物。《辞海》中解释“花卉”是“可供观赏的花、草”。随着科学技术的发展和人们审美意识的发展，人们对植物的观赏已不仅限于花和卉，因而花卉的概念也随之扩大。从广义上说，凡是花、叶、果的形态和色彩、芳香能引起人们美感的植物都包括在花卉之内，统称为观赏植物。

根据花卉的形态特征和生长习性可分为草本花卉、木本花卉、多肉类花卉、水生类花卉和草坪类植物。① 草本花卉可分为一年生草花，如一串红、鸡冠花等；二年生草花，如金鱼草、石竹等；多年生草花，如菊花、荷花、大丽花等。② 木本花卉可分为乔木花卉，如梅花、白玉兰等；灌木花卉，如月季、牡丹等；藤本花卉，如凌霄、紫藤等。③ 多肉类花卉常见的有仙人掌科的昙花、令箭荷花、蟹爪兰，龙舌兰科的龙舌兰、虎尾兰，萝藦科的大花犀角、吊金钱，凤梨科的小雀舌兰等。④ 水生类花卉常见的有荷花、睡莲、王莲、凤眼莲、水葱、菖蒲等。⑤ 草坪类植物常见的有红顶草、早熟禾、野牛草等。

根据花卉的观赏器官可分为：① 观花类，如菊花、仙客来、月季等。② 观叶类，如文竹、常春藤、五针松等。③ 观果类，如南天竹、佛手、石榴等。④ 观茎类，如佛肚竹、光棍树、珊瑚树等。⑤ 观芽类，常见的有银柳等。

根据花卉的经济用途可分为：① 观赏用花卉，包括花坛用花，如一串红、金盏菊等；盆栽花卉，如菊花、月季等；切花花卉，如菊花、百合等；庭院花卉，如芍药、牡丹等。② 香料用花卉，如白兰、水仙花、玫瑰花等。③ 熏茶用花卉，如茉莉花、珠兰花、桂花等。④ 医药用花卉，如芍药、牡丹、金银花等。⑤ 环境保护用花卉，是具有吸收有害气体、净化环境作用的花卉，如美人蕉、月季、罗汉松等。⑥ 食品用花卉，如菊花、桂花、兰花等近百种，花粉食品方兴未艾。

（三）林产品

现代林产品是指森林资源能够提供给市场的，用于满足消费者和用户某种需要的产品。近代林产品主要是指木材及其副产品。可分为两大类：一类是木材及各种木材加工制品，另一类是经济林及森林副产品。近代林产品把木材作为主产品，把其余的称为副产品，这样势必产生对其他林产品的强烈排斥性，使林产品种类少、精品更少，林产业日趋萎缩。现代林产品是指把森林资源变为经济形态的所有产品，其内涵在不同的时空条件下会有所变化，这对林产品的生产有积极的作用。

木材是林业的基本产品。木材有良好的物理性能和多种化学成分，是经济建设和人们生活中用途最广的材料。工业、农业、交通运输业、建筑业等行业都需要木材。如煤矿的坑木，铁路的枕木，建筑用木材，造纸原料，机械工业材料，化学工业材料，人们日常生活中所需的家具、工具、器皿，文化和体育用品等。木材不仅是国民经济各部门基本的原料，而且自古以来就是人类的重要能源之一。虽然随着科学技术的进步，煤、石油、天然气、核能、太阳能等产业飞速发展，但由于人口的增加，在今后较长的时期内，薪材的需要量仍然相当大。综上所述，木材及其加工品是国民经济中用途最广的一种基本材料，与国民经济各方面都有着密切的联系，木材的充分供给是保证国民经济发展的重要条件。

中国经济林分布广泛，从南到北，从东至西，各处都有。树种主要有乌桕、油桐、漆树、杜仲、毛竹、油棕、椰子、油橄榄、巴旦果、油楂果、香榧、油茶、山苍子、青檀、五倍子等。经济林产品主要有：① 木本油料，如核桃油、茶油、橄榄油、文冠果油等木本食用油及桐油、乌桕油等工业用油。② 木本粮食，如板栗、柿子、枣、银杏及多种栎类树的种子。③ 特用经济林产品，如紫胶、橡胶、生漆、咖啡、金鸡纳等。林化、林副产品种类更是繁多，如松香、栲胶、栓皮及各种药材、芳香油、纤维原料、编织原料、淀粉、食用菌等。此外，林区丰富的野生动植物资源所提供的动物蛋白质、毛皮、药材以及观赏动植物等，都有着重要的经济意义和科研价值。

我国劳动人民从事经济林产品和林副产品的生产有着悠久的历史。这些产品对国计民生有着重大意义，很多产品是机械、电器、化工、国防、医药、食品、日用品等工业部门的重要原料，而且有的还是我国传统的出口商品。例如：① 油桐是我国特有的油料树种，早在唐朝就有栽培记载。采用桐籽生产的桐油是优质工业用油，为制造油漆、防水制品等产品的重要原料，此外，在农业、医药上也有广泛用途。截止到 2012 年，我国油桐林种植面积约 41.46 万 hm^2，每年可产桐油 33.59 万 t，占世界桐油产量的比重很大，是我国换汇率很高的大宗出口商品之一，在国际市场上享有很高的声誉。② 松香是重要的化工原料，用于肥皂、造纸、油漆、塑料、医药、电气、化工、橡胶等行业，也是我国重要的出口商品。2013 年，我国松香年产量约 50.67 万 t。③ 紫胶也是重要的工业原料，广泛用于国防、电气、油漆、塑料、医药等 30 多个工业部门。由于其具有绝缘性强、黏合力大、易溶于酒精和易干、坚固等优点，其他原料无法代替。④ 油茶是我国特有的木本油料树种，据了解，全国油茶林面积已经由 2008 年的 4 500 万亩[①]发展到现今的 6 400 多万亩，油茶籽产量从 96 万 t 增加到 217 万 t，茶油产量由 20 多万 t 增加到 53.86 万 t，产值由 110 亿元增加到 661 亿元，尤其是在推动山区农民脱贫致富、实施精准扶贫中的作用中越来越明显。茶油色清味香，不饱和脂肪酸的含量高，是优质的食用油。目前，世界上已经有一些国家实现或基本实现了食用油木本化，所以积极发展油茶、核桃、油橄榄等木本油料生产，是解决我国食用油不足的重要途径。⑤ 生漆也是我国著名特产，经济价值很高，具有耐腐、耐磨、耐酸、耐溶剂、耐热、隔水和绝缘性好、富有光泽等特性，是军工、工业设备、农业机械、基本建设、手工艺品和高端家具等的优质涂料，也是中国传统出口的重要商品之一，以量多质好著称于世。此外，林区出产的木耳、香菇、竹笋、干鲜果品、中草药材及野生观赏植物等产品，除了满足人们生活多方面的需要外，也是出口换汇的重要商品。

（四）畜禽产品

畜禽产品从广义上讲，是指肉、乳、蛋、脂、肠衣、皮张、绒毛、鬃尾、细尾毛、羽毛、骨、角、蹄壳及其初级加工品等。从狭义上讲，即从我国商品经营分工的角度来讲，肉、乳、蛋、脂属食品和副食品范畴，也就是我们这里所说的畜禽产品。皮张、绒毛、鬃尾、细尾毛、羽毛、肠衣属畜产品，而骨和角、蹄壳分别属废旧物资和中药材商品。

畜禽产品作为食品是人类摄取动物蛋白的主要来源，能为人类提供丰富的营养。但这类食品由于富含蛋白质、脂肪、糖等，易于腐败变质，人们食用腐败变质的畜禽产品会发生中毒，并且患病动物还带有致人患病的病原体，动物肿瘤与人的癌症有一定的相关性。肉食品加工烹调不当，常使人的健康遭受严重损害，故需要严格的卫生检验。国民经济的迅猛发展，促进了饲养业的发展，人民生活水平的提高使畜禽产品的需求量越来越大，因而对畜禽产品的质量也提出了更高的要求。

（五）水产品

水产品是指水生的具有一定食用价值的动植物及其腌制、干制的各种初级加工品。水产品，特别是鱼、虾、贝类等，自古以来一直是人们的重要食物之一。随着人们生活水平的不断提高和对蛋白质需求量的不断增长，水产品作为动物性蛋白质的来源，其重要性日益显著。

---

① 1 亩 = 0.067 hm^2。

水产业是以栖息、繁殖在海洋和内陆淡水水域的鱼类、虾蟹类、贝类、藻类和海兽类等水产资源为开发对象，进行人工养殖、合理捕捞和加工利用的综合性社会生产部门。据中科院南海海洋研究所公布的数据显示，我国近海渔场面积150万 km^2，约占世界渔场总面积的24%。我国近海渔场有鱼类1 700多种。主要经济鱼类70多种。我国淡水鱼类有800余种，具有经济价值的有250余种，体型较大、产量较高的重要经济淡水鱼类有50余种。我国发展水产业的方针是以养殖为主，养殖、捕捞、加工并举，因地制宜，重在保护。近年来我国采取了积极有效的措施，严格实行休渔制度，使我国的海水、淡水捕捞和海水、淡水养殖业持续稳定健康发展。

水产品按生物学分类法可分为藻类植物（如海带、紫菜等）、腔肠动物（如海蜇等）、软体动物（如扇贝、鲍鱼、鱿鱼等）、甲壳动物（如对虾、蟹等）、棘皮动物（如海参、海胆等）、鱼类（如带鱼、鲅鱼、鲤鱼、鲫鱼等）、爬行类（如甲鱼等）；按商业分类法可分为活水产品（包括海水鱼、淡水鱼、甲鱼、蟹、贝类等）、鲜水产品（含冷冻品和冰鲜品，包括海水鱼、淡水鱼、虾、蟹等）、水产加工品（按加工方法分为水产腌制品和水产干制品，包括淡干品、盐干品、熟干品；按加工原料分为咸干鱼、虾蟹加工品、海藻加工品、其他水产加工品）。

（六）其他农副产品

其他农副产品主要是指除农产品的粮油、果蔬及花卉、林产品、畜禽产品、水产品的主产品之外的烟叶、茶叶、蜂蜜、棉花、麻、蚕茧、畜产品、生漆、食用菌、干菜和调味品、中药材及野生植物原料等产品。

1. 烟叶

烟叶是烟草的叶片，是制作卷烟、雪茄烟、丝烟、鼻烟和嚼烟等烟制品的主要原料。

烟叶经过初步加工（烤、晒、晾）即可供人们吸用，有兴奋神经的作用；烟叶可制作卷烟、雪茄烟、丝烟、鼻烟、嚼烟等烟制品；烟叶、烟蒂、烟籽、烟结、烟筋经过加工可提取烟碱，烟碱有杀虫灭菌功效，烟茎可用于造纸、压制纤维板和提取活性炭等。

我国烟叶的种类很多，根据烟草品种和加工制作方法不同可分为：① 经过人工控制热能并在专门的烤房内进行烘烤而成的烤烟（初烤烟、复烤烟；清香型烟、浓香型烟、中间香型烟）。烤烟主要用于制作烤烟型卷烟，少数用于制作混合型卷烟、丝烟和雪茄烟。② 露天用日光晒制成的晒烟（晒黄烟、晒红烟、梧晒烟、香料烟、黄花烟）。晒烟主要用于制作旱烟丝、水烟丝、雪茄烟，香料烟叶主要用作配料。③ 在晾房内自然干燥而成的晾烟（白筋烟、武鸣整株晾烟、雪茄包中烟）。晾烟主要用于生产混合型卷烟、雪茄烟、水烟丝和雪茄烟外包皮。

2. 茶叶

茶叶是从茶树上采摘下来的鲜叶，经过加工，可制成供人们饮用，色、香、味、形各异的成品茶。茶树属于茶科，为多年生常绿植物。按树型可分为乔木型、灌木型和半乔木型三种。

鲜茶叶采摘后，必须经过加工才能成为成品茶。茶叶经过各种技术处理促使叶内的有效成分发生变化，形成具有不同的色、香、味、形的毛茶，称为鲜叶加工或初制；毛茶经过筛分、拣剔、复火等技术处理后，分别加工成符合成品茶规格的不同品种和等级的成品茶，称为毛茶加工或精制；还有用毛茶加工成不同等级的茶坯，与各种鲜香花配合，通过窨制技术处理加工成为花茶。

茶叶和咖啡、可可是世界的三大饮料，其中茶叶作为饮料的历史最久，饮用的人口最多、分布最广。我国是饮用和生产茶叶历史最悠久的国家，也是传统的茶叶出口国，享有“茶的祖国”之誉。茶叶含有矿物质、茶多酚、生物碱、糖类、蛋白质、芳香物质、色素、维生素、酶等。茶叶中的许多物质对人体健康都非常有益。常饮茶对人体大有好处，能起到营养保健的作用，可止渴散热、清心明目、提神解乏、溶脂除腻、利尿排毒、杀菌消炎、强心降压、补充维生素及防御辐射伤害等。据研究，茶叶里所含的多酚类成分能吸收放射性物质 Sr（锶）；多酚类中的儿茶素还具有近似于维生素 P 的作用，能增强人体心肌活动和血管弹性，有预防动脉硬化的作用，对于某些类型的高血压也有一定的疗效，儿茶素制剂对肾炎、慢性肝炎和白血病也有辅助疗效。茶叶还有降低胆固醇、抗凝血和促进纤维蛋白溶解的作用，对冠心病患者具有辅助治疗效果。近几年的研究认为，茶叶具有抗癌的作用。

茶叶按制茶方法结合成品茶的品质特征分为七大类：① 鲜茶叶经萎凋揉捻或揉切、发酵、干燥制成的红茶类。红茶按制法分为工夫红茶、小种红茶和红碎茶三种。② 鲜茶叶经高温杀青、揉捻、干燥制成的绿茶类。绿茶按制法分为锅炒杀青绿茶（炒青绿茶：炒干，如珍眉、贡熙、雨茶、秀眉、龙井；烘青绿茶：烘干，如毛峰、瓜片、碧螺春）和蒸汽杀青绿茶（如玉露、蒸青）。③ 鲜茶叶经晒青、做青、炒青、揉捻、干燥制成的乌龙茶类。乌龙茶按制法和成品茶品质特征分为水仙（如武夷山水仙、闽北水仙、凤凰水仙、闽南水仙）、奇种（武夷奇种）、铁观音、色种（色种、包种）、乌龙。④ 茶叶经萎凋、干燥制成的白茶类。白茶按茶树品种及叶子老嫩可分为白毫银针（大白茶顶芽制成）、白牡丹（大白茶，小叶种一芽二三叶制成）、贡眉（大白茶，小叶种一芽二三叶制成）、寿眉（小叶种单片制成）。⑤ 素茶（即花茶坯）经花窨制成的花茶类。花茶按所用素茶品种可分为绿茶花茶（如茉莉花茶、珠兰花茶、白兰花茶、玳玳花茶等）、乌龙花茶（如桂花铁观音、树兰色种、茉莉乌龙等）、红茶香茶（如玫瑰红茶、荔枝红茶等）。⑥ 毛茶经筛分整形、蒸压成型制成的紧压茶类（如米砖、青砖、黑砖、茯砖、沱砖、花砖、紧茶、六堡茶等）。⑦ 用毛茶或鲜茶直接制成，可用于冷水或温水而无残渣的速溶茶类（如速溶红茶、速溶绿茶、调味速溶茶等）。

3. 蜂产品

蜂产品主要包括蜂蜜、蜂王浆和蜂蜡。

蜂蜜是蜜蜂采集蜜源植物花中蜜腺上的花蜜或其他分泌物，经过充分酿造而储存在巢脾中的甜物质。

蜂蜜有良好的药物用途。蜂蜜不含脂肪，适于心脏病患者食用。蜂蜜可补血益气、润燥滑肠、止咳解毒，对肺病、高血压、眼病、肝病、痢疾、便秘、贫血、神经系统疾病、胃和十二指肠溃疡病等均有良好的辅助治疗作用。蜂蜜外用可以治疗烫伤、滋润皮肤和防治冻伤。蜂蜜还有矫正不良气味和防腐作用，是中药丸的主要原料。蜂蜜是良好的营养食品，蜂蜜的主要成分是单糖，可直接被肠胃吸收，热量很高，强体力劳动者和运动员服用蜂蜜能减轻或解除疲劳。蜂蜜中含有蛋白质、维生素，能增加人体营养。蜂蜜中有多种矿物质，易被人体吸收利用。蜂蜜还广泛用于制作果脯、糕点、糖果、冷饮及酒类等食品中。由于蜂蜜富含果糖，有吸湿性，因此，用蜂蜜制作的糕点甜润酥松，富有特色。

按蜜源可将蜂蜜分为花卉蜜（又称自然蜜）和甘露蜜。花卉蜜就是我们日常所说的蜂蜜，是从花卉中获取的蜂蜜，可分为单花蜜和杂花蜜。单花蜜如椴树蜜、枣花蜜、荔枝蜜等，杂花蜜又称混合蜜、百花蜜。甘露蜜是从同翅目的蚜虫、介壳虫等一类昆虫的排泄物中采集的蜜。

蜂蜜的颜色可分为水白色、白色、浅琥珀色、黄色、琥珀色、深琥珀色、深棕色。

此外，还有一种毒蜜，虽很少见，但危害较大。一般认为雷公藤、藜芦、乌头、杜鹃蜜等是有毒的，要特别注意。

4. 棉花

棉花是纺织工业的重要原料，又是人们必需的生活资料。商品棉花指的是棉农出售的籽棉、皮棉和絮棉。带有棉籽的棉纤维叫籽棉。籽棉不能直接使用，需进行轧花加工使纤维与棉籽分离。经过轧花机把棉籽轧掉，所得的棉纤维叫皮棉，也叫原棉。皮棉是纺织工业的重要原料。皮棉经再加工可弹成絮棉。

按棉花的类别（即按棉纤维的粗细、长短）可将棉花分为细绒棉（又称陆地棉：细度为18~25 μm，长度为25~31 mm）、长绒棉（又称海岛棉：细度为14~22 μm，长度为33 mm以上）、粗绒棉（又称亚洲棉或非洲棉：细度为20~30 μm，长度为13~25 mm）。按棉花的色泽可将棉花分为白棉、黄棉和灰棉。按棉花的初步加工状态可将棉花分为皮辊棉、锯齿棉。

5. 麻

麻是麻类植物的总称，属于一年或多年生的草木纤维植物。麻纤维是指麻的韧皮纤维和叶纤维经过加工（剥制和脱胶）制成的可用纤维。麻纤维是纺织工业的重要原料之一，在国民经济中占有重要地位。

麻按采用的部位不同可分为韧皮纤维和叶纤维。韧皮纤维是从双子叶植物茎部剥下来的纤维，质地柔软，又称软质纤维，如苎麻、黄麻、红麻、亚麻、大麻、青麻等。叶纤维是从单子叶或叶鞘中取出来的管束纤维，质地粗硬，又叫硬质纤维，如剑麻、蕉麻、假菠萝麻等。

韧皮纤维根据含木质纤维的多少分为木质纤维和非木质纤维两种。木质纤维比较粗硬，如红麻、黄麻、青麻，可制成麻布、麻袋、绳索等；非木质纤维品质柔软，如苎麻、亚麻、大麻等，可作为纺织原料。叶纤维粗硬，主要用于制绳索、造纸、织渔网等。

6. 蚕茧

蚕茧是蚕在化蛹前用吐出的丝结成的茧。用蚕茧缫得的生丝称为蚕丝。远在5 000年前，我们的祖先就利用蚕茧取丝织帛了。蚕丝纤维强韧而富有弹性，细而柔软，具有良好的吸湿性、保暖性、绝缘性、耐腐性和化学稳定性。其制品光滑优美、染色鲜艳、穿着舒适，是优质纺织原料，是我国传统的出口商品。

蚕茧按蚕的品种可分为改良蚕茧、土改良蚕（又称自留蚕）茧、土蚕茧；按生产季节可分为春蚕茧、秋蚕茧、夏蚕茧；按蚕茧的初步加工可分为鲜蚕茧、半干蚕茧、干蚕茧；按蚕茧的质量可分为上蚕茧、次蚕茧、下脚蚕茧；按蚕茧的大小可分为大蚕茧、中蚕茧、小蚕茧、特大蚕茧和特小蚕茧。

7. 畜产品

畜产品是畜禽产品的副产品，是指具有经济价值的皮张、绒毛、鬃尾、细尾毛、羽毛、肠衣等产品。畜产品在国民经济中有着重要的作用。畜产品是工业的重要原料，如用于毛纺、地毯、制革、毛皮及制刷、制肠衣等轻工业；是国防建设的重要物资，如制造背带、炮衣、马鞍用皮、武装带、子弹盒、军用皮包、飞行服、皮大衣、皮帽、皮靴、皮鞋、皮手套、滤油皮、拖拉重武器的皮带、各种炮刷、军舰卫生用刷、油漆刷等；可满足人们的生活需要，人们生活水平的提高不仅表现为对肉、乳、蛋等动物性蛋白的需求量的增加，而且很大程度上反映在人们对畜产品占有量的提高上，人们日常穿戴的毛衣、毛料服装、皮大衣、皮帽、皮手套、镶皮围巾、皮鞋，使用的皮包、皮带、毛笔、化妆笔、胡刷、衣服刷、油漆刷、弦乐器的弓弦、劳保服装以及多种药品等都是畜产品制品；是我国传统的出口商品，如猪鬃、肠衣、小湖羊皮、山羊板皮、山羊绒、兔毛、羽毛等。大力发展畜产品的生产不仅能满足我国农业、工业、国防、人民生活的需要，还能换回大量外汇，促进国民经济的发展。

8. 生漆

生漆是天然漆，也称国漆、大漆。生漆是从漆树的韧皮内部割流出来的乳白色黏稠液体，是漆树的一种生理分泌物。漆树属于漆树科漆树属，是一种落叶乔木。生漆是我国著名的特种林产品，产区遍布全国十几个省，主要产地是湖北、四川、陕西、贵州和云南等省。

生漆漆膜坚硬而富有光泽，具有独特的耐久性、耐磨性、耐油性、耐水性、耐溶剂性、耐腐蚀性以及绝缘性等优良性能。这些优良性能是目前合成涂料所无法相比的，故有“涂料之王”之称。生漆可广泛用于国防工业、石油化工工业、采矿工业和地下工程、纺织印染工业以及漆制工艺品、研制新型涂料、修缮古代文物建筑等，经炮制后的干漆作为中药可用于治疗疾病和外伤止血等。

生漆按产地可分为毛坝漆（产于湖北利川、恩施、宣恩、咸丰、来凤等地）、建始漆（产于湖北建始、巴东、鹤峰、五峰、长阳、宜都等地）、西北漆（产于我国西北部）；生漆按特性可分为大木漆和小木漆两类。

9. 食用菌、干菜和调味品

食用菌是指能形成显著的肉质或胶质子实体并可供人类食用的大型真菌，人们从古至今都以菇、蕈、菌、蘑、耳等称之，如香菇、平菇、玉蕈、木耳、银耳、口蘑、松口蘑、凤尾蘑、猴头菌、羊肚菌、牛肝菌等。目前，全世界可食用的大型真菌有 2 000 多种，被人类所利用的有 400 多种，能进行人工栽培的有 50 多种，其中形成大规模商业化栽培的有 20 多种。食用菌是一种营养丰富并兼有食疗价值的食品，蛋白质含量丰富，介于肉类和蔬菜之间，所含的氨基酸种类较多；矿物质的含量也较多，尤其是磷的含量较高，有利于人体各种生理机能的调节。食用菌还含有较多的核酸和多种维生素，包括 VB_1、VB_2、VPP、VC 和 VD 原等。此外，香菇、木耳、银耳、灰树花、猴头菌等许多食用菌还兼有多种特定的滋补保健作用和医疗功效。广义的食用菌还包括利用发酵作用进行食品加工的丝状真菌和酵母菌。

我国是食用菌生产的第一大国，食用菌种类繁多，有 1 000 多种大型真菌，其中具有食用价值的有 200 多种。近年来不断地开发栽培新品种和从国外引进新品种，使我国的食用菌种类和栽培的品种更加丰富。按照我国经营习惯可将食用菌分为木耳类和蘑菇类，木耳类包括黑木耳、银耳、黄木耳、金耳等；蘑菇类包括木耳类以外所有的大型食用菌类，如香菇、口蘑、猴头菌等。

干菜和调味品在我国有着丰富的自然资源，广泛分布于全国的山林、草原和农田，是一种重要的农副产品。干菜和调味品也是传统的、享有盛誉的出口产品。

10. 中药材及野生植物原料

中药材是指中医作为调剂处方、配制中成药所用的原料，其中大部分是只经过初步加工的原生药。根据性质不同可分为植物药、动物药和矿物药三大类。

我国地大物博，自然条件优越，中药材资源极其丰富，是巨大的天然药库。已知可供药用的植物、动物和矿物有 5 000 多种，其中植物约占 90%。

野生植物原料种类繁多，分类方法很多。根据用途可分为：野生纤维类，主要是指各种禾草和竹子；野生脂肪油料及芳香油料，如蓖麻籽、山苍籽等。

二、按品质划分的农产品

按品质划分，农产品可以分为普通农产品、无公害农产品、绿色食品、有机食品。无公害农产品是保障农产品质量安全的最低要求，是农产品消费安全的“底线”；绿色食品是我国农产品中的精品，可满足部分消费者的特殊需求；有机食品是我国农业今后发展的方向，主要服务出口贸易和高端市场。不同品质的农产品可以满足不同层次的消费需求，符合我国生产力的发展水平。

（一）普通农产品

普通农产品是指尚未经过质量认证的农产品，其中一部分是虽未经过认证但实际上并无质量问题的合格农产品或安全农产品，另一部分为未经过质量认证且实际上有质量问题的不合格农产品。

（二）无公害农产品

无公害农产品是指产地环境、生产过程和产品质量符合国家有关标准和规范，经认证合格，获得认证证书并允许使用无公害农产品标志的未经加工或者初级加工的食用农产品。这个概念有三层含义：

——必须按照国家和行业标准生产，并且有毒有害物质残留量控制在质量安全允许范围内；

——必须经过有关无公害农产品认证机构的认证；

——未经加工或者初级加工的食用农产品。

（三）绿色食品

绿色食品是指从中国的国情出发，遵循可持续发展原则，按照特定生产方式生产，经专门机构认定，许可使用绿色食品标志的无污染的安全、优质、营养类食用农产品。绿色食品分为 A 级和 AA 级。

A 级绿色食品是指生产地的环境质量符合 NY/T 391—2013《绿色食品　产地环境质量》标准，生产过程中严格按照绿色食品生产资料使用准则和生产操作规程要求，限量使用限定的化学合成生产资料，产品质量符合绿色食品标准，经专门机构认定，许可使用 A 级绿色食品标志的产品。

AA 级绿色食品是指产地的环境质量符合 NY/T 391—2013《绿色食品　产地环境质量》标准，生产过程中不使用化学合成肥料、农药、兽药、饲料添加剂、食品添加剂和其他有害于环境和身体健康的物质，按有机生产方式生产，产品质量符合绿色食品标准，经专门机构认定，许可使用 AA 级绿色食品标志的产品。

（四）有机食品

有机食品是指来自有机农业生产体系，根据有机农业生产要求和相应的标准生产加工，并通过独立的有机食品认证机构认证的食用的农产品。有机农业生产体系是指一种完全不用人工合成的化肥、农药、兽药、生长调节剂和饲料添加剂的农业生产体系，其核心是建立和恢复农业生态系统的生物多样性和良性循环，以维持农业的可持续发展。

有机食品、绿色食品、无公害农产品的异同如表 1-2 所示。

表 1-2　有机食品、绿色食品、无公害农产品主要异同点比较

项目		有机食品	绿色食品	无公害农产品
相同点		都要求产地生态环境良好、无污染；都是安全食品		
不同点	投入物方面	不用人工合成的化肥、农药、兽药、生长调节剂和饲料添加剂	允许使用限定的化学合成生产资料，对使用数量、次数有一定限制	严格按规定使用农业投入品，禁止使用国家禁用、淘汰的农业投入品
	基因工程方面	禁止使用转基因种子、种苗及一切基因工程技术和产品	不准使用转基因技术	无限制
	生产体系	要求建立有机农业生产技术支撑体系，并且从常规农业到有机农业通常需要 2~3 年的转换期	可以沿用常规农业生产体系，没有转换期的要求	与常规农业生产体系基本相同，也没有转换期的要求
	品质口味	大多数口味好、营养成分全面、干物质含量高	口味、营养成分稍好于常规食品	口味、营养成分与常规食品基本无差别
	有害物质残留	无化学农药残留（低于仪器的检出限值）。实际上外环境的影响不可避免，如果有机食品中农药残留量比常规食品的国家标准允许含量低 20% 以上，可视为符合有机食品标准	大多数有害物质允许残留量与常规食品国家标准要求基本相同，但有部分指标严于常规食品国家标准，如绿色食品黄瓜标准要求敌敌畏残留量≤0.1 mg/kg，常规黄瓜国家标准要求敌敌畏残留量≤0.2 mg/kg	农药等有害物质允许残留量与常规食品国家标准要求基本相同，但强调安全指标
	认证方面	属于自愿性认证，有多家认证机构（需经国家认监委批准），国家环保总局为行业主管部门	属于自愿性认证，只有中国绿色食品发展中心一家认证机构	省级农业行政主管部门负责组织实施本辖区内无公害农产品产地的认定工作，属于政府行为，将来有可能成为强制性认证
	证书有效期	1 年	3 年	3 年

三、按是否经过加工划分的农产品

按照是否经过加工分类，可分为初级农产品、初级加工农产品和深加工农产品。

初级农产品是指种植业、畜牧业、渔业产品，不包括经过加工的这类产品。初级农产品包括谷物、烟叶、油脂、农业原料、畜禽及产品、林产品、水产品、蔬菜、水果和花卉等。

初级加工农产品也称为粗加工农产品，是指必须经过某些加工环节才能食用、使用或储存的农产品。如将稻谷、玉米加工为大米和玉米粉，再如消毒奶、分割肉、食用油、饲料等。

深加工农产品是指使用加工新技术对农产品进行深度加工制作，以产生最大效益的农产品，如将大米加工成爆米花和玉米糊。随着食品化学、生物技术及其他相关技术的发展，农产品加工技术发展迅速，一批高新技术，如瞬间高温杀菌技术、微胶囊技术、微生物发酵技术、膜分离技术、微波技术、真空冷冻干燥技术、无菌储存与包装技术、超高压技术、超微粉碎技术、超临界流体萃取技术、挤压技术、酶工程技术、基因工程技术等，已在农产品加工领域得到广泛应用。经过以上技术加工成的农产品包括微胶囊、复合果汁饮料、营养强化乳制品等。

四、按是否含有转基因成分划分的农产品

按照产品是否含有转基因成分，农产品可分为非转基因农产品、转基因农产品。其中，非转基因农产品是指没有利用基因转移技术生产出来的农产品，目前大多数农产品属于非转基因农产品。

转基因农产品是指利用基因转移技术，即利用分子生物学的手段将某些生物的基因转移到另一些生物的基因上，进而培育出的农产品。近年来，转基因植物在抗病转基因、抗虫转基因、抗逆转基因以及改良植物品质方面进行了基因修改。

美国是转基因技术采用最多的国家。阿根廷是大量采用转基因技术的第二个国家。截至目前，阿根廷 75%的大豆播种面积采用转基因豆种。加拿大是转基因农业发展迅速的国家。此外，世界上应用转基因技术比较多的国家还有澳大利亚、墨西哥、西班牙、法国、中国和南非等。近年来，由于部分国家的消费者抵制转基因食品，美国等发达国家转基因农作物种植面积有所减少，但是，全球的种植面积和产量呈上升趋势。

我国政府一方面支持进行转基因技术在农业生产中的应用研究，特别是转基因食品对人体健康影响的研究；另一方面，对转基因农产品的规模化生产持谨慎态度，要求转基因农产品投放市场时必须进行标注，以便消费者自行选择。目前，在我国华北地区，主要在河北、山西两省开展的转基因棉花研究推广取得了明显的效果，其中抗棉铃虫的效果显著。在华中地区，湖南省的转基因水稻试验研究取得了重大突破，单产水平明显提高。目前我国已获得进入商品化生产的转基因农产品主要有抗棉铃虫棉花、耐储存番茄、抗花叶病毒的番茄和甜椒、转花色矮牵牛花等。

第三节　农产品质量安全基础知识

民以食为天，食以安为先。近年来，农产品质量安全已成为广大消费者及农业和食品行

业最为关注的问题，无论是政府还是民间都在探索解决这一关系国计民生的热点问题，并已开始在许多方面付诸实践。

一、农产品质量安全管理范畴及特点

（一）基本含义

农产品质量安全是指农产品质量符合保障人的健康、安全的要求，即农产品中不应含有可能损害或威胁人体健康的因素，不应导致消费者遭受急性或慢性毒害，或感染疾病，或产生危害消费者及其后代健康的隐患。

（二）污染途径

一是物理性污染。指由物理性因素对农产品质量安全产生的危害，如通过人工或机械在农产品中混入杂质、农产品因辐照导致放射性污染等。

二是化学性污染。指在生产加工过程中使用化学合成物质而对农产品质量安全产生的危害，如使用农药、兽药、添加剂等造成的残留。

三是生物性污染。指自然界中各类生物性污染对农产品质量安全产生的危害，如致病性细菌、病毒以及某些毒素等。此外，农业转基因技术可能导致质量安全问题。生物性污染具有较大的不确定性，控制难度大。

（三）农产品质量安全的特点

一是危害的直接性。不安全农产品直接危害人体健康和生命安全。因此，质量安全管理工作是一项社会公益性事业，确保农产品质量安全是政府的天职，没有国界之分，具有广泛的社会公益性。

二是危害的隐蔽性。仅凭感观往往难以辨别农产品质量安全水平，需要通过仪器设备进行检验检测，甚至还需进行人体或动物实验。部分参数检测难度大、时间长，质量安全状况难以及时准确判断。

三是危害的累积性。不安全农产品对人体的危害往往需要经过较长时间的积累才能表现出来，如部分农药、兽药残留在人体内积累到一定程度后，才导致疾病的发生。

四是危害产生的多环节性。农产品的产地环境、农业投入品、生产过程、加工、流通、消费等各环节，均有可能对农产品产生污染，引发质量安全问题。

五是管理的复杂性。农产品生产周期长，产业链条复杂，区域跨度大。农产品质量安全管理涉及多学科、多领域、多环节、多部门，控制技术相对复杂，加之我国农业生产规模小，生产者经营素质偏低，农产品质量安全管理难度大。

二、农产品质量安全的重大意义

全面加强农产品质量安全工作是农业发展的一项主要任务，也是农业结构调整的重要内容。开展农产品质量安全工作有重要意义。

一是有利于保护资源和生态环境，促进农业可持续发展，走出一条发展生产和保护环境相结合的新路子，引导农业生产方式的变革。开发安全农产品，有利于保护生态环境和合理利用土地资源；有利于实行标准化生产，提高农产品质量，满足城乡居民对高质量食品日益增长的需求。按照优势农产品区域布局，以标准化、规范化生产为基础，组织农民生产市场所需要的优质安全的农产品，是新时期农业与农村工作的重大任务。无公害农产品、绿色食品、有机食品均已建立起一整套较完备的标准体系，能够实现“从土地到餐桌”全程质量控制。

二是有利于拓展生产领域，拉长产业链条，促进农业产业化发展。以创新的制度设计为核心的安全农产品生产和认证管理是农业向深度和广度拓展的有效载体，通过产品认证，密切了产业上下游间的利益联结机制，提高了农民的组织化程度和农业整体素质，强化了基地与企业、企业与市场的关联度，拉长了产业链条，促进了农业增效，带动了农民增收，因此，农产品质量认证是农业产业化经营的良好载体；有利于农业结构调整和新时期农业管理方式的变革。农业结构调整的核心是大幅度提高农产品质量，增加市场份额，促进农民增收。保障安全是对农产品质量的最低要求。

三是有利于冲破“绿色壁垒”，扩大农产品出口，提升我国农产品的国际竞争力。保证和提高农产品的质量安全水平是适应经济全球化趋势、扩大农产品出口的当务之急。“入世”后，如何使我国的农产品在出口中适应越来越多的技术性贸易壁垒（TBT），在世界上占据应有的位置，是摆在我们面前刻不容缓的问题，而解决这个问题的关键是提高农产品的质量安全水平。

三、我国农产品的质量安全问题及主要原因

我国农产品与发达国家相比，在外观品质、内在营养、安全卫生质量以及加工包装方面都存在较大差距。我国农产品因农药残留、兽药残留和其他有毒有害物质超标造成的餐桌污染和由此引发的中毒事件每年都有发生，由于农药、兽药残留及重金属等有毒有害物质超过国际通行的食品质量安全标准，被拒收、扣留、退货、销毁、索赔和中止合同的现象时有发生，许多传统大宗出口创汇农产品被迫退出国际市场，给我国外贸造成了严重的损失。

影响我国农产品质量安全的主要原因有如下五个方面：

（一）产地环境污染

产地环境污染是指农产品产地环境中的污染物对农产品质量安全产生的危害。工业“三废”和城市生活垃圾不合理地排入江、河、湖、海，污染了农田、水源和大气。由于农产品产地环境污染没有得到有效的控制，致使农业生态环境恶化，重金属及有害物质在水、土、气中超标，进而在食品中残留、积聚，影响农产品质量，最终影响人体健康。

（二）物理性污染

物理性污染是指物理性因素对农产品质量安全产生的危害。形成的主要原因是在农产品收获或加工过程中操作不规范，在农产品中混入有害物质，导致农产品受到污染。

（三）生物性污染

生物性污染是指自然界中各类生物因子对农产品质量安全产生的危害。如致病性细菌、病毒、毒素污染，以及在收获、屠宰、捕捞后的加工、贮藏、销售过程中的病原生物污染。

（四）化学性污染

化学性污染是指生产、加工过程中农业投入品使用不合理，对农产品质量安全产生的危害。如食品加工中滥加化学添加剂；为了争取水果、蔬菜早上市，不恰当地使用激素，滥施化学药剂等，不但造成农产品口感不好，还可能夹杂有毒有害成分。

（五）农产品质量安全体系不完善

与发达国家相比，我国在环境保护法规、技术标准、质量认证以及对绿色包装、标志、标签使用和管理方面还存在一定差距，生产者缺乏标准意识，“无标准生产”“无标准上市”现象普遍，农产品质量安全检验检测体系不适应“从土地到餐桌”全程质量控制的要求。

四、解决农产品质量安全问题的主要措施

解决农产品质量安全问题必须从源头抓起，监控关口前移，注重生产过程监管，加强产品质量检验，严格控制“从土地到餐桌”的各个环节。

（一）加大环境污染监测及治理力度，保障农业生产环境安全

尽快完善和建立农业、畜牧业和渔业监测体系，开展基本农田环境质量监测和农畜渔产品质量检测。加大环境污染的治理力度，为安全农产品生产提供优良的生态环境。

（二）严格组织农产品标准化生产

农产品标准化生产是保证农产品质量安全的必要措施。要把标准化生产与安全农产品开发有机地结合起来，把标准化渗透到农业生产的全过程。农产品的采收、加工、贮运、保鲜、批发、销售等环节都要实行标准化管理。当前，为了保证农产品质量安全，至关重要的是指导生产者科学合理地使用化肥、农药、兽药、除草剂、生长激素、添加剂等农业投入品。

（三）培植“龙头”企业，推进农业产业化进程

我国现阶段极度分散的农产品生产方式不利于监控生产过程，难以保证农产品质量安全。为了解决这一问题，可通过农副产品加工企业的“龙头”作用，将标准化生产的意识和观念传播给农民，把先进技术和设备引入农业生产；将农业生产经营由农户分散经营模式转变为“公司+基地+农户”的经营模式，将农民改造成为农业“龙头”企业的“产业工人”，把一家一户分散的小生产纳入严格的工业化生产的标准体系中来。

（四）大力开发和推广农产品安全生产技术

首先，保证农业投入品的绝对安全。加强无污染、无公害生产资料的开发和推广，提高生物源农药的品质和稳定性，淘汰那些影响农产品质量的剧毒、高毒、高残留农药，开发和推广有机肥料、有机无机复混肥料、微生物肥料。其次，保证生产过程科学有序。所利用的各项生产技术措施、生产工艺、生产流程应当是先进的，并有利于可持续发展。

（五）建立农产品质量安全认证体系

实行农产品质量安全认证，是提高农产品质量安全水平的有效手段。要以无公害农产品、绿色食品、有机食品认证为基础，建立健全认证体系，全面开展农产品质量认证工作。

（六）做好农产品流通环节的质量管理，积极推行市场准入制度

农产品流通环节的质量管理对于保证农产品质量安全也是十分必要和重要的。为此，要引导各类农产品销售企业提高质量安全意识，采取有力措施，推行市场准入制度，把住流通源头关。

课后练习

一、选择题

1.《中华人民共和国农产品质量安全法》中所称的农产品，是指来源于农业的（　　）。

A. 农产品及制品　　B. 初级产品　　C. 植物产品　　D. 动物产品

2. 按品质划分，农产品可以分为普通农产品、无公害农产品、(　　)、有机食品。

A. 转基因农产品　　B. 非转基因农产品

C. 绿色食品　　D. 深加工农产品

3. 影响农产品质量安全的主要原因有 (　　)。

A. 物理性污染　　B. 化学性污染

C. 工业“三废”　　D. 生物性污染

4. (　　) 是指利用基因转移技术，即利用分子生物学的手段将某些生物的基因转移到另一些生物的基因上，进而培育出的农产品。

A. 转基因农产品　　B. 非转基因农产品

C. 有机食品　　D. 绿色食品

5. 按传统习惯一般把农产品分为 (　　)、果蔬及花卉、(　　)、畜禽产品、(　　) 和其他农副产品六大类。

A. 粮油　　B. 林产品　　C. 绿色食品　　D. 水产品

二、思考题

1. 什么是农产品质量安全?
2. 我国农产品存在的质量安全问题及主要原因是什么?
3. 简述有机食品、绿色食品、无公害农产品的主要异同点。
4. 谈谈对转基因农产品的看法。
5. 解决我国农产品质量安全问题有哪些措施?

案例分析

百色芒果、桂平西山茶获“中欧互认”地理标志农产品

2017 年 7 月 4 日，由农业部农产品质量安全中心主办的中欧农产品地理标志工作现场会在百色市召开。记者从会议上获悉，百色芒果、桂平西山茶地理标志产品已列入中欧互认的 35 个地理标志农产品名录。

据介绍，地理标志国际合作工作已成为农产品国际贸易交流和知识产权保护的重要内容。历时 8 年，中欧经过 14 轮谈判，推荐了 35 种农产品首批进入欧盟国家的对等保护产品名录，其中，广西地标产品百色芒果、桂平西山茶已列入名录，正在公示。

据悉，目前广西拥有农业部颁发的地理标志农产品 92 个，其中属种植业的 54 个，涵盖粮食、水果、茶叶、蔬菜、畜牧产品、水产品等类别，年产量达 1 000 万 t 以上，有效地推动了相关产业的发展壮大。2016 年“中国品牌价值评价信息”权威发布：横县茉莉花 (茶) 区域品牌价值为 180. 53 亿元，是广西最具价值的农产品品牌；富川脐橙农产品地理标志也荣登“中国品牌价值评价信息”榜，品牌价值达 42. 17 亿元。

案例思考：

1. 百色芒果、桂平西山茶获“中欧互认”地理标志农产品对广西农产品质量安全有何影响?

2. 如何提高广西农产品质量安全水平?

第2章

肉的安全检测

如何保障肉类食品安全是我国乃至全球关注的焦点之一。肉类食品生产过程的复杂性，给肉类食品的生产、运输、销售都带来了一定的难度，如何做好各个环节的工作，确保肉类食品的安全，成为一个非常重要的问题。

第一节　肉的基础知识

一、肉及肉制品的概念

从广义上讲，畜禽经屠宰后，除去皮、毛、头、蹄（爪）及内脏后的部分叫作肉，也叫胴体。胴体中的可食用部分叫作原料肉，除去骨的胴体，又称为净肉。

肉制品，是指用畜禽肉为主要原料，经调味制作的熟肉制成品或半成品，如香肠、火腿、培根、酱卤肉、烧烤肉、肉干、肉脯、腌腊肉、水晶肉等。

二、肉的食用品质评定

（一）肉的色泽

肉的色泽对肉的营养价值和风味并无较大影响，但在某种程度上影响食欲和商品价值。色泽的重要意义在于它是肌肉的生理学、生物化学和微生物学变化的外部表现，因此可以通过感官给消费者或好或坏的影响。

肉的颜色本质上是由肌红蛋白（Mb）和血红蛋白（Hb）产生的。肌红蛋白为肉自身的色素蛋白，肉色的深浅与其含量多少有关。血红蛋白存在于血液中，对肉颜色的影响视放血的充分程度而定。在肉中血液残留多则血红蛋白含量亦多，肉色深。放血充分肉色正常，放血不充分或不放血（冷宰）肉色深且暗。

（二）肉的风味

肉的风味又称味质，指生鲜肉的气味和加热后肉制品的香气和滋味。它是肉中固有成分经过复杂的生物化学变化，产生各种有机化合物所致。其特点是成分复杂多样，含量甚微，用一般方法很难测定，除少数成分外，多数无营养价值，不稳定，加热易破坏和挥发。呈味性能与其分子结构有关，呈味物质均有各种发香基团，如羟基-OH、羧基-COOH、醛基-CHO、羰基 C=O、硫氢基-SH、酯基-COOR、氨基-NH_2、酰胺基-$CONH_2$、亚硝基-NO_2、苄基 C_6H_{5}-。这些肉的味质是通过人的高度灵敏的嗅觉和味觉器官反映出来的。

（三）肉的嫩度

肉的嫩度是消费者最重视的食用品质之一，它决定肉在食用时口感的老嫩，是反映肉的质地的指标。

肉的嫩度实质上是对肌肉各种蛋白质结构特性的总体概括，它与肌肉蛋白质的结构及某些因素作用下蛋白质发生变性、凝集或分解有关。

（四）肉的保水性

肉的保水性即持水性、系水性，指肉在压榨、加热、冷冻、解冻、腌制、切碎、搅拌等外界因素的作用下，保持原有水分和添加水分的能力。它对肉的品质有重大影响，是肉质评定的重要指标之一。保水性的高低可直接影响到肉的色泽、风味、质地、嫩度、凝结性等。

肌肉中的水是以结合水、不易流动水和自由水三种形式存在的。其中不易流动水主要存在于细胞内、肌原纤维及膜之间，度量肌肉的保水性主要指的是这部分水，它取决于肌原纤维蛋白质的网状结构及蛋白质所带的静电荷的多少。蛋白质处于膨胀胶体状态时，网状空间大，保水性就高；反之处于紧缩状态时，网状空间小，保水性就低。

三、肉品保藏技术

（一）干燥法

干燥法也称脱水法，措施是减少肉内的水分，阻碍微生物的生长繁殖，达到储藏目的。各种微生物的生长繁殖，一般需要40%~50%的水分。如果没有适当的水分含量，微生物就不能生长繁殖。正常情况下，猪肉、牛肉、鸡肉的含水量>77%，羊肉含水量>78%，只有使含水量降低到20%以下或降低水分活性，才能延长储藏期。① 自然风干法：根据要求将肉切块，挂在通风处，进行自然干燥，使含水量降低。例如风干肉、香肠、风鸡等产品都要经过晾晒风干的过程。② 脱水干燥法：在加工肉干、肉松等产品时，常利用烘烤方法，除去肉中水分，使含水量降到20%以下。

（二）盐腌法

盐腌法历史悠久，很久以前人们就通过腌制在常温下保存肉类。盐腌法的储藏作用主要是通过食盐提高肉品的渗透压，脱去部分水分，并使肉品中的含氧量减少，造成不利于细菌生长繁殖的环境条件。食盐是肉品中常用的一种腌制剂，它不仅是重要的调味料，而且具有防腐作用。食盐可以使微生物脱水，对微生物有生理毒害作用，影响蛋白质分解酶的活性，降低微生物所处环境的水分活度，使微生物生长受到抑制。例如，添加溶质法，即在肉品中加入食盐、砂糖等溶质，如加工火腿、腌肉等产品时，需用食盐、砂糖等对肉进行腌制，其结果可以降低肉中的水分活性，从而抑制微生物生长。有些细菌的耐盐性较强，单用食盐腌制不能达到长期保存的目的。因此，要防腐必须结合其他方法。在生活中用食盐腌制肉类多在低温下进行，并常常将盐腌法与干燥法结合使用，制作各种风味的腊肉制品。

（三）烟熏法

烟熏法常与加热一起进行，当温度为0℃时，浓度较淡的熏烟对细菌影响不大；温度达到13℃以上，浓度较高的熏烟能显著地降低微生物的数量；温度为60℃时，无论浓淡，熏烟均能将微生物的数量降低到原数的万分之一。熏烟的成分很复杂，有200多种，主要是一些酸类、醛类和酚类物质，这些物质具有抑菌防腐和防止肉品氧化的作用。经过烟熏的肉类制品均有较好的耐保藏性，烟熏还可使肉制品表面形成稳定的腌肉色泽。由于熏烟中还含有某些有害成分，有使人体致癌的危险性，因此，现在人们将熏烟中的大部分多环烃类化合物除去，仅保留能赋予烟熏制品特殊风味、有保藏作用的酸、酚、醇、碳类化合物，研制成熏烟溶液，对肉制品进行烟熏，取得了很好的效果。

（四）低温冷藏保鲜

低温保鲜是人们普遍采用的技术措施，鉴于我国的国情，冷链系统是肉类保鲜最为重要的手段。冷藏是肉品保存在略高于其冰点的温度，通常在2℃~4℃，这一范围内大部分致病菌停止繁殖，但嗜冷腐败菌仍可繁殖，最近发现单核细胞增生李斯特氏菌和小肠结肠炎耶尔森氏菌也可繁殖。细菌在肉中的繁殖速度相当快，在适宜的条件下，有些细菌繁殖时间只为20 min或更短。实际上，一般情况下，如此快的速度绝对达不到，因为所有的环境条件同时满足是不可能的，细菌增长期的长短取决于菌种、营养成分及温度、pH值和水分活性。低温保鲜有以下缺点：

① 冷冻和解冻过程的冰晶形成和盐析效应使肉的品质下降；

② 如包装不良，表面水分会升华而造成“冻烧”现象；

③ 冷藏时运输成本高。

（五）真空包装技术

真空包装技术广泛应用于食品保藏中，我国用真空包装的肉类产品日益增多，真空包装的作用主要有三个方面：

① 抑制微生物生长，防止二次污染；

② 减缓脂肪氧化速度；

③ 使肉品整洁，提高竞争力。

真空包装有三种形式，第一种是将整理好的肉放进包装袋内，抽掉空气，然后吹热风，使受热材料收缩，紧贴于肉品表面；第二种是热成型滚动包装；第三种为真空紧缩包装，这种方法在欧洲广泛应用。

（六）气调包装技术

气调包装也称换气包装，就是用选择好的气体代替包装内的气体，以抑制微生物的生长，从而延长食品货架期。气调包装常用的气体有三种：

① 二氧化碳：抑制细菌和真菌的生长，尤其是在细菌繁殖的早期，也能抑制酶的活性，在低温和25%浓度时抑菌效果更佳，并具有水溶性。

② 氧气：其作用是维持氧合肌红蛋白，使肉色鲜艳，并能抑制厌氧细菌，但也为许多有害菌创造了良好的环境。

③ 氮气：氮气是一种惰性填充气体，不影响肉的色泽，能防止氧化酸败、霉菌的生长和寄生虫害。在肉类保鲜中，二氧化碳和氮气是两种主要的气体，一定量的氧气存在有利于

延长肉类保质期。因此，必须选择适当的比例进行混合，在欧洲鲜肉气调保鲜的气体比例为氧气：二氧化碳：氮气=70：20：10，或氧气：二氧化碳=75：25。目前国际上认为最有效的鲜肉保鲜技术是用高二氧化碳充气包装的CAP系统。

第二节 肉的鲜度检测方法

肉新鲜度是对肉的风味、滋味、色泽、质地、口感和微生物等卫生标准的综合评价，它可以综合反映产品的营养性、安全性的可靠程度。当前，肉新鲜度检测主要包括感官检测、理化检测、微生物学检测等。由于肉的腐败是一个渐进而复杂的过程，仅用一个指标来判断往往有失准确，因此，有时也综合几种检验指标共同评定肉的新鲜度。在国内，上述常用检测方法已研究得较为透彻，应用广泛。

一、感官检测

感官检测是在实验室检测之前，借助于人体的感觉器官，对肉进行整体简单的观察来评定其新鲜度，包括色泽、黏度、弹性、气味、肉汤等指标。该法是肉品卫检中国家认可和法定的最基本、最快速的方法之一，具有快速、简便、不需要仪器、不用固定检验场所等优点，但存在结果非量化、不够精准、主观性和片面性强等问题，需经验丰富和训练有素的人才能胜任检测工作。

二、理化检测

（一）挥发性盐基氮的测定（TVB-N法）（国标法）

挥发性盐基氮是动物性食品在腐败过程中由于酶和细菌作用，蛋白质分解而产生的氨及胺类等碱性含氮物质，其含量与肉品腐败程度成正比，是测量新鲜度的重要指标。目前主要按照GB/T 5009.44—2003《肉与肉制品卫生标准的分析方法》进行测定。

（二）氨的测定（纳氏试剂法）

此法利用肉腐败的特征产物氨及胺类化合物与纳氏试剂反应生成黄色沉淀物——碘化汞铵，其颜色深浅及沉淀物含量与氨量成正相关，通过观察试剂消耗量、颜色变化、透明度判断肉的新鲜度。

此法结果能够反映出新鲜、次鲜、变质肉的差别，操作简便，易观察，但仍需制备肉浸液，且临界的现象判断不明显，因此可用作肉的新鲜度检测的辅助参考指标。

（三）pH值法

肉的pH值变化与腐败程度存在一定相关性，以往常用比色法和酸度计法测定肉浸液的pH值，烦琐费时。国外已研制出电脑控制的自动化pH值测定仪，带有金属探针，可直接插入肉中测出pH值，快速方便。但在新鲜度临界阶段，pH值变化幅度很小，且受宰前生理影响，结果不够准确，故不宜用作肉新鲜度主要检验指标。

三、微生物学检测

微生物学检测是从微生物数量来说明肉的污染状况及腐败变质程度，结果与TVB-N值有较高相关性。常用的方法是进行细菌总数和大肠菌群的测定。但此法需要选择培养，耗时长，受季节影响较大，虽然检测结果能客观地反映肉的新鲜度，但目前我国还没有规定统一指标。现有用肉品压片镜检法，直接取肉样做触片，不用增菌和选择培养，操作简单迅速，但结果受采样部位的影响大。

四、快速检测肉类新鲜度的方法

（一）检测工具与原料

准备比色管 10 支，称量管 2 支，吸管 2 支，A 液 1 支，B 液 1 支；在附近超市或农贸市场采购新鲜猪肉 50 g。

（二）检测步骤

（1）先将需要的工具摆放好，如图 2-1 所示。

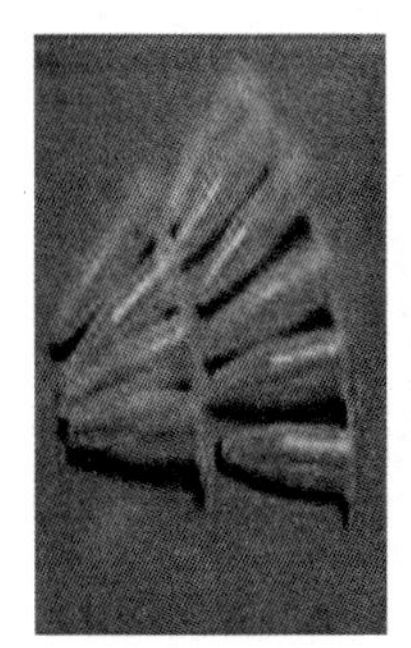

比色管 10 支

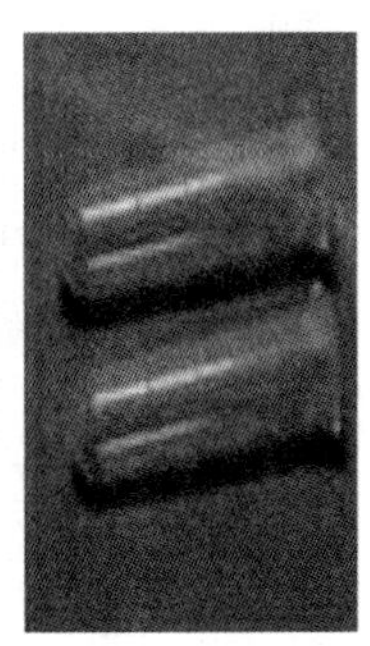

称量管 2 支（规格 4mL）

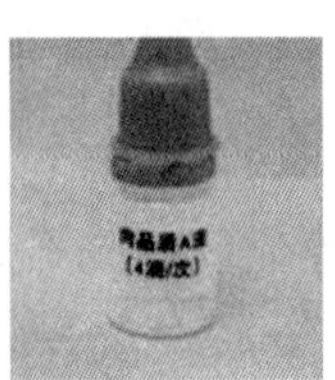

A 液 1 支（规格：2mL）　B 液 1 支（规格：2mL）

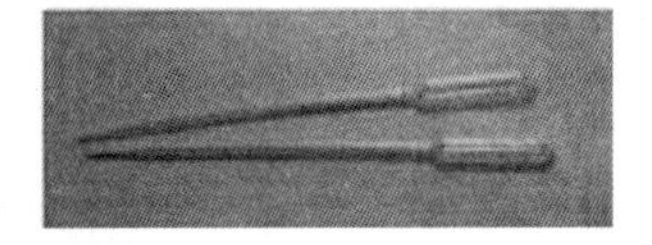

吸管 2 支

图 2-1　检测工具

（2）称量 1 g 肉放入称量管中，然后加水摇匀放置，用吸管吸取上清液到比色管中，如图 2-2 所示。

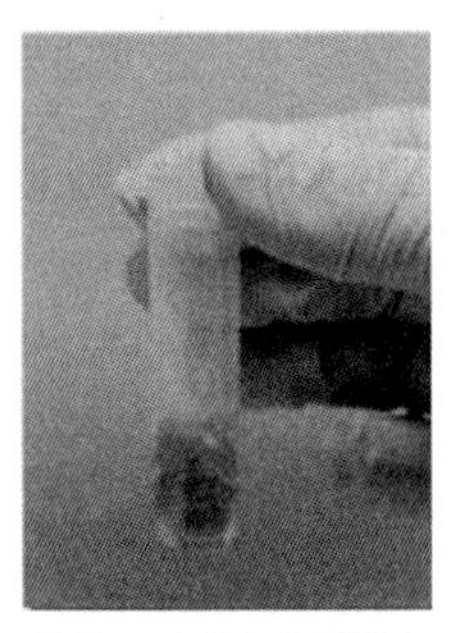

称量 1g 肉放入称量管中

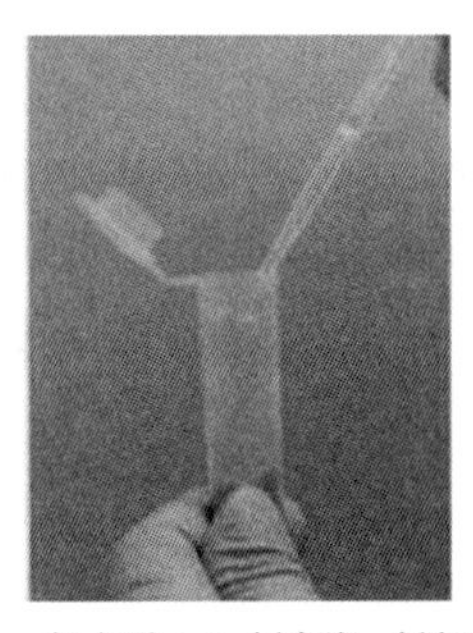

加水到 4mL 刻度线，摇匀放置 3 分钟

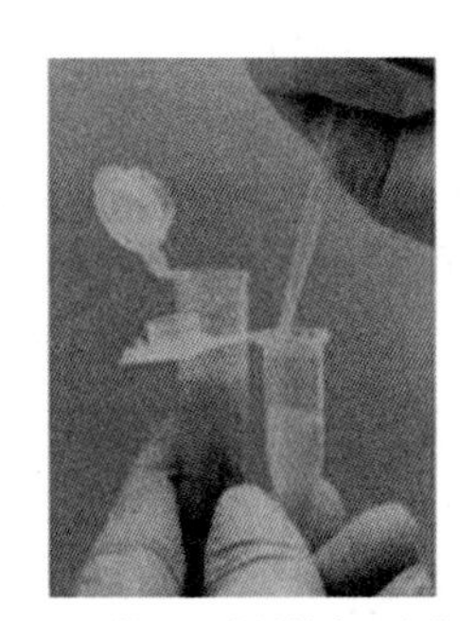

用吸管吸取称量管中浸泡的上清液到比色管 1mL 刻度线

图 2-2　检测步骤一

（3）加入 A 液和 B 液观察颜色变化，如图 2-3 所示。

（4）观察比色管的颜色变化，辨别肉品质好坏：

优等肉：在 30 s 内，溶液显蓝色或褐色，新鲜度很好且非病畜肉；

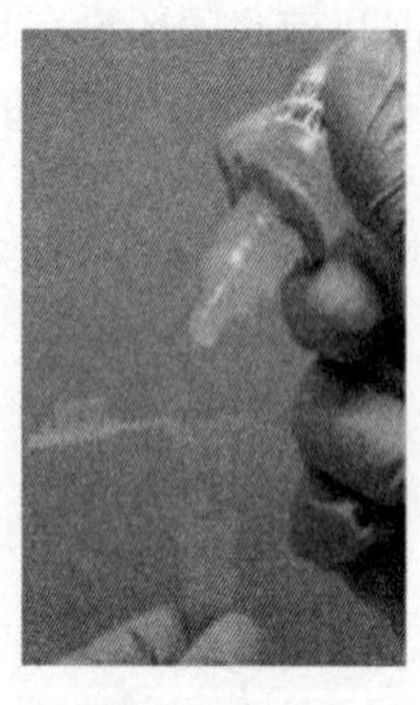
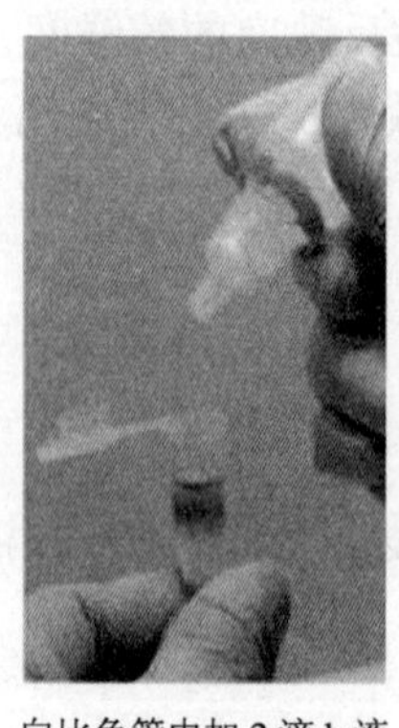
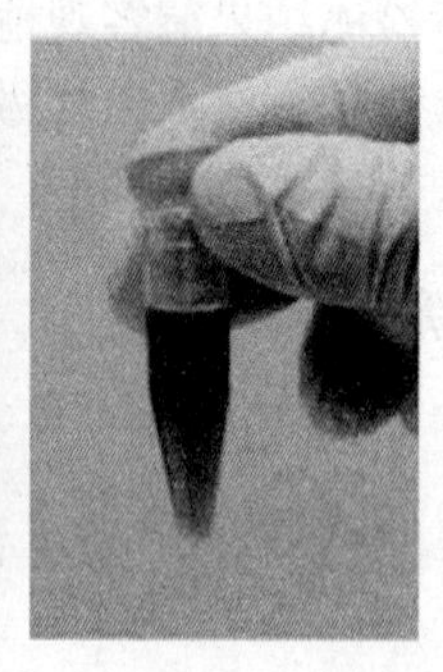
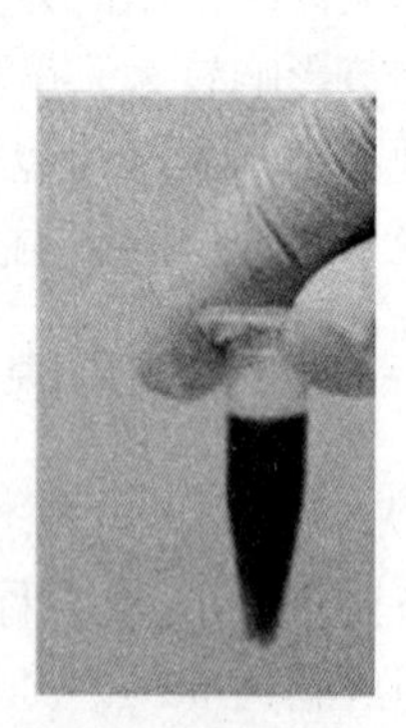
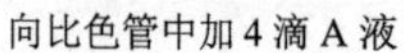

向比色管中加 4 滴 A 液　向比色管中加 2 滴 b 液，摇匀后观察颜色变化　颜色变化参考

图 2-3　检测步骤二

中等肉：在 2 min 内，溶液显蓝色或褐色，新鲜度较好，非病畜肉；

劣等肉：在 2 min 以上，溶液显蓝色或不显色，不新鲜或病畜肉。

课后练习

一、选择题

1. 肉的新鲜度检测方法有（　　）。

A. 感官检测　B. 理化检测　C. 卫生检查　D. 微生物学检测

2. 肉品的保藏技术有（　　）。

A. 干燥法　B. 烟熏法　C. pH 值法　D. 真空包装法

3. 从广义来讲，(　　) 叫作肉。

A. 畜禽屠宰后，除去皮、毛、头、蹄（爪）及内脏后的部分

B. 胴体中的可食用部分

C. 除去骨的胴体

D. 用畜禽肉为主要原料，经调味制作的熟肉制成品或半成品

4. 肉的食用品质包含（　　）四个方面。

A. 色泽　B. 风味　C. 嫩度　D. 保水性

5. 气调包装常用的气体有（　　）。

A. 二氧化碳　B. 氧气　C. 氮气　D. 氦气

二、思考题

1. 我国肉及肉制品在质量安全方面存在哪些问题？
2. 如何快速检测肉的鲜度？
3. 简述鲜肉的储藏方法。
4. 谈谈对“垃圾猪”的认识。
5. 解决我国肉及肉制品质量安全问题有哪些措施？

案例分析

如何解决“垃圾猪”问题

“垃圾猪”对人体健康和养殖业健康发展会造成严重影响，在一定程度还会扰乱正常的经济秩序。

虽然法律法规对治理“垃圾猪”有明确规定，但缺乏具体的责任规定，导致执行力不强。一些地方通过制定条例或管理办法，力求完善相关责任体系，但由于立法位阶较低，只能在某一地方发挥作用，不能遏制“垃圾猪”现象在其他地方的存在。

解决“垃圾猪”问题，需要完善相关法律，加大处罚力度，合理提高罚金数额，增加行为人的违法成本，才能防止或者减少此类违法行为的发生。

“新华视点”记者采访发现，围绕天津市周边有多处“餐厨垃圾猪”饲养点。这些用泔水和垃圾喂养的猪，膘肥体壮，甚至能长到八九百斤①，远高于正常养殖水平。这类猪被运到城郊及农村出售，危害人体健康，导致环境污染。实际上，“餐厨垃圾养猪”现象并不是一个新问题，不同媒体曾多次报道，但问题依然没有得到根本解决。为什么“垃圾猪”事件频发？我国关于餐厨垃圾处理有何规定？怎样才能解决类似现象屡禁不止的问题？记者采访了中国政法大学副教授张西峰与宁夏回族自治区银川市人民检察院检察官马涛。

马涛表示，“垃圾猪”对人体健康和养殖业健康发展会造成严重影响。餐厨垃圾，像泔水未经过高温等无害化处理，多种病原体还可能继续在猪体内繁衍，并以食物链的形态进入人体，造成人体感染病毒，导致“人畜共患疾病”。尤其是在春、夏季，垃圾因收集、保管、存放时间过长，特别是餐厨废弃物，已受到铝、汞、铬等重金属及苯类化合物的污染，猪食用后，有害物质积蓄在脂肪中，人食用此类猪肉达一定程度后，会导致肝脏、肾脏等免疫功能下降，同时，泔水喂猪容易使猪感染猪瘟。此外，“垃圾猪”的养殖地点大多位于城市周边，离人口密集区较近，一旦爆发动物瘟疫，后果极其严重。虽然“垃圾猪”养殖规模小，但集中度较高，粪便及污物产生量大，遇到高温、大雨等极端天气，会造成河道水源严重污染，影响周边居住环境和居民生活质量。

案例思考：

1. 我国关于“垃圾猪”治理有哪些法律规定？
2. “垃圾猪”现象为何屡禁不止？

---

① 1斤=500 g。

第3章

农产品中农药残留检测

第一节　农药残留检测基础知识

农药是把“双刃剑”，它是当前农业生产用于防治病、虫、杂草对农作物危害不可缺少的有毒化学物质，对促进农业增产有极其重要的作用。但是，由于长期大量地不合理使用农药，极易形成农药残留。农药残留，指使用农药后残留于生物体、农副产品和环境中的微量农药及其有毒的代谢物的总量。鉴于目前我国出现的农产品安全问题以农药残留污染最为常见和严重，监控农药的合理使用、杜绝农药残留超标产品上市销售成为农产品质量安全工作的重中之重。控制农产品中农药残留量的关键环节之一就是对农产品中农药残留量及时、准确地分析检测。因此，在流通领域加强对农药残留的快速检测已成为十分必要的监管措施。

一、农药残留检测的必要性

随着农业产业化的发展，农产品的生产越来越依赖农药、抗生素和激素等外源物质。我国农药在粮食、蔬菜、水果、茶叶上的用量居高不下，而这些物质的不合理使用导致了农产品中的农药残留超标，影响了消费者食用安全，严重时会使消费者致病、发育不正常，甚至直接导致中毒死亡。农药残留超标也会影响农产品的贸易。

二、农药残留主要的检测方法

农药残留检测方法一般可分为常规检测方法和速测方法。常规检测方法有气相色谱法、凝胶色谱法及薄层色谱法。这些方法都是利用农药在不同载体中的分配系数不同而得到分离，从而定性和定量来检测农药的种类及含量。速测方法主要有速测卡法和酶抑制法两种，都是利用酶活性被抑制原理进行检测。

（一）常规检测方法

1. 气相色谱法

气相色谱法以惰性气体（一般称为载气，根据监测器不同而采用 N_2、H_2、He、Ar 等）为流动相，是一种化学物理方法。被分离的农药无论是液体还是固体，无论是有机物还是无机物，只要在气相色谱仪所能达到的工作温度下“气化”，而且不易发生分解，均可用气相色谱法进行检测。气相色谱法具有分离效率高、灵敏度高及分析速度快等优点。

2. 凝胶色谱法

凝胶色谱法又叫分子排阻色谱法。凝胶色谱技术，是20世纪60年代初发展起来的一种快速而又简单的分离分析技术，所需设备简单，操作方便，不需要有机溶剂，对高分子物质有很高的分离效果。

3. 薄层色谱法

薄层色谱法又称薄层层析法，是一种利用样品中各组分成分的不同理化特性把它们分离出来的技术。这些理化特性包括分子的大小、形状、所带电荷、挥发性及吸附性等。

（二）速测方法

1. 速测卡法

农药残留速测卡又名农药残留快速检测卡、农药残留检测卡、农残速测卡，是按国家2003年公布的农药残留快速检测的标准方法，利用对有机磷和氨基甲酸酯类农药高敏感的胆碱酯酶和显色剂做成的试纸。

速测卡可以快速检测蔬菜中有机磷和氨基甲酸酯这两大类用量较大、毒性较高的杀虫剂的残留情况，选用的酶对甲胺磷敏感，抗干扰性强，操作简便，不需要配制试剂，不需要专业的技术培训，可以不需要任何仪器设备单独使用，容易贮存，携带方便。速测卡法是现场检测的最佳方法。

一般农药残留检测首先使用农药残留速测卡对大量的样品进行初筛，然后再用农药残留快速检测仪对少量呈阳性样品进行定量分析，这样可以大大提高工作效率，节省大量人力物力。

2. 酶抑制法

酶抑制法是根据昆虫毒理学原理发展而成的，即动物体内正常的神经传导代谢产物乙酰胆碱，被体内一种水解酶（乙酰胆碱酯酶）水解为乙酸和胆碱，从而维持机体内正常的神经传导过程。而有机磷、氨基甲酸酯类农药对动物体内的酶有抑制作用，正常情况下，酶催化乙酰胆碱水解，其水解产物与显色剂反应，产生黄色物质，而甲胺磷、呋喃丹等有机磷农药作为酶的抑制剂，与乙酰胆碱争夺酶功能部位，抑制了乙酰胆碱的水解与显色。

酶抑制法只能检测对乙酰胆碱酶具有抑制作用的有机磷和氨基甲酸酯类农药，对其他类型农药造成的污染无法检出，而且此方法的灵敏度比较低，如对伏杀磷、水胺硫磷、涕灭威有时还呈假阳性。

三、农药残留速测卡单独使用操作方法

（一）样品处理

取5 g蔬菜或水果样品，用剪刀剪成指甲盖大小，放入塑料或玻璃小烧杯中，加入10 mL纯净水，充分浸泡10~15 min。

注意：

① 样品不宜剪得太碎，指甲盖大小即可。

② 浸泡蔬菜、水果的水必须为纯净水或蒸馏水。

（二）卡片前处理

卡片沿虚线对折，对折后撕掉卡片上的塑料薄膜。

注意：塑料薄膜撕掉后，不要用手触摸到药片。

（三）显色

样品浸泡 10~15 min 后，用一次性吸管吸取浸泡液，滴加 2~3 滴上清液在白色药片上，倒计时 10 min，10 min 后，对折卡片，用手捏住，使白色药片与红色药片充分接触，保持 3 min，3 min 后打开，进行结果判断。

（四）结果判断

观察速测卡上白色药片的颜色如图 3－1 所示，若显示：

① 明显的蓝色为阴性，表示无农药残留或浓度很低；

② 浅蓝色为弱阳性，表示有农药残留，且浓度较高；

③ 白色为强阳性，表示有农药残留，且浓度很高。

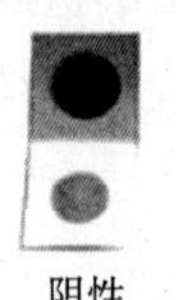
阴性

弱阳性

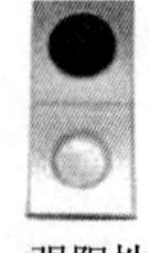
强阳性

图 3－1　农药残留速测卡

四、国内关于农药残留检测的研究现状

（一）关于天然毒素检测技术的研究

农产品天然毒素主要包括生物碱、黄曲霉素及硫代葡萄糖苷等，而黄曲霉素的致癌性十分明显。检测农产品黄曲霉素一般采用薄层层析法，操作相对复杂，且检测的时间很长，实际检测的成本也相对较高，精准度很低。因此，目前采用 ELISA 法，又称为酶联免疫吸附剂测定法，对农产品中的黄曲霉素进行检测。从本质上来讲，这两种检测技术之间存在一定的关联。但是，ELISA 技术检测操作十分方便，所需要的时间不长，实际成本不高，具有较高的准确度。在我国，ELISA 技术得到了广泛推广与应用，已经独立生产出了 ELISA 检测试剂盒，该试剂盒性能与国外产品一致。至此，对农产品中的真菌霉素都已经构建了 ELISA 检测的方法。

（二）关于农药残留检测技术的研究

由于在农产品生产过程中使用化学农药，因此，加强农药残留的检测对保证农产品的质量安全具有积极作用。检测农产品农药残留，从本质上来讲就是检测并分析痕量与超痕量。因此，在检测过程中，对仪器的要求相对较高，特别是检测仪器需要具备一定的灵敏度，而检测的方法需要灵敏且快速，操作应简单便捷。现阶段，农产品的生产使用了诸多高效农药，在农药残留检测方面的要求也更严格。气相色谱与液相色谱的方法是当前比较常用的检测技术，灵敏度极高，且检测的范围也十分广泛，可以定量且定性检测农产品中的农药残留。这两种检测技术具有极强的稳定性，实用价值明显。此外，酶抑制法与酶联免疫吸附法在农产品的农药残留检测中应用得也比较广泛。国内普遍应用酶抑制剂法。但是，这种检测技术仍然存在局限性，特别是对农药中的有机磷类及氨基甲酸酯等的检测，精准度仍然偏低，检测的结果难以实现定量与定性。

第二节　农产品农药残留检测技术与设备

本节介绍智能农药残留快速卡式速测仪的使用。

（一）开机

仪器开机后打开测试软件，显示软件登录界面，如图 3-2 所示。

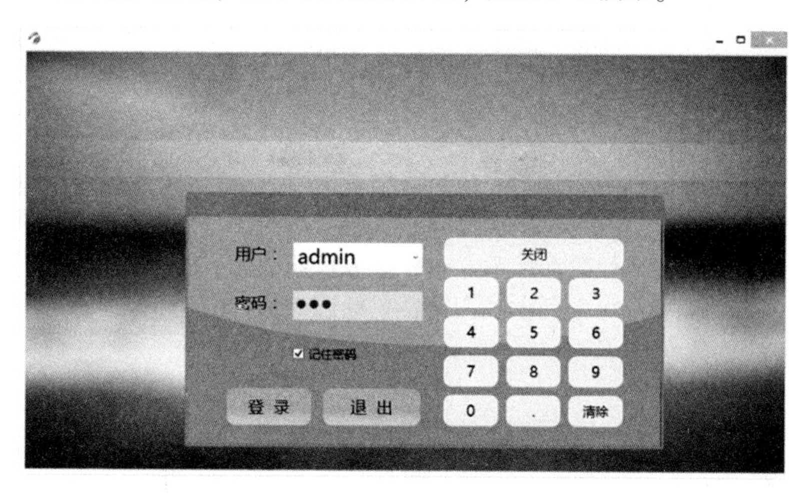

图 3-2　仪器登录界面

输入初始用户名称 admin，密码为 8888，点击“登录”，勾选记住密码，进入样品测量界面，如图 3-3 所示。

图 3-3　样品测量界面

（二）样品测量

1. 界面信息介绍

登录后进入样品测量界面（如图 3-3 所示）。其功能如下：

（1）样品信息区：根据录入信息显示样品编号、样品类别、样品名称、样品来源、样品产地、样品条码、检测卡批号、备注。

（2）检测结果区：完成检测后，显示检测项目、检测卡类型、稀释倍数、单位符号、限量标准、依据标准、样品结论、测量数据等信息。

（3）检测图像区：用于显示当前捕获的试纸卡图像和进行检测操作的区域。

2. 测量步骤

首先根据检测需要点击下拉框右侧的下拉键按钮选取检测卡类型：金标层析卡或化学渗滤显色卡。系统根据卡的类别自动对应显示检测项目名称，点击下拉菜单进行选择或点击文本框后调用键盘输入名称拼音首字母检索方式完成检测项目名称的选择。

将加入样品检测液的试剂卡显色完成后，按正确方向（金标层析卡卡片正面向上，卡片加样孔向外；化学渗滤显色卡卡片正面向上，按卡片箭头指示方向）插入仪器检测孔到底，在实时图像框内可看到卡片图像，手动调整检测卡上检测区域位置与图像中的红框对准，如图 3-4 所示。

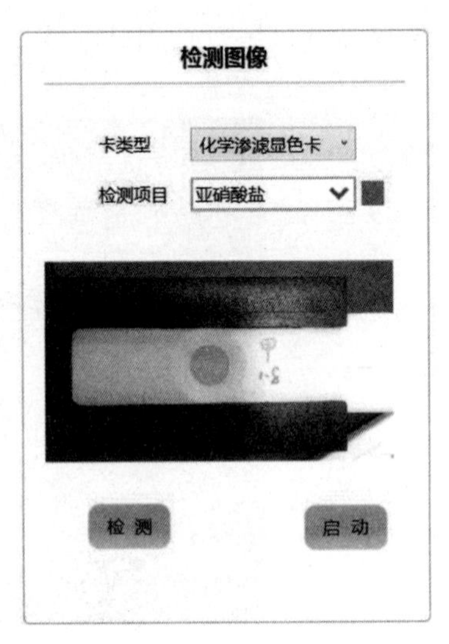

图 3-4 插入检测卡

点击“检测”，出现“输入样本信息”对话框，完成样品信息的输入，如图 3-5 所示，点击“确定”后开始检测。

注意事项：

样品名称：点击下拉菜单进行选择或点击文本框后调用键盘输入样品名称拼音首字母检索方式完成选择。输入的选项内容是仪器出厂时预设好的，用户不能直接修改。如需增减项目，请在系统设置界面进行更新操作。

检测项目：显示样品检测界面已选择的检测项目名称。

样品来源：点击下拉菜单进行选择。

以上三项为样品信息必选项，否则无法进行下一步操作。

请输入样品信息
必选项
样品名称 牛肉 检测项目 亚硝酸盐1
样品来源 武汉白沙洲大市场
可选项
样品编号 稀释倍数 1
备 注 样品产地 武汉
样品条码 卡批号
是否打印
化学渗滤卡参数设定
限量浓度 20 ppb
返回 确定

图 3-5 输入样品信息

样品编号：由用户输入样品编号信息。

稀释倍数：根据检测样品的前处理稀释倍数情况进行输入，参照检测试剂说明书填写。

备注：根据实际情况进行填写。

样品产地：点击下拉菜单进行选择。

样品条码：手工输入或连接条码枪扫描。

卡批号：根据实际情况进行填写。

当选择化学渗滤类型卡检测时，会要求对检测卡参数进行设定：

限量浓度值：当限量浓度默认值不是当前检测样品的限量判定值时，可根据实际情况进行修改，对检测结论进行判定。

以上信息输入方式需点击文本框后调用系统键盘进行输入。

选择金标层析卡检测时，**请注意卡片的 C 线和 T 线是否位于红色定位框内并左右对称。**如果发现位置异常，请检查试剂卡是否放反、检测项目选择是否有误、试剂卡特征码是否匹配。

检测完成，软件会返回测量界面，准备开始下一次测量。检测结果和相关信息会显示在相应栏目中。

当出现如图 3-6 所示画面时请点击“启动”键重新启动检测仪。

当出现如图 3-7 所示画面时请退出软件，在“我的电脑—任务管理器”中关闭软件后再重新启动软件即可。

图 3-6　重新启动检测仪

图 3-7　关闭软件重启

3. 数据管理

点击主菜单上“数据管理”，进入数据管理界面，显示检测数据，如图 3-8 所示。

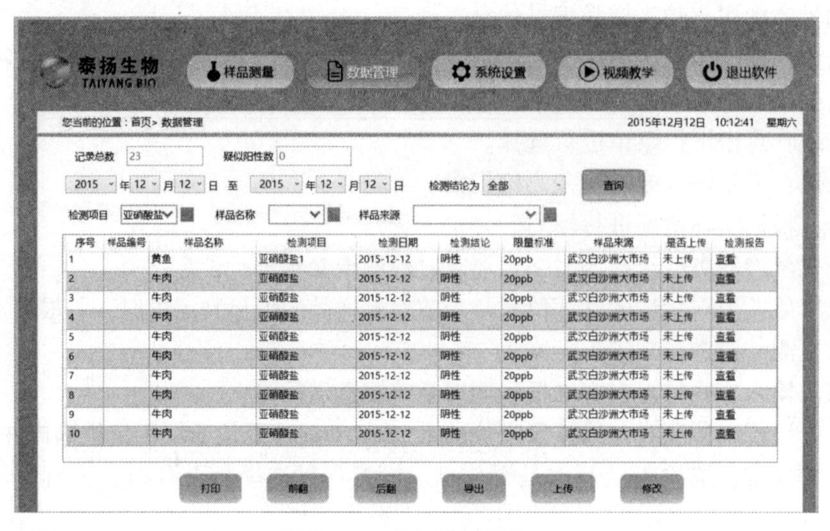

图 3-8　数据管理界面

（1）数据查询。

在数据管理界面点击“查询”，可根据检测项目、样品名称、样品来源、检测时间、检测结论对检测数据进行查询；输入相应查询内容，点击“查询”可查询到符合条件的检测数据，界面如图 3-8 所示，同时系统会自动统计查询结果中的记录总数和疑似阳性样品的数量。点击检测报告列的“查看”显示该条检测数据的详细信息，如图 3-9 所示。

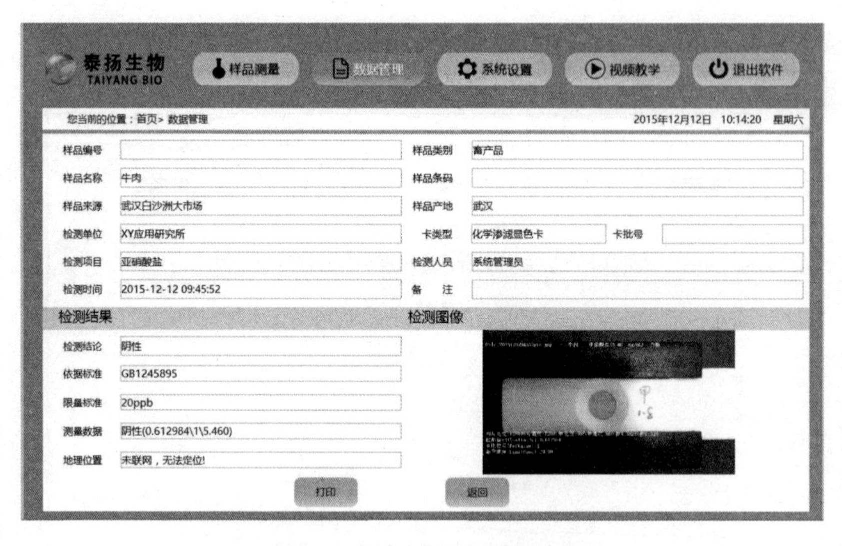

图 3-9　查看检测数据详细信息

（2）数据打印。

查找到符合条件的数据组后，点击“打印”，会打印出该组数据信息。点击“查看”后，再点击“打印”，则打印出单个检测样品的详细信息。

（3）数据导出。

点击“导出”，可根据需要将查询的数据结果存储到指定位置。

（4）数据修改。

允许用户对当前选择的记录信息进行修改。可修改样品名称、样品来源、备注、样品产地内容，检测结果不允许更改。如图 3-10 所示。

图 3-10　数据修改界面

（5）数据备案。

点击“开始备案”，将当前检测数据上传至指定信息平台。如图 3-11 所示。

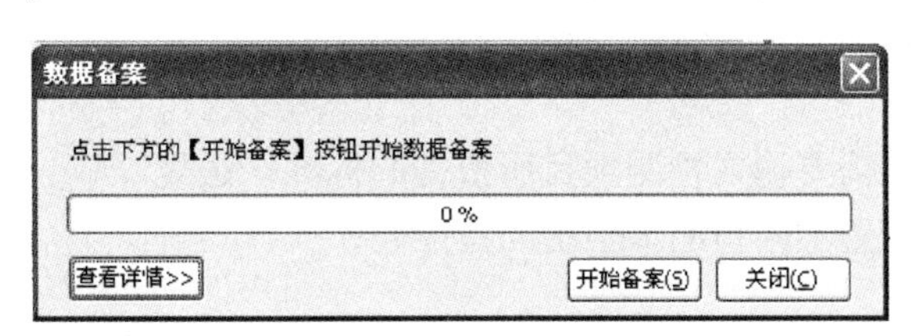

图 3-11　数据备案界面

4. 系统设置

点击主菜单上“系统设置”，进入系统设置界面，如图 3-12 所示。

在系统设置界面对检测项目、样品信息、用户管理、样品来源、产地等基础信息进行初始化设置。

图 3-12　系统设置界面

（1）界面中各功能按钮操作方法如下：

“前翻”“后翻”：当表格中显示的内容超过 10 条时，需要使用该按钮进行向前或向后查看。

“增加”“保存”：新增数据记录时，需要先点击“新增”按钮，输入各项目的内容，再点击“保存”按钮即可。若要对选中的记录进行修改，可直接选中后，输入新的修改内容，点击“保存”即可修改。

“删除”：选中表格中的记录后，点击“删除”即可。

（2）检测项目设置。

进入系统设置界面后，点击“检测项目设置”，如图 3-12 所示。

① 项目名称：根据检测项目进行设置，已有名称不能重复使用。

② 项目代码：根据检测项目进行设置，即项目名称的英文、数字缩写，已有项目代码不能重复使用。

③ 检测卡类型：点击下拉菜单选择。

④ 限量标准：根据检测试剂盒说明书要求对限量标准进行设置；每种检测指标限量标准不同，样品在检测之前需要根据实际限量标准进行设置；单位设置：根据检测项目要求对单位进行设置，“ppb①、ppm②、mg/kg、mg/L、μg/kg、μg/L、%、g/100g、meq/kg、g/100mL、mg%、mg/100 g”可选。

⑤ 依据标准：根据需要输入检测项目所依据的标准、法规。

⑥ 卡片特征码：设置不同检测卡类型的特征码。

（3）样品信息设置。

在系统设置界面，点击“样品信息设置”，进入样品信息设置界面。如图 3-13 所示。

图 3-13 样品信息设置界面

① 样品编码：根据客户需求进行设置，已有编码不能重复使用。

② 名称：输入需要检测的样品名称，已有名称不能重复使用。

---

① ppb：十亿分之一。

② ppm：百万分之一。

③ 类别：输入检测样品的类别。

输入完成后点击“保存”即可。

（4）用户管理设置。

在系统设置界面，点击“用户管理设置”，进入用户管理设置界面。如图 3-14 所示。

图 3-14　用户管理设置界面

① 检测单位：根据需要填写检测单位信息。

② 单位编码：根据需要填写检测单位编码，已有编码不能重复使用。

③ 账号：用户可自行设置账号信息。

④ 姓名：根据需要填写检测人员姓名。

⑤ 密码：根据需要设置密码。

输入完成后点击“保存”即可。

（5）样品来源设置。

在系统设置界面，点击“样品来源设置”，进入样品来源设置界面。如图 3-15 所示。

图 3-15　样品来源设置界面

① 样品来源：填写样品来源信息。

② 来源编码：根据需要填写样品来源单位编码，已有编码不能重复使用。

③ 联系人：填写样品来源单位联系人姓名。

④ 联系电话：填写样品来源单位联系人电话。

输入完成后点击“保存”即可。

（6）样品产地设置。

在系统设置界面，点击“样品产地设置”，进入样品产地设置界面。如图 3-16 所示。

图 3-16 样品产地设置界面

① 产地名称：输入样品产地名称。

② 产地编码：根据需要输入样品产地编码，已有编码不能重复使用。

输入完成后点击“保存”即可。

（7）数据上传配置。

在使用数据上传功能时首先需要进行初始化配置，设置上传参数（用户名和密码、服务器地址路径等），点击“数据上传配置”后，弹出以下界面（如图 3-17 所示）。

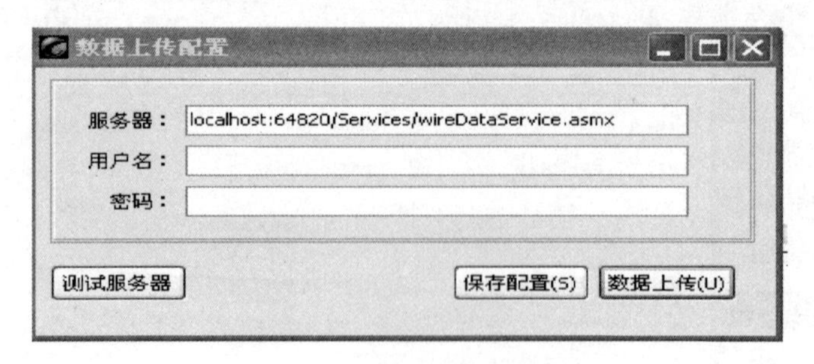

图 3-17 数据上传配置界面

5. 视频教学

视频教学界面如图 3-18 所示。

双击右侧播放列表可对实验操作教学视频进行播放，开展在线学习培训。

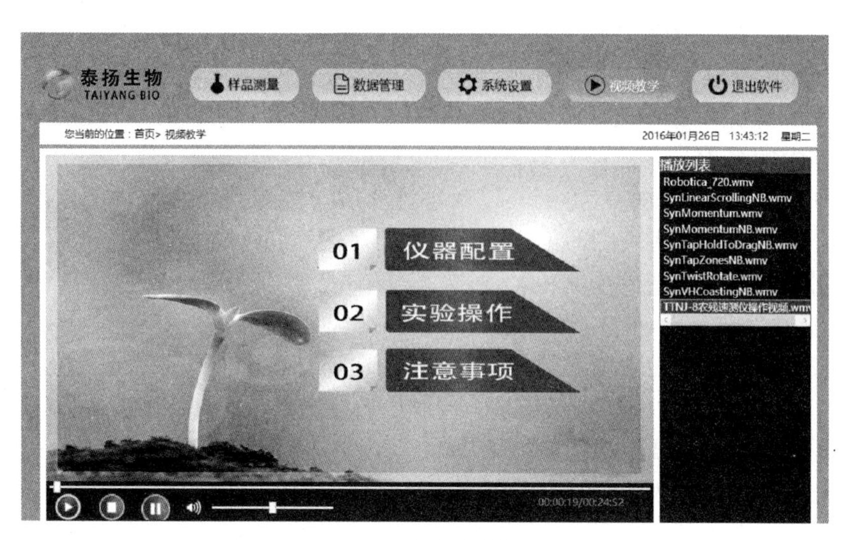

图 3-18　视频教学界面

6. 退出软件

测试完成后点击主界面“退出软件”后，可根据需要进行选择，断开电源前须先关闭系统，如图 3-19。

图 3-19　关机界面

第三节　有机磷类农药残留的测定

一、有机磷农药残留及其危害

农药的连年使用，势必造成水体、土壤、环境的污染，从而导致食物中农药的残留。所谓农药残留，即农药使用后残存在生物体、食品（农副产品）和环境中的农药原体、有毒代谢物、降解物和杂质的总称。残留的农药具有一定的毒性，是一种重要的化学危害，对人类健康构成直接或潜在的危害。农药的危害是指使用农药给农业生产系统、生态环境乃至人类健康带来的副效应。

（一）有机磷农药残留与环境污染

施用的有机磷农药直接释放于环境中，在对环境中的病虫以及其他有害生物作用的同时，不可避免地给大气、水体、土壤、农作物、食品以及环境生物带来污染。

1. 对大气的污染

有机磷农药对大气的污染主要由于农药的喷洒。在美国，65%以上的杀虫剂是通过直升机喷洒的，喷洒的农药90%没有达到预定目标，而是随空气流动飘落到很远的地方。在田间和森林中喷洒的农药形成大量飘浮物，随气流的运动，大部分附着在作物或土壤表面，还有相当一部分散落在大气环境中，这些农药飘浮物以气体或气溶胶的形式悬浮于空气中，或被大气中的飘尘所吸附，尤其是有机氯杀虫剂，如 DDT、狄氏剂、六六六等的吸附率达半数以上。另外，农药厂排放的有毒烟气以及环境介质（如农作物，水体及土壤等）中残留农药的挥发，均可造成对大气的污染。有机磷农药对大气的污染量虽小，一般以 ng/kg 数量级计，但长时间接触也可造成土壤和水体的污染。

2. 对土壤的污染

土壤是农药在环境中的“储藏库”，又是农药在环境中的“集散地”。在农田施用有机磷农药，其中的80%~90%直接或间接进入土壤，并且主要集中在0~20 cm 表层的可耕土层中，农药是土壤污染的主要有机污染物。从本质上说，残留在土壤中的农药不会自然消失，它的一部分被种植的庄稼吸收，一部分随水渗透至地下，一部分储积在土壤中，一部分气化悬浮在大气中，只有少部分由于微生物的作用，以及氧化、水解等作用而分解。有机磷农药在土壤中的分布，主要是集中在土壤的耕作层，如 DDT 有 80% ~ 90%集中在耕作层 20 ~ 30 cm 的土壤中。土壤中的农药通过植物的根系吸收转移至植物组织内部和食物中，土壤中的农药污染量越高，食物中的农药残留量也越高。土壤受农药的污染程度视农药的量而定，一般在几十个 mg/kg 数量级水平。据资料表明，有机磷农药进入土壤内分解较快，毒性大，易发生人畜中毒事件。另外，进入土壤内的农药对于栖息在土壤中的生物种群会产生严重危害，致使土壤生态系统整体功能下降。

农药对土壤的污染是多方面原因共同作用的结果，包括农药的理化性质（化学稳定性、挥发性、溶解度、吸附性等）、在土壤中的运动和农药的使用情况（颗粒剂的污染性较大，其次是乳剂、粉剂）、土壤的类型（黏土中药剂的残留时间一般长于沙土）、有机质含量（含量多的农药易残留）、pH 值、水分、金属离子含量、通气性能以及气候条件、灌溉情况等（一般水田比旱田残留量大）。土壤受农药污染的程度和范围与种植作物的种类、栽培技术及使用农药的量有关。栽培水平高或复种指数高的土壤，农药用量也大，土壤农药残留污染程度也就高。果树的农药施用量一般较高，土壤中农药残留污染的程度也最为严重。另外，性质稳定、在土壤中降解缓慢、残留期长的农药品种，对土壤的污染较易降解的农药品种要严重。

3. 对水体的污染

有机磷农药对水体的污染主要分为对地表水和地下水的污染。造成有机磷农药对水质污染的主要原因为：直接向水体施用农药；在田间施用的农药受到雨水的冲刷而流入水体；大气中的残留农药受到降水的淋洗；环境介质中残留的农药随降水进入水体；溶解于灌溉水的农药直接污染水体；农药容器和使用工具的洗涤也会造成水体的污染。其中，水田中施用的农药90%最终进入水中，污染水源。这些被污染的水汇集于河流、湖泊等，最后进入大海。

农药对环境危害的途径如图 3-20 所示。

（二）有机磷农药残留与人类健康

有机磷农药通过污染食品、饮水和空气最终威胁着人类健康。泰国一位负责国民健康问题的官员称，他们曾对 835 个农民进行调查，发现其中 570 人体内有农药残留。最近的研究

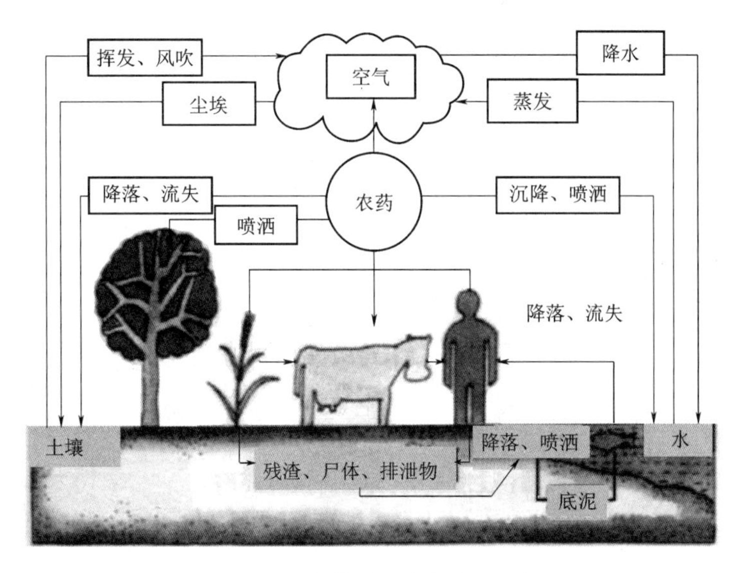

图 3-20　农药对环境危害的途径

结果认为，有些有机磷农药可导致人体的内分泌系统紊乱，减少体内激素的分泌，还有的能模仿体内的激素。此外，据美国国家科技研究会的研究发现，像有机磷这种有害于神经系统的化合物即使其含量对人体无妨，但很可能对婴儿已造成威胁。设在华盛顿的美国环境工作组经过 2 年的研究，发现婴儿食品中有多达 8 种可能致癌物。

控制农产品中有机磷农药残留量的关键环节之一就是对农产品中有机磷农药残留量及时、准确地分析检测，以监控有机磷农药的使用，同时杜绝有机磷农药残留超标的产品上市销售。目前我国有机磷农药残留检测方法主要有两大类：快速检测法和色谱检测法。快速检测法主要用来防止有机磷农药残留严重超标的蔬菜和水果流入市场。色谱检测法是为农药残留监督执法提供依据。

二、有机磷类农药残留的测定材料与方法

（一）测定材料与仪器

1. 样品名称

样品名称及种类如表 3-1 所示。

表 3-1　样品名称及种类

样品种类	样品名称	样品种类	样品名称
茄果类	茄子	绿叶类	菠菜
	番茄		芹菜
瓜类	黄瓜	豆类	菜豆
	西葫芦		豇豆
甘蓝类	结球甘蓝	白菜类	白菜
	花椰菜		生菜

注：以上样品均来自某蔬菜批发市场。

2. 试剂

乙腈、丙酮（重蒸）；氯化钠（140℃烘烤 4 h）；滤膜（0.2 μm，有机溶剂膜）；铝箔。

3. 主要仪器

GC 6890N 气相色谱仪（带有双火焰光度检测器（FPD））（如图 3-21 所示）、分析实验室常用仪器设备、食品加工器、旋涡混合器、匀浆机、氮吹仪。

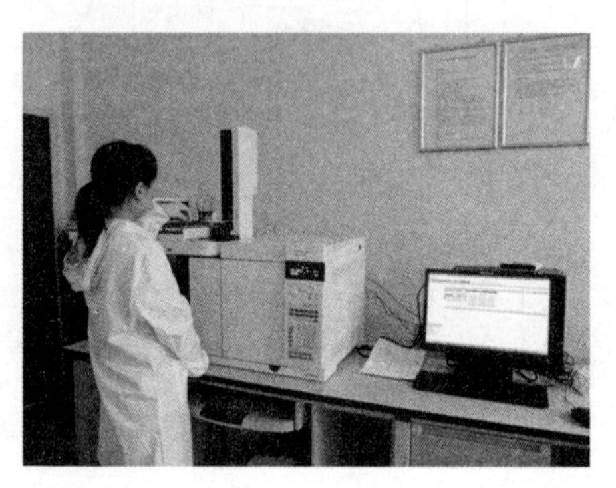

图 3-21　气相色谱仪

（二）标准谱图的绘制

取 13 种有机磷农药的标准品，分别准确称取 0.010 g，置于同一只 100 mL 容量瓶中，用丙酮稀释并定容，摇匀，得 100 μg/mL 混合有机磷农药标准储备溶液。上机测定，绘制标准谱图。

（三）样品前处理

分别取不少于 1 000 g 蔬菜样品，用干净纱布轻轻擦去样品表面的附着物，取可食部分，将其切碎，放入食品加工器中粉碎，混匀，制成待测样，放入分装容器中备用。

准确称取 25.00 g 试样放入匀浆机中，加入 50.00 mL 乙腈，在匀浆机中高速匀浆 1 min 后用滤纸过滤，滤液收集到装有 5~7 g 氯化钠的 100 mL 具塞量筒中，盖上塞子，剧烈振荡 1 min，在室温下静置 10 min，使乙腈相和水相分层。

从 100 mL 具塞量筒中吸取 10.00 mL 乙腈溶液，放入 150 mL 烧杯中，将烧杯放在 70℃ 水浴锅上加热，杯内缓缓通入氮气，蒸发近干，用 5 mL 的丙酮分数次冲洗，最后准确定容至 5.0 mL，在旋涡混合器上混匀，移入样品瓶中，待测。

（四）色谱条件

色谱柱：50%聚苯基甲基硅氧烷（DB-17）柱，30 m×0.53 mm×2.5 μm。

进样口温度 220℃。检测器温度 240℃。

柱温：100℃保持 0.2 min，以 30℃/min 上升至 180℃，保持 3 min，以 20℃/min 上升至 250℃，保持 8 min。

载气：氮气（高纯），流速为 2.0 mL/min；氢气（高纯），流速为 75 mL/min；空气（高纯），流速为 100 mL/min。

（五）色谱分析

用自动进样器吸收 1.0 μL 标准混合液（或净化后的样品）注入色谱仪中，以双柱保留时间定性，以分析柱 B 获得的样品溶液的峰面积与标准峰面积比较定量。

（六）回收率的测定

所谓有机磷农药的回收率就是有机磷农药标准溶液中有机磷农药的含量与待测样品中有机磷农药含量的比值，常用百分数来表示。有机磷的回收率的测定意义在于可以将待测样品中所含的有机磷农药最大限度地提取和分离出来，这个提分过程可以用有机磷农药的回收率来评定。由于“真实值”无法准确知道，因此，通常采用回收率试验来测定。

回收率的测算公式为：（加标样品浓度-没加标样品的浓度）/标准浓度×100%。

（七）样品中有机磷农药的计算

样品中被测农药残留量以质量分数 ω 计，数值以 mg/kg 表示，按公式计算

$$\omega = A_1 \times C \times V_1 \times V_2 / A_2 \times V_3 \times 0.5m \tag{3-1}$$

式中　ω——样品中农药的含量，单位为 mg/L；

A_1——样品中被测农药的峰面积，单位为 μV/s；

A_2——农药标准溶液中被测农药的峰面积，单位为 μV/s；

V_1——提取溶剂总体积，单位为 μL；

V_2——吸取出用于检测的提取溶液的体积，单位为 mL；

V_3——样品定容体积，单位为 μL；

C——为混合标样中某农药的质量浓度，单位为 μg/mL；

m——样品的质量，单位为 g。

计算结果保留三位有效数字，通过 3 次重复检测，求出平均值。

检出率=检出样品数/样品总数×100%。

（八）有机磷农药在蔬菜中的最高限量标准

根据表 3-2 中有机磷农药在蔬菜中的最高残留限量标准，衡量检出农药残留是否超标。表中“＊”表示该指示值为我国食品中农药最大残留量修订建议值。

表 3-2　有机磷农药在蔬菜中的最高限量

农药名称	最低检出限/（mg · kg^{-1}）	国家标准（蔬菜）/（mg · kg^{-1}）					
		茄果类	瓜菜类	甘蓝类	白菜类	绿叶类	菜豆类
甲胺磷	0.01	0.05*	0.05*	0.05*	0.05*	0.05*	0.05*
氧化乐果	0.02	0.02	0.02	0.02	0.02	0.02	0.02
磷胺	0.04	0.05	0.05	0.05	0.05	0.05	0.05
久效磷	0.03	0.03	0.03	0.03	0.03	0.03	0.03
甲拌磷	0.01	0.01*	0.01*	0.01*	0.01*	0.01*	0.01*
对硫磷	0.01	0.02	0.02	0.02	0.02	0.02	0.02
甲基对硫磷	0.02	0.02	0.02	0.02	0.02	0.02	0.02
水胺硫磷	0.01	0.01	0.01	0.01	0.01	0.01	0.01
敌敌畏	0.01	0.02	0.02	0.02	0.02	0.02	0.02
乙酰甲胺磷	0.03	1	1	1	1	1	1
毒死蜱	0.02	0.5	0.5	1	0.1	0.1	1
三唑磷	0.01	0.1	0.1	0.1	0.1	0.1	0.1
杀螟硫磷	0.02	0.5	0.5	0.5	0.5	0.5	0.5

三、结果与分析

（一）有机磷农药标准色谱图

有机磷农药标准色谱图如图 3-22 所示。

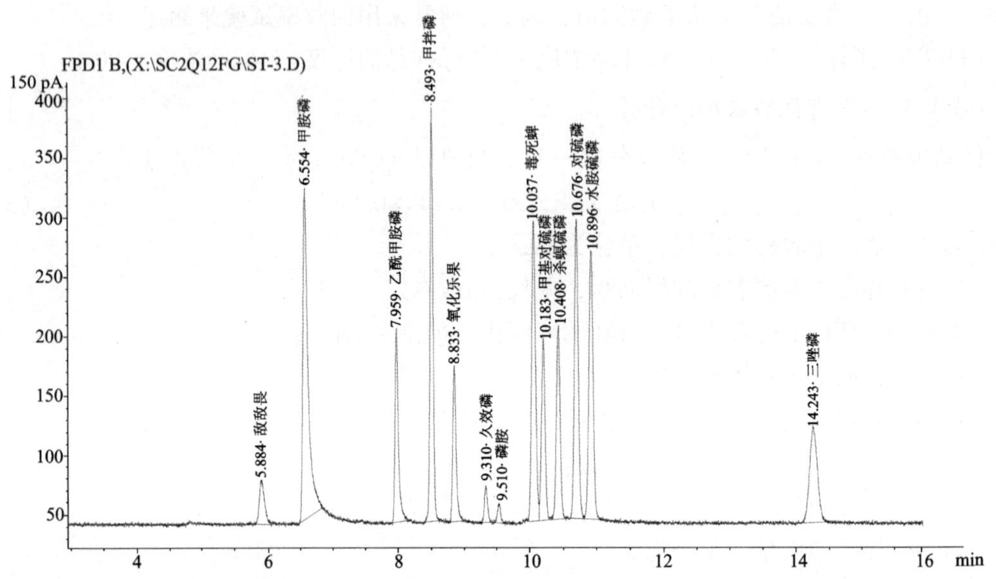

峰 1：敌敌畏；峰 2：甲胺磷；峰 3：乙酰甲胺磷；峰 4：甲拌磷；峰 5：氧化乐果；峰 6：久效磷；峰 7：磷胺；峰 8：毒死蜱；峰 9：甲基对硫磷；峰 10：杀螟硫磷；峰 11：对硫磷；峰 12：水胺硫磷；峰 13：三唑磷

图 3-22　有机磷农药标准色谱图

（二）蔬菜农药残留结果与分析

由表 3-3 和表 3-4 蔬菜中有机磷农药残留的检测结果可看出，24 个蔬菜样品中有 5 种高毒农药被检出，其中毒死蜱的检出率最高，达到 25%，氧化乐果的检出率为 16.7%，甲胺磷、水胺硫磷、乙酰甲胺磷均为 8.3%。

表 3-3　蔬菜中有机磷农药残留的检测结果

样品名称 农药/(mg·kg⁻¹)	茄果类				瓜类				甘蓝类			
	茄子		番茄		黄瓜		西葫芦		结球甘蓝		花椰菜	
	1	2	3	4	5	6	7	8	9	10	11	12
甲胺磷	—	—	—	—	—	—	—	—	—	—	—	—
氧化乐果	—	—	—	—	—	—	—	—	—	—	—	—
磷胺	—	—	—	—	—	—	—	—	—	—	—	—
久效磷	—	—	—	—	—	—	—	—	—	—	—	—
甲拌磷	—	—	—	—	—	—	—	—	—	—	—	—
对硫磷	—	—	—	—	—	—	—	—	—	—	—	—
甲基对硫磷	—	—	—	—	—	—	—	—	—	—	—	—
水胺硫磷	—	—	—	—	—	—	—	—	—	—	—	—

续表

农药/(mg·kg⁻¹) \ 样品名称	茄果类				瓜类				甘蓝类			
	茄子		番茄		黄瓜		西葫芦		结球甘蓝		花椰菜	
	1	2	3	4	5	6	7	8	9	10	11	12
敌敌畏	—	—	—	—	—	—	—	—	—	—	—	—
乙酰甲胺磷	—	—	—	—	—	—	—	—	—	—	—	—
毒死蜱	—	—	—	—	0.042	0.039	—	—	—	—	—	—
三唑磷	—	—	—	—	—	—	—	—	—	—	—	—
杀螟硫磷	—	—	—	—	—	—	—	—	—	—	—	—

表3-4　蔬菜中有机磷农药残留的检测结果

农药/(mg·kg⁻¹) \ 样品名称	白菜类				绿叶类				豆类			
	白菜		油菜		菠菜		芹菜		菜豆		豇豆	
	13	14	15	16	17	18	19	20	21	22	23	24
甲胺磷	—	—	—	—	—	—	—	—	0.017	0.019	—	—
氧化乐果	—	—	—	—	—	—	—	—	0.048	0.050	0.147	0.151
磷胺	—	—	—	—	—	—	—	—	—	—	—	—
久效磷	—	—	—	—	—	—	—	—	—	—	—	—
甲拌磷	—	—	—	—	—	—	—	—	—	—	—	—
对硫磷	—	—	—	—	—	—	—	—	—	—	—	—
甲基对硫磷	—	—	—	—	—	—	—	—	—	—	—	—
水胺硫磷	—	—	—	—	—	—	—	—	—	—	0.226	0.223
敌敌畏	—	—	—	—	—	—	—	—	—	—	—	—
乙酰甲胺磷	—	—	—	—	—	—	—	—	0.052	0.054	—	—
毒死蜱	—	—	—	—	—	—	0.043	0.041	—	—	0.093	0.096
三唑磷	—	—	—	—	—	—	—	—	—	—	—	—
杀螟硫磷	—	—	—	—	—	—	—	—	—	—	—	—

由表3-3和表3-4蔬菜中有机磷农药残留的检测结果可知，本次检测蔬菜样品24个，其中检出含有被测农药样品8个，检出率33.3%；被测农药残留量超标的样品3个，总合格率87.5%。通过表3-2有机磷农药在蔬菜中的最高限量和表3-3、表3-4蔬菜中有机磷农药残留的检测结果对比可知，虽然在样品5、6、19、20中都检出毒死蜱，但其含量未超出国家标准规定的最高限量，依旧是可放心食用的合格蔬菜。同理，在样品21、22、23、24中共检测出甲胺磷、氧化乐果、水胺硫磷、乙酰甲胺磷、毒死蜱5种被测农药，氧化乐果含量超出国家标准规定的0.02 mg/kg的最高限量，在样品23、24中水胺硫磷含量超出国家标准规定的0.01 mg/kg的最高限量，该样品整体是不可放心食用的不合格蔬菜，所以本次豆类蔬菜农药残留量超标样品4个，合格率为0。白菜类蔬菜农药残留量合格样品4个，合格率为100%；瓜类农药残留量合格样品4个，合格率为100%；绿叶类蔬菜农药合格样品4个，合格率为100%；甘蓝类蔬菜农药合格样品4个，合格率为100%；茄果类蔬菜农药合格样品4个，合格率为100%。

1. 不同蔬菜的污染状况分析

由表3-3、表3-4蔬菜中有机磷农药残留的检测结果可得出，豆类蔬菜的污染程度远大于绿叶类和瓜类蔬菜的污染程度，不同类型蔬菜上的农药残留情况差异比较大。其中豆类中主要含有氧化乐果，其次是水胺硫磷、毒死蜱和乙酰甲胺磷、甲胺磷。而绿叶类和瓜类主要存在毒死蜱。这主要说明豆类蔬菜、绿叶类蔬菜和瓜类蔬菜施用的农药比较多，因而污染比茄果类、白菜类、甘蓝类蔬菜严重，而豆类蔬菜尤为严重。

另外，与菜农施药习惯的差异或不同蔬菜对农药吸收的不同，以及农药分解的差异有关，在豆类中检出了 5 种农药，使用最多的农药是氧化乐果，超限量最多的农药是水胺硫磷，而在瓜类和绿叶类中检出了毒死蜱 1 种农药，反映出不同类型蔬菜对农药的积累差异，因此应加大对豆类蔬菜的农药残留检测。

2. 同种农药在不同蔬菜中的检测差异

由图 3-22 有机磷农药标准色谱图、图 3-23 芹菜 19 号样品农药残留色谱图和图 3-24

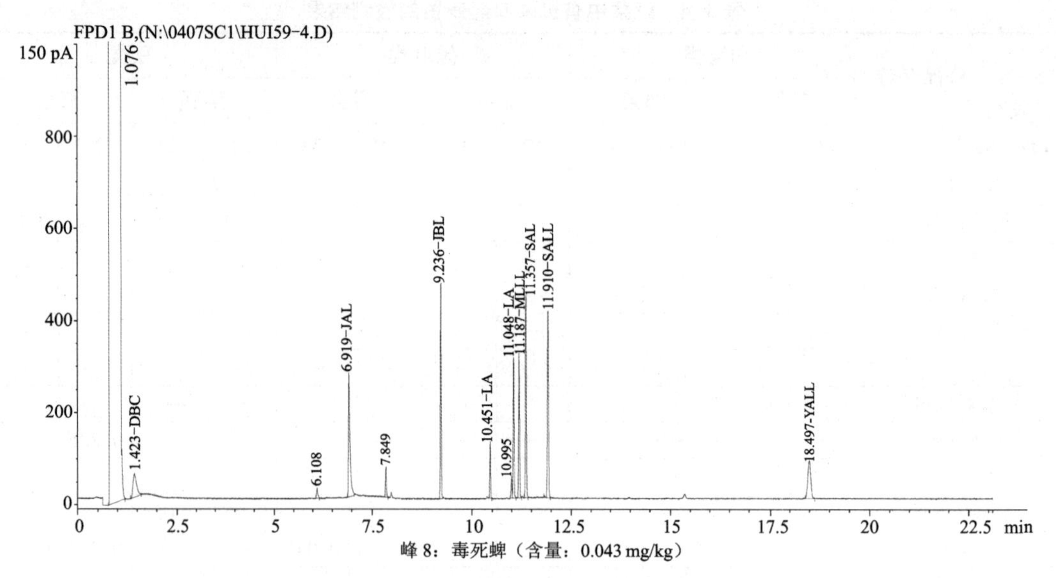

图 3-23 芹菜 19 号样品农药残留色谱图

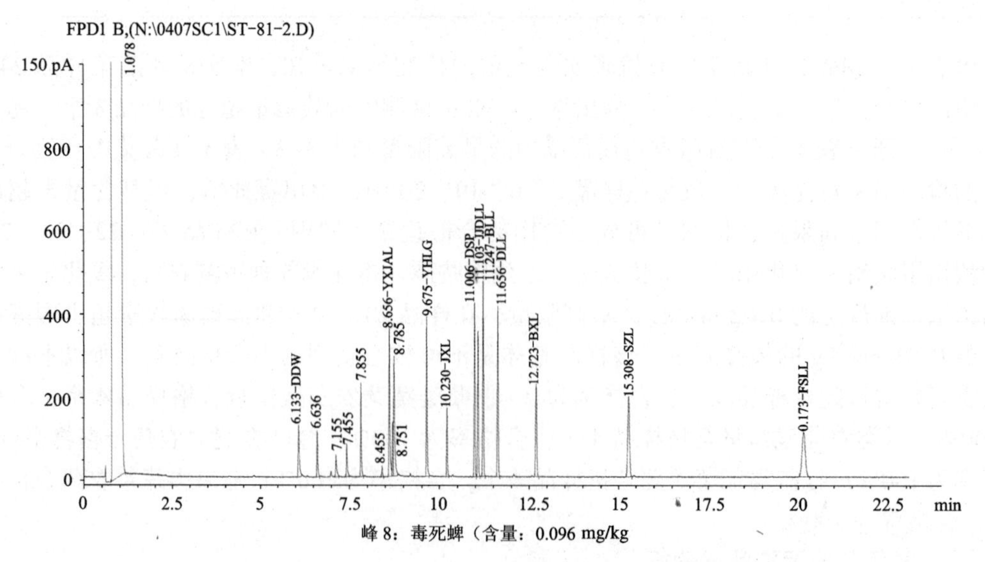

图 3-24 豇豆 23 号样品农药残留色谱图

豇豆23号样品农药残留色谱图对比可看出，同样的毒死蜱农药在芹菜和豇豆中的检出差异也很显著。其在豇豆中的含量要远远高于芹菜，原因在于豆类由于生长周期长、虫害严重，所以施药频率高、使用剂量大，而且在作物上的农药有较高的原始沉积量。

3. 禁用农药和非禁用农药检出情况

表3-5和表3-6是禁用农药和非禁用农药的检出结果，从中可以看出农产品质量安全法的实施需加大力度，市场准入制度还需要进一步完善。生产过程中滥用化肥、农药、激素的现象仍然存在，施用禁用农药仍然是造成蔬菜农药残留量超标的主要原因。本次检测超标的农药虽然没有非禁用农药，但是非禁用农药的检出率很高。目前的蔬菜生产还不是规模化生产，以农户独立生产为主，缺乏统一的领导和监督管理，农民在生产上使用农药具有很大的随意性。调查中发现，基层严重缺乏农业技术人员，农民在蔬菜的病虫害有效防治，科学使用农药，包括农药品种、使用数量、用药时间等方面缺乏技术性指导，是造成蔬菜中农药残留量超标的根本原因。

表3-5　禁用农药检出情况

农药名称	甲胺磷	氧化乐果	甲拌磷	对硫磷	磷胺	久效磷	甲基对硫磷	水胺硫磷
检出次数	2	4	0	0	0	0	0	2
不合格次数	2	4	0	0	0	0	0	2

表3-6　非禁用农药检出及不合格情况

农药名称	毒死蜱	敌敌畏	乙酰甲胺磷	三唑磷	杀螟硫磷
检出次数	6	0	2	0	0
不合格次数	0	0	0	0	0

第四节　不同国家和地区对农药残留量的相关规定

一、欧盟农产品农药残留限量最新标准

欧盟标准一向被视为国际上对环境保护和健康要求最高的标准。自2016年以来，欧盟有关部门多次修改并提高了进口水果的农药残留量检测标准，使我国出口欧盟国家的柑橘、柚子和梨等水果受到严重影响。

欧盟新颁布的农药残留标准实际上比欧洲各国的超市标准高70%，使我国水果出口欧洲市场的门槛进一步提高。

农药残留量标准用MRL表示，代表农药最高残留限量。通常为了保护公众健康，管理部门设定了食品里允许含有农药残留量的上限，即食品、农产品或动物饲料中允许含有的合法农药残留量。欧盟对农产品的农药残留限量标准一般为0.01~0.05 mg/kg。

二、美国农产品农药残留限量标准

美国制定了详细、复杂的农药最高残留限量标准，共涉及380种农药约11 000项，大

部分为在全美登记的农药和根据联邦法规法典制定的农药最高残留限量，其余的为在各地区登记的农药和制定的农药最高残留限量、有时限或临时的农药最高残留限量、进口农药最高残留限量和间接残留的农药最高残留限量等，还列出了豁免物质或无须农药最高残留限量的清单，提出了“零残留”的概念。

在过去的10多年里，美国环境工作组每年都会对美国农业部发布的48种果蔬农药残留物数据进行分析，发布“果蔬农药残留排行榜”。2017年4月4日，美国环境工作组公布了最新的“2017年美国果蔬农药残留排行榜”，菠菜“突出重围”跃升至榜单第二名。在该排行榜中，农药残留量由高到低的果蔬依次为：草莓、菠菜、油桃、苹果、桃、芹菜、葡萄、梨、樱桃、西红柿、甜椒和土豆。其中，草莓被列为“最脏”的水果，含有至少20种农药残留物。上述这些果蔬中，许多不同的农药残留物的测试结果均为阳性，并且含有比其他农产品更高浓度的农药。梨和土豆是“最脏”果蔬列表中的新成员，取代了2016年榜单中的樱桃和黄瓜。

三、韩国农产品最新农药残留制度

据国家质检总局通报，2017年3月9日，韩国食品医药品安全厅（KFDA）发布公告，将在农产品中全面推行农药残留肯定列表制度（Positive List System，PLS）。

据悉，韩国对热带水果和坚果类食品已在2016年12月31日起开始实行PLS，2018年12月将覆盖所有农产品。

PLS规定，除标准中规定的允许使用的农药残留量之外，其他所有物质在农产品中的残留限量均为0.01 mg/kg。

四、日本控制农产品农药残留量的方法

普遍认为日本农产品是最安全的，这是由于日本政府乃至农户对农药都具有正确的认识。除管理严格外，农户也尝试各种最小限度或尽量不使用农药的栽培方法。

随着人们健康意识的提高，日本食品中残留的农药量也越来越少。在管理方面，法律保障与定期抽检相结合是日本农药管理的特色。在法律方面，日本制定了《农药取缔法》，规定了农药的规格、制造、销售和使用规则，同时还对违法使用农药的行为制定了严厉的制裁措施。法律规定，如果违反了上述法规将判处3年以下的实际刑罚，或被处以100万日元（约合5.2万元人民币）罚款。不定期、不限定品种的抽样化验也是常用的监督方法。日本政府的保健所和地方保健所会定期对食品进行抽样检查。

行政监督虽然是必要手段，农户自身的意识也十分重要。日本政府和地方有关部门非常注重对农户宣传滥用农药的害处，提高他们自身的防范意识，使其自觉少用农药。有些地方行政部门会定期发放关于禁止使用的农药种类的宣传册，以及使用农药自我监督的表格等，让农户记录使用农药的日期、量和种类等，便于监督管理。

五、我国农产品农药残留量新标准

近年来我国先后制定了《食品中农药残留风险评估指南》《食品中农药最大残留限量制定指南》和《农药每日允许摄入量制定指南》等技术规范，组织制定了387种农药在284种农产品中的5 450项残留限量标准，使我国农药残留限量标准数量比之前的870项增加了

4 580 项，为推进农业标准化生产和加强农产品质量安全监管提供了强力支撑。

2016 年 12 月 18 日，根据《中华人民共和国食品安全法》的规定，经食品安全国家标准审评委员会审查通过，2016 版《食品安全国家标准　食品中农药最大残留限量》（GB 2763—2016）等 107 项食品安全国家标准正式颁布实施。食品中农药最大残留限量的新国标在标准数量和覆盖率上都有较大突破，基本涵盖了我国已批准使用的常用农药和居民日常消费的主要农产品。

这一新国标规定了 433 种农药在 13 大类农产品中 4 140 项最大残留限量，较 2014 版增加了 490 项，对禁用、限用农药的检测更严格，系统制定了苯线磷等 24 种禁用、限用农药的 184 项农药最大残留限量，为有效监管违规使用禁限农药提供了依据。

同时，按照国际惯例，对不存在膳食风险的 33 种农药，豁免制定了食品中最大残留限量标准，增强了我国食品中农药残留标准的科学性、实用性和系统性。“豁免制定”是指不需要制定限量标准，只进行目录管理。

农业部农产品质量安全监管局有关负责人表示，我国现发布的食品中农药最大残留限量均是根据农药残留田间试验数据、居民膳食消费数据、农药毒理学数据和农产品市场监测数据，经过科学的风险评估后制定的。

标准制定期间，有关部门广泛征求了生产、科研、管理等各有关方面和社会公众的意见，接受了世界贸易组织成员对标准科学性的评议，在保证农产品质量安全的同时，适应我国农业生产实际。

课后练习

一、选择题

1. 新鲜水果和蔬菜等样品的采集，无论进行现场常规鉴定还是送实验室做品质鉴定，一般要求（　　）取样。

   A. 随机　　B. 选择　　C. 任意　　D. 有目的性

2. 农药残留常规的检测方法有（　　）。

   A. 气相色谱法　　B. 凝胶色谱法

   C. 酶抑制法　　D. 薄层色谱法

3. 样品的制备是指对样品的（　　）等过程。

   A. 粉碎　　B. 混匀　　C. 缩分　　D. 以上三项都正确

4. 检测区间的工作相互之间有不利影响时，应采取有效的（　　）。

   A. 处理措施　　B. 管理措施　　C. 隔离措施　　D. 技术措施

5. 农药残留速测仪可以检测（　　）类农药残留。

   A. 有机磷类　　B. 有机氯类　　C. 氨基甲酸酯　　D. 拟除虫菊酯

二、思考题

1. 速测卡法使用过程中应注意的问题是什么？
2. 简述我国水果农药残留的新标准。
3. 简述样品中有机磷农药的计算。
4. 有机磷农药残留及其危害有哪些？
5. 欧盟对农药残留有何要求？

案例分析

“农药残留”到底怎么回事

有一位食品专家谈到，经常有人问：作为食品专家，你对食物是不是特别挑剔？他说，其实恰恰相反，对食品安全真正深入了解之后，吃得反而更轻松。比如农药残留问题，我一点也不纠结。

农药发展是越来越“低毒、高效、环保”

2017 年 8 月份的时候，山东寿光两户农民有 127 只羊因为吃了“毒大葱”后死亡。那些“毒大葱”是来自附近一家蔬菜预冷库扔掉的废菜叶，后来的检测发现其中含有农药甲拌磷和毒死蜱。该预冷库购进大葱，去掉老叶，经过包装预冷后销往全国。附近的农民把废弃的老叶捡来喂羊，没想到这批大葱叶中含有毒性比较高的农药。

事件一经报道，又引起了人们对农药残留的担忧。既然能毒死羊，人吃了这些葱，岂不是也会中毒？虽然那批葱是被查处了，但难免种葱的农民以前也那么干过。

羊之所以中毒，是由于这几点：首先，这两种农药用于大葱，属于违规行为，国家明确规定这两种药不能用于蔬菜；其次，那些羊吃的是剥下的老叶，农药残留较高；再次，羊是当作主食在吃，食用量很大；并且那些葱叶是直接喂羊的，不会经过清洗。也就是说，所有导致农药残留风险的因素都集中到一起，那些羊也就不幸成了“替死羊”。

所幸的是，没有人吃葱中毒的报道。也就是说，尽管可能会有“问题大葱”流入市场，但在正常的食用方式（清洗、食用量、烹饪等因素）的“协助防卫”下，没有达到害人的程度。尽管如此，也已经违法而被查处。

在农业生产中，病虫害是导致减产甚至绝收的一个主要原因，农药的使用是现代社会解决粮食问题的一种关键手段。1940 年以前，农药的选择只是以“杀灭害虫”为目标。那时候的“第一代农药”，比如砷制剂，采取的是“无差别攻击”的方式，害虫能杀死，害虫的天敌能杀死，高等动物也能杀死。

害虫是被杀死了，粮食产量是增加了，但农药残留对生态的破坏也是巨大的，误食农药引起的中毒也经常发生。科学家们努力的方向，是找到“精准攻击”的农药，最好是只杀目标害虫，对于高等动物和害虫的天敌的影响尽量减到最低。

这个理想很美好，科学家们一直在为此而努力。伴随着生物和化学等科学领域的发展，农药也一直通过提高选择性在朝“低毒、高效、环保”方向前进。比如大家熟知的 DDT、666 等农药，就已经被淘汰。寿光的“大葱毒死羊”事件中的那两种农药，其实高毒的甲拌磷早在 2002 年就被禁止用于蔬菜、水果和茶叶等，而中等毒性的毒死蜱也在 2016 年年底禁止用于蔬菜。

20 世纪 80 年代之后开发的第三代杀虫剂是昆虫的生长调节剂，通过调节昆虫的生长达到控制其危害的目的，这类药剂对于人以及其他高等动物就无能为力了。而且一种生长调节剂对不同的虫也有不同的调节能力，也就可以在害虫和害虫的天敌之间“有差别攻击”，比如灭幼脲、抑太保等就是这种类型的杀虫剂。第四代和第五代杀虫剂的选择性更强，在“精准杀灭”目标害虫的同时，对于高等动物和害虫天敌则“视而不见”。

“有农残”跟“有害”不是一回事

无论如何，农药残留都不是件好事情，我们都希望它不存在。而许多商家也通过渲染“农残危害”来推销各种果蔬清洗剂、果蔬清洗机等。

毒理学上有一个原则叫作“万物皆有毒，只要剂量足”，它有一个网络语言版本叫作“脱离剂量谈毒性，就是耍流氓”。农药残留尤其如此。

一种杀虫剂要被批准使用，都需要经过完善的评估，获得各方面的毒性数据。最基本的安全性数据，是不同剂量下对实验动物的影响。“急性毒性”是指一次性服下多大的量能让动物中毒，“慢性毒性”是指长期服用能让动物中毒的量。把对动物的各项生理指标都没有影响的最大量，作为动物的“安全剂量”。显而易见，慢性毒性的安全剂量要明显低于急性毒性的安全剂量。

把动物的长期安全剂量，除以一个很大的“安全系数”（一般是100），才作为人的“每日允许摄入量”，也就是通常所说的ADI值。这个量是指常年吃也不会对身体造成任何危害的量。

而在食物中的“安全标准”中，则是根据ADI值，假定人们日常饮食中可能吃到的最大量，来计算出一个食物中的“最大允许限量”。

简言之，农药残留的限量标准是在各方面都留了很大安全余量的情况制定的“保守标准”。只要低于这个标准，就能够保证安全；如果超过了这个标准，不见得有害，但要“当作有害”来进行执法，也就保护了公众安全。

农药残留合格率其实并不低

美国有个环保组织叫EWG，每年都发布“最脏蔬果排行榜”，引起巨大反响。但是，如果仔细了解一下那个排行榜，会发现它带来的主要是误导。

其实，那个排名是他们根据美国农业部的农药数据库项目（PDP）所发布的报告所作的一个推荐。排名基于6项指标，其中5项都是关于“检出农药残留”和“检出农药残留的种类”的，唯一跟“量”有关的一项是“平均最大农药残留含量”。不同农药的残留标准相差很大，把不同的农药残留放在一起计算“平均含量”，并没有什么价值。

他们所谓“一种蔬果中含有多少种农药残留”，也并不是一个样品中含有那么多种，而是所有样品中检测到的农药种类总数。比如，一个草莓样品中检测到了A和B两种农药，另一个草莓样品中检测到了B和C，还有一个草莓样品中检测到了D和E，那么就算是草莓中检测到了“5种”农药残留。

决定蔬果是否安全的标准不是“是否检测到农药残留”，也不是“检测到多少种农药残留”，而是“是否检测到农药残留超标”。能否检测到农药残留，不仅取决于蔬果中是否有农药残留，更取决于检测技术有多灵敏。现在的很多检测技术极为先进，可以检测到极低的农药含量。检测到残留并不意味着这些食物就有害健康，离开了农药残留的量和控制标准谈危害，完全没有意义。

前面提到过，现代杀虫剂的选择性越来越强。因此，对于不同的害虫，应该选用不同的杀虫剂。这就使得“可能出现的农药残留”种类要多一些。但是，因为高选择性和高效低毒，综合使用多种杀虫剂而形成的“解决方案”，就远远比以前的“无差别攻击”杀虫剂所需要的杀虫剂总量要少，而防治虫害的效果却更好。比如农业部农技推广中心与拜耳公司合作推动的“拜耳更多水稻”“拜耳更好柑橘”“拜耳更好蔬菜”等项目，是在农作物生长的不同时期针对影响产量的众多因素进行全面管理，来实现“农药减施增效”的目标。从现在公布的试验结果来看，这种思路的效果还是明显的。

农药残留问题引发焦虑的原因，在于我们无法判断购买的蔬菜水果是否合格。其实，农业部每季度都会发布农产品质量安全监测结果。从发布的结果看，合格率还是很高的。即使偶尔遇到，考虑到“安全标准”的真实含义，也还不至于有多大危害。尤其是经过去农药残留“三板斧”的处理——仔细用水清洗、能去皮的去皮、该做熟的做熟（加热会大大促进农药残留的降解），即便是真的遇到了农药残留也能够去除大部分。

案例思考：

1. 农药残留有什么危害？
2. 如何提高农产品质量安全？

第4章

农产品中重金属检测

第一节　农产品中重金属污染的危害

重金属是指密度大于 6.0 g/cm^3 的金属元素（砷具有金属的部分性质，列为重金属之一），按照这一定义，除了食品卫生标准所列的铅（Pb）、砷（As）、汞（Hg）、铬（Cr）、镉（Cd）以外，铜（Cu）、锌（Zn）、锰（Mn）、镍（Ni）等常见元素也属于重金属。这些元素不同程度地存在于不同的农产品中。虽然重金属污染一般不会对人体造成急性危害，但是重金属可以通过食物链在人体中累积，从而危害人们的身体健康。重金属污染具有多源性、隐蔽性强、迁移性小、毒性大、化学行为和生态效应复杂等特点，可以通过食物链的富集累积作用进入人体，并能通过某些迁移方式进入水体、大气。

一、农产品中重金属污染的危害

（一）重金属污染对农作物的危害

重金属对农作物产生的危害随重金属性质的不同而有所差异，总体上可归结为两类危害：一类是当重金属含量超过一定限度时，农作物的生长发育会受到危害。如铜等重金属，虽然能够在一定程度上被作物吸收，但大部分积累在根部，几乎不向地上部分转移。在重金属的浓度尚未积累到对人畜有害的程度之前，农作物就已枯死或者生长受到抑制，这一类重金属有铜、锰、砷、铬、镍、锌、铅等。另一类是在重金属的浓度增高到对农作物的生长发育产生危害之前，农作物就已经受到潜在的有害污染，这种污染可以通过食物链危及人类和动物的健康，这一类重金属有镉、汞等。我国受镉、铅、汞等重金属污染的耕地面积近 2 000 万 hm^2，约占总耕地面积的 1/5。全国每年因重金属污染而减产粮食 1 000 多万 t，被重金属污染的粮食每年也多达 1 200 万 t，合计经济损失至少 200 亿元。

（二）重金属污染对人体的危害

汞在自然界中有金属单质汞（俗称水银）、无机汞和有机汞等几种形式。汞及其化合物是常见的应用广泛的有毒金属和化合物。进入人体的汞主要经由人们摄食污染后的鱼类、贝类、谷物。尽管对鱼类和贝类在水圈中的汞蓄积途径的认识目前尚存在分歧，但已有的大量证据表明，无论是人为污染还是天然污染，蓄积于鱼类和贝类中的汞几乎都是有机汞。谷物的汞污染，则可能主要来源于农药和废水污染。汞中毒以有机汞中毒为主，汞中毒患者往往表现为手指、口唇和舌头麻木，说话不清，视野缩小，运动失调及神经系统损害，严重者可以发生瘫痪、肢体变形、吞咽困难，甚至死亡。调查表明，如果人体累积摄入超过 500 mL 以上的甲基汞，就可以出现肢体麻木、视野缩小、运动失调等症状。如果累积摄入甲基汞超过1 000 mL,就可出现痉挛和麻痹等急性症状，并很快死亡。如孕妇食用被汞污染的鱼后自身可以不发病，但体内的甲基汞会通过胎盘进入胎儿体内，使新生儿发生先天性水俣病。

镉是一种蓝白色金属，在自然界中分布广泛，但含量极少。镉污染主要来自金属冶炼、矿山开采、电镀及油漆、颜料、陶瓷、塑料和农药等生产中排放的废气、废渣和废水。镉可通过植物根系的吸收进入植物性食品中，并通过饮水与饲料转移到动物体内，使畜禽类食品中含有镉。在镉污染地区，镉在食品中的浓度可以高过正常区域 20 倍左右。镉进入人体后主要蓄积于肾脏和肝脏中，镉中毒主要损害肾功能、骨骼和消化系统。镉损伤肾脏近曲小管后，可造成钙、蛋白质等营养素的流失，使骨质脱钙，引起骨骼畸形、骨折等，导致病人骨痛难忍，并因疼痛而死亡。急性镉中毒常常引起呕吐、腹泻、头晕、多涎、意识丧失等。除了急、慢性中毒外，研究表明镉及其化合物还具有一定的致突变、致畸和致癌作用。

铅是一种灰白色金属，主要用于制造蓄电池、颜料、釉料等，四乙基铅等烷基铅因为其具有良好的抗震性而曾经被广泛用作汽油的防爆剂。铅对环境的污染主要来自冶炼厂、加铅汽油废气、含铅材料的使用等。铅中毒是一种蓄积性中毒，主要通过被铅污染的空气、饮用水、土壤和食物进入人体内而引起。铅进入人体后，一部分可经肾脏和肠道排出体外，留在体内的铅可取代骨中的钙而蓄积于骨骼。随着蓄积量的增加，机体可呈现出毒性反应。铅中毒可引起造血、肾脏及神经系统损伤。铅中毒后往往表现为智力低下、反应迟钝、贫血等慢性中毒症状。从危害程度来说，铅对胎儿和幼儿生长发育影响最大，因此儿童发生铅中毒的概率远远高于成年人，目前我国儿童受铅污染危害较为严重。

砷是一种非金属，但由于其许多理化性质类似于金属，故常称其为类金属。砷的化合物包括无机砷和有机砷。砷的化合物常被用作农药、畜禽的生长促进剂等，因而农药和兽药残留是食品砷污染的主要原因。砷对人体中的许多酶有很强的抑制作用，可使人体内很多酶的活性以及细胞的呼吸、分裂和繁殖受到严重干扰而引起体内代谢障碍。砷中毒分急性和慢性两种：急性砷中毒主要表现为胃肠炎症状，严重者可导致中枢神经系统麻痹而死亡，病人常有七窍流血的现象；慢性砷中毒的症状除有一般的神经衰弱症候群外，还有皮肤色素沉着、过度角质化、末梢神经炎等。现在砷及其化合物已被确认为致癌物。

二、农产品中重金属污染来源

随着人们对金属矿产品的需求量不断增大，由此引发的环境污染日趋严重，重金属污染导致土壤和水源中的重金属含量超标，最终导致农产品出现安全问题。据统计，全世界每年消耗的铅约为 400 万 t，镉消耗量约为 2 万 t，汞消耗量约为 1 万 t，砷消耗量约为 2.4 万 t，这些重金属只有少量被回收重新利用，而其余大部分以各种形式被排放到环境中造成污染。

某些地区自然地质条件特殊，环境中有较高的重金属含量。如在一些特殊地区、矿区、海底火山活动的地区，因为地层中有毒金属的含量高而使动植物体内有毒金属含量显著高于一般地区。内陆某有色金属工业区所产的牧草、小麦中的铅含量分别为 59.42 mg/kg 和 4.75 mg/kg，镉含量分别为 10.28 mg/kg 和 2.49 mg/kg，显著高于非金属矿区；某地区的小麦和玉米中镉、铅、汞的超标率分别为9.46%和7.43%、1.84%和1.69%、3.57%和1.58%。人为环境污染是造成重金属污染的主要原因，如工业“三废”中有大量重金属元素被排放到土壤和水中，农药、化肥和农膜中也含有多种重金属。据报道，我国大多数城市近郊土壤都受到了不同程度的重金属污染，重金属通过生物富集作用最终危害人类健康。

土壤污染是人类现在和未来都必须面对的最困难的环境课题。土壤一旦被污染，其中的污染物就很难清除，土壤污染过程是不可逆的，如发展成生态灾难，其危害和损失将难以估量。有毒重金属元素由于某些原因未经处理就被排入河流、湖泊、海洋或土壤，使得这些河流、湖泊、海洋或土壤受到污染，它们不能被生物降解。鱼类和贝类如果积累重金属而为人类所食，或者被重金属污染的水稻、小麦等农作物被人类食用，重金属就会进入人体使人产生重金属中毒。

在农产品生产加工过程中，使用的金属器械、管道、容器以及加工时使用的食品添加剂不纯，含有某些金属元素及化合物，其有害重金属可溶出污染食品；在食品运输过程中，由于运输工具被污染，也会污染食品。

重金属的来源与危害详见表4-1。

表4-1　重金属的来源与危害

重金属	来　源	对人体存在的危害	易受害人群
铅	各种油漆、涂料、蓄电池、冶炼、五金、机械、电镀、化妆品、染发剂、釉彩碗碟、餐具、燃煤、膨化食品、自来水管	贫血症、神经机能失调、肾损伤	儿童、老人、免疫力低下人群
镉	电镀、采矿、冶炼、燃料、电池和化学工业等排放的废水；废旧电池、水果和蔬菜尤其是蘑菇、奶制品、谷物	泌尿系统功能损害、骨骼严重软化、骨头寸断、胃功能失调、高血压症	矿业工作者、免疫力低下人群
汞	仪表厂、食盐电解、贵金属冶炼、化妆品、照明用灯、牙科材料、燃煤、水生生物等	损害脑组织、肾脏，全身中毒	女性，尤其是准妈妈、嗜好海鲜人士
砷	采矿、冶金、化学制药、玻璃工业中的脱色剂、备种杀虫剂、杀鼠剂、砷酸盐药物、化肥、硬质合金、皮革、农药	消化系统症状、神经系统症状和皮肤病变、皮肤癌	农民、家庭主妇、特殊职业群体
铬	劣质化妆品原料、皮革制剂、金属部件镀铬部分，工业颜料以及鞣革、橡胶和陶瓷原料	咽炎、支气管炎、鼻炎、结核病、腹泻、支气管炎、皮炎等	水污染严重地区居民

三、国内外对食品中重金属污染的限量

由于食品的重金属污染问题日趋严重，世界各国政府、有关团体和组织及众多企业对其的认识和关注度也不断提高，许多相应的政策法规应运而生。我国在近几年内也修订和发布了有关的规定，以适应国际经济形势的发展。美国等西方国家也修订或发布了许多相应的法规文件。表4-2列出了部分我国已于2005年10月1日起强制实施的对食品中汞、

铅、镉、砷等重金属污染限量的国家标准（GB 2762—2005）。联合国粮食农业组织（FAO）和世界卫生组织（WHO）共同建立的国际食品法典委员会（CAC）制定的有关标准也列于该表中以便比较。

表 4-2 食品中某些重金属限量指标 mg/kg

食品种类	GB 2762—2005				CAC 标准	
	铅	镉	总汞[b]	砷[e]	铅	镉
谷类	0.2	0.1~0.2	0.02[c]	0.1~0.2	0.2	0.1~0.2
豆类	0.2	0.2	—	0.1	0.2	0.2
薯类	0.2	0.1[a]	0.01	—	—	0.1
禽畜肉类	0.2	0.1	0.05	0.05	0.1	0.05
鱼类	0.5	0.1	0.5[d]	0.1	0.2	—
蔬菜	0.1	0.05~0.2	0.01	0.05	0.1	0.05~0.2
水果	0.1	0.05	0.01	0.05	0.1	0.05
鲜蛋	0.2	0.05	0.05	0.05	—	—

注：[a] 含根茎类蔬菜；[b]以 Hg 计；[c]成品粮；[d]以甲基汞计，不包括食肉鱼类；[e]无机砷。

由表 4-2 可以看出，我国的限量指标多数已符合国际标准。但有些限量则由于我国的国情不同和国际标准还有一定的差距。例如鱼类的铅限量指标我国为 0.5 mg/kg，CAC 标准要严格得多，仅为 0.2 mg/kg。又如禽畜肉类的铅限量指标我国为 0.2 mg/kg，CAC 标准则为 0.1 mg/kg。需要说明的是，随着国内外经济形势的变化和发展，食品中各种污染物的限量指标也会相应变化，以适应形势的要求，但总的来说限量指标有更加严格的趋势。我国在 1994 年制定的国家标准对谷类、豆类、薯类和禽畜肉类中铅的限量分别为 0.4 mg/kg、0.8 mg/kg、0.4 mg/kg 和 0.5 mg/kg，而 2005 年的标准则已将限量指标都降低到了 0.2 mg/kg。另外，不同国家往往有不同的限量标准。因此，从事国际贸易的部门和有关企业及时了解掌握相关国家对有关产品中污染物的限量标准是相当重要和必要的。表 4-2 仅仅列出了部分食品中部分重金属污染的限量指标，更多的限量指标可以参考相关文献。

四、防止有毒金属污染食品的措施

造成有毒金属污染食品的原因比较复杂，且污染后不容易去除。因此，为保障食品的安全性，防止有毒金属污染食品，应积极采取各种有效措施。

第一，加强食品卫生监督管理。制定和完善食品化学元素允许限量标准。加强对食品的卫生监督检测工作。进行全膳食研究和食品安全性研究工作。

第二，加强化学物质的管理。加强对含有毒金属化学物质的使用管理，如含汞、含砷制剂。严格管理和控制农药、化肥的使用剂量、使用范围、使用时间及允许使用的品种。食品生产加工过程中使用添加剂或其他化学物质原料应遵守食品卫生规定，控制金属毒物的含量。

第三，对生产加工、贮藏食品使用的工具、器械、导管、材料及包装容器等应严格控制卫生质量，限制使用含砷、含铅的材料。对镀锡、焊锡中的铅含量应当严加控制。

第四，加强环境保护，减少环境污染。控制工业“三废”的排放，对工业废水、废气、废渣必须先处理，使其符合排放标准，避免有毒金属污染农田、水源。

第五，妥善保管有毒金属及其化合物，防止误食误用以及意外或人为污染食品。

第二节　农产品中的重金属检测方法

根据国家标准《食品中污染物限量》（GB 2762—2012）规定，食品中铅限量指标：新鲜蔬菜（芸薹类蔬菜、叶菜类蔬菜、豆类蔬菜、薯类除外）、新鲜水果（浆果和其他小粒水果除外）、油脂及其制品为 0.1 mg/kg；谷物及其制品（麦片、面筋、八宝粥罐头、带馅（料）面米制品除外）、豆类与豆类蔬菜、薯类、浆果和其他小粒水果、坚果及籽类（咖啡豆除外）、肉类（畜禽内脏除外）、蛋及蛋制品（皮蛋、皮蛋肠除外）为 0.2 mg/kg；麦片、面筋、八宝粥罐头、带馅（料）面米制品、豆类制品（豆浆除外）、咖啡豆、畜禽内脏、肉制品、鱼类、甲壳类、皮蛋、皮蛋肠、食糖及淀粉糖、淀粉制品、蒸馏酒、黄酒、可可制品、巧克力和巧克力制品以及糖果为 0.5 mg/kg。

2017 年 4 月 14 日，根据《中华人民共和国食品安全法》和《食品安全国家标准管理办法》规定，经食品安全国家标准审评委员会审查通过，《食品安全国家标准　食品中铅的测定》（GB 5009.12—2017）等 9 项食品安全国家标准发布并实施。

《食品安全国家标准　食品中铅的测定》规定了测定食品中铅含量的石墨炉原子吸收光谱法、电感耦合等离子体质谱法、火焰原子吸收光谱法和二硫腙比色法。

下面仅对该标准中的石墨炉原子吸收光谱法进行简要介绍。

一、食品中铅含量的测定方法——石墨炉原子吸收光谱法

（一）原理

试样经灰化或酸消解后，注入原子吸收分光光度计石墨炉中，电热原子化后吸收 283.3 nm共振线，在一定浓度范围其吸收值与铅含量成正比，与标准系列比较定量。

（二）试剂

除非另有说明，本方法所用试剂均为优级纯，水为 GB/T 6682 规定的二级水。

1. 试剂

硝酸（HNO_3）；

高氯酸（$HClO_4$）；

磷酸二氢铵（$NH_4H_2PO_4$）；

硝酸钯（$Pd(NO_3)_2$）。

2. 试剂配制

硝酸溶液（5+95）：量取 50 mL 硝酸，缓慢加到 950 mL 水中，混匀。

硝酸溶液（1+9）：量取 50 mL 硝酸，缓慢加到 450 mL 水中，混匀。

磷酸二氢铵-硝酸钯溶液：称取 0.02 g 硝酸钯，加少量硝酸溶液（1+9）溶解后，再加入 2 g 磷酸二氢铵，溶解后用硝酸溶液（5+95）定容至 100 mL，混匀。

3. 标准品与标准溶液配制

硝酸铅（$Pb(NO_3)_2$，CAS 号：10099-74-8）：纯度>99.99%；或经国家认证并授予标准物质证书的一定浓度的铅标准溶液。

铅标准储备液（1 000 mg/L）：准确称取 1.598 5 g（精确至 0.000 1 g）硝酸铅，用少量硝酸溶液（1+9）溶解，移入 1 000 mL 容量瓶中，加水至刻度，混匀。

铅标准中间液（1.00 mg/L）：准确吸取铅标准储备液（1 000 mg/L）1.00 mL 于 1000 mL

容量瓶中，加硝酸溶液（5+95）至刻度，混匀。

铅标准系列溶液：分别吸取铅标准中间液（1.00 mg/L）0 mL、0.500 mL、1.00 mL、2.00 mL、3.00 mL和4.00 mL置于100 mL容量瓶中，加硝酸溶液（5+95）至刻度，混匀。此铅标准系列溶液的质量浓度分别为0 μg/L、5.00 μg/L、10.0 μg/L、20.0 μg/L、30.0 μg/L和40.0 μg/L。

可根据仪器的灵敏度及样品中铅的实际含量确定标准系列溶液中铅的质量浓度。

（三）仪器和设备

所有玻璃器皿及聚四氟乙烯消解内罐均需硝酸溶液（1+5）浸泡过夜，用自来水反复冲洗，最后用水冲洗干净。

原子吸收光谱仪：配石墨炉原子化器，附铅空心阴极灯。

分析天平：感量0.1 mg和1 mg。

可调式电热炉。

可调式电热板。

微波消解系统：配聚四氟乙烯消解内罐。

恒温干燥箱。

压力消解罐：配聚四氟乙烯消解内罐。

（四）分析步骤

1. 试样制备

在采样和试样制备过程中，应避免试样污染。

（1）粮食、豆类样品：样品去除杂物后粉碎，储于塑料瓶中。

（2）蔬菜、水果、鱼类、肉类等样品：样品用水洗净晾干，取可食部分，制成匀浆，储于塑料瓶中。

（3）饮料、酒、醋、酱油、食用植物油、液态乳等液体样品：将样品摇匀。

2. 试样前处理

（1）湿法消解。

称取固体试样0.2~3 g（精确至0.001 g）或准确移取液体试样0.5~5 mL于带刻度的消解管中，加入10 mL硝酸和0.5 mL高氯酸，在可调式电热炉上消解（参考条件：120℃/（0.5~1 h）；升至180℃/（2~4 h），升至200℃~220℃）。若消解液呈棕褐色，再加少量硝酸，消解至冒白烟，消解液呈无色透明或略带黄色，取出消解管，冷却后用水定容至10 mL，混匀备用。同时做试剂空白试验。亦可采用锥形瓶，于可调式电热板上按上述操作方法进行湿法消解。

（2）微波消解。

称取固体试样0.2~0.8 g（精确至0.001 g）或准确移取液体试样0.5~3 mL于微波消解罐中，加入5 mL硝酸，按照微波消解的操作步骤消解试样，消解条件参考GB 5009.12—2017中附录A。冷却后取出消解罐，在电热板上于140℃~160℃赶酸至1 mL左右。消解罐放冷后，将消解液转移至10 mL容量瓶中，用少量水洗涤消解罐2~3次，合并洗涤液于容量瓶中并用水定容至刻度，混匀备用。同时做试剂空白试验。

（3）压力罐消解。

称取固体试样0.2~1 g（精确至0.001 g）或准确移取液体试样0.5 mL~5 mL于消解

内罐中，加入 5 mL 硝酸。盖好内盖，旋紧不锈钢外套，放入恒温干燥箱中，于 140℃ ~ 160℃下保持 4 ~ 5 h。冷却后缓慢旋松外罐，取出消解内罐，放在可调式电热板上于 140℃ ~ 160℃赶酸至 1 mL 左右。冷却后将消解液转移至 10 mL 容量瓶中，用少量水洗涤内罐和内盖 2 ~ 3 次，合并洗涤液于容量瓶中并用水定容至刻度，混匀备用。同时做试剂空白试验。

3. 测定

（1）仪器参考条件：根据各自仪器性能调至最佳状态。参考条件见 GB 5009. 12—2017 中附录 B。

（2）标准曲线的制作：按质量浓度由低到高的顺序分别将 10 μL 铅标准系列溶液和 5 μL 磷酸二氢铵-硝酸钯溶液（可根据所使用的仪器确定最佳进样量）同时注入石墨炉中，原子化后测其吸光度值，以质量浓度为横坐标、吸光度值为纵坐标，制作标准曲线。

（3）试样溶液的测定：在与测定标准溶液相同的实验条件下，将 10 μL 空白溶液或试样溶液与 5 μL 磷酸二氢铵-硝酸钯溶液（可根据所使用的仪器确定最佳进样量）同时注入石墨炉中，原子化后测其吸光度值，与标准系列比较定量。

（五）分析结果的表述

试样中铅的含量计算：

$$X=\frac{(\rho-\rho_0)\times V}{m\times 1\,000} \tag{4-1}$$

式中　X——试样中铅的含量，单位为 mg/kg 或 mg/L；

ρ——试样溶液中铅的质量浓度，单位为 μg/L；

ρ_0——空白溶液中铅的质量浓度，单位为 μg/L；

V——试样消化液的定容体积，单位为 mL；

m——试样称样量或移取体积，单位为 g 或 mL；

1 000——换算系数。

当 $X \geq 1.00$ mg/kg（或 mg/L）时，计算结果保留三位有效数字；当 $X<1.00$ mg/kg（或 mg/L）时，计算结果保留两位有效数字。

（六）精密度

在重复性条件下获得的两次独立测定结果的绝对差值不得超过算术平均值的 20%。

二、食品中汞的测定方法——原子荧光分光光度法

原子荧光分光光度法的检出限为 0. 1 μg/L；标准曲线的最佳线性范围为 0 ~ 10 μg/L。

（一）原理

试样经酸加热消解后，在酸性介质中，消解液中汞离子被硼氢化钾（KBH_4）或硼氢化钠（$NaBH_4$）还原成气态的汞蒸气，由载气（氩气）带入石英原子化器中原子化，在特制汞空心阴极灯照射下，基态汞原子被激发至高能态，在去活化回复到基态时，发射出特征波长的荧光。其荧光强度与汞含量成正比，与标准系列比较定量。

（二）试剂

除另有说明外，所用试剂均为分析纯，水为去离子水。

硝酸（优级纯）。

高氯酸（优级纯）。

过氧化氢（30%）。

重铬酸钾。

硝酸溶液（1+9）：量取硝酸 50 mL，缓缓倒入 450 mL 水中，摇匀。

氢氧化钾溶液（5 g/L）：称取 5.0 g 氢氧化钾，溶于水中，定容到 1 000 mL，摇匀（也可用 2.0 g 氢氧化钠代替 5.0 g 氢氧化钾）。

硼氢化钾溶液（5 g/L）：称取 1.5 g 硼氯化钾，溶于 5.0 g/L 的氢氧化钾溶液中，并定容到 100 mL，混匀，现配现用（也可用 1.0 g 硼氯化钠代替 1.5 g 硼氢化钾）。

汞标准稳定剂：将 0.5 g 重铬酸钾溶于 950 mL 水中，再加 50 mL 硝酸，摇匀。

汞标准储备溶液：称取经充分干燥过的氯化汞（$HgCl_2$）0.135 4 g，用汞标准稳定剂溶解后，转移到 100 mL 容量瓶中，再用汞标准稳定剂定容，摇匀，此溶液每毫升相当于 1 mg汞。

汞标准使用溶液：吸取汞标准储备溶液（1 mg/mL）1.00 mL 于 100 mL 容量瓶中，用硝酸溶液定容，摇匀，此溶液浓度为 10 μg/mL。再吸取 10 μg/mL 汞标准溶液 1.00 mL 和 5.00 mL 置于两个 100 mL 容量瓶中，用硝酸溶液定容，摇匀，得到溶液浓度为 100 ng/mL 和 500 ng/mL，分别用于测定低浓度试样和高浓度试样，制作标准曲线。

变色硅胶：直径 3~4 mm。

（三）仪器

本方法所用玻璃器皿，使用前后需用硝酸溶液（1+3）浸泡过夜，使用前再用纯水洗净。

原子荧光分光光度计。

高压消解罐（100 mL 容量）。

微波消解炉。

蛇形冷凝管（30 cm 长度）。

（四）分析步骤

1. 试样消解

（1）高压消解法。

本方法适用于粮食、豆类、蔬菜、水果类食品中总汞的测定。

粮食及豆类等干样：称取 0.2~1.00 g 经粉碎混合均匀后过 40 目筛孔的样品，置于聚四氟乙烯塑料内罐内，加 5 mL 硝酸放置过夜，再加 7 mL 过氧化氢，盖上内盖放入不锈钢外套中，将不锈钢外盖和外套旋紧密封，然后将消解器放入普通干燥箱（烘箱）搁板上关好箱门，通电加热，温度升至 120℃后保持恒温 2~3 h，至消解完成，切断电源。自然冷至室温，开启消解罐，将消解液用硝酸溶液（1+9）定量转移并定容至 25 mL，摇匀。同时做试剂空白试验，待测。

蔬菜、水果类水分含量高的鲜样：将鲜样用捣碎机打成匀浆，称取匀浆 1.00~5.00 g 置于聚四氟乙烯塑料罐内，加盖留缝，于 65℃烘箱中鼓风干燥或于一般烘箱中烘至近干，取出，加 5 mL 硝酸放置过夜，再加 7 mL 过氧化氢，盖上内盖放入不锈钢外套中，将不锈钢外盖和外套旋紧密封，然后将消解器放入普通干燥箱（烘箱）搁板上，关好箱门，通电加热，温度升至 120℃后保持恒温 2~3 h，至消解完成，切断电源。自然冷至室温，开启消解罐，将消解液（1+9）定量转移并定容至25 mL，摇匀。同时做试剂空白试验，待测。

（2）回流消解法。

蔬菜干样、粮食及豆类等干样经粉碎混匀过40目筛后，称0.5~1.00 g，置于50 mL的磨口平底小烧瓶中，加入8 mL硝酸和2 mL高氯酸，混匀后放置过夜，加入几粒玻璃珠，接上蛇形冷凝管，放在电炉上冷凝回流30 min以上，直到样品消解完全，消解液透亮。冷却后，清洗冷凝管内壁，清洗液和消解液一并转移到25 mL容量瓶中，用水定容，摇匀。同时做试剂空白试验，待测。

水分含量高的蔬菜、水果样品匀浆后，称取1.00~5.00 g，置于50 mL的磨口平底小烧瓶中，加入8 mL硝酸和2 mL高氯酸，混匀后放置过夜，加入几粒玻璃珠，接上蛇形冷凝管，放在电炉上冷凝回流30 min以上，直到样品消解完全，消解液透亮。冷却后，清洗冷凝管内壁，清洗液和消解液一并转移到25 mL容量瓶中，用水定容，摇匀。同时做试剂空白试验，待测。

（3）微波消解法。

称取经粉碎过40目筛后的干样0.1~0.5 g于消解罐中，加入1~5 mL硝酸、1~2 mL过氧化氢，盖好安全阀后，将消解罐放入微波炉消解系统中，按照预先设定的程序（见表4-3、表4-4）进行升温消解，至消解完全。冷却后用硝酸溶液（1+9）定量转移并定容至25 mL（低含量样品可定容至10 mL），混匀待测。

表4-3　粮食、蔬菜试样微波消解系统参考条件

步　骤	1	2	3
功率/%	50	75	90
压力/kPa	343	646	1 096
升压时间/min	30	30	30
保压时间/min	5	7	5
排风量/%	100	100	100

表4-4　油脂、糖类试样微波消解系统参考条件

步　骤	1	2	3	4	5
功率/%	50	70	80	100	100
压力/kPa	343	514	686	959	1 234
升压时间/min	30	30	30	30	30
保压时间/min	5	5	5	7	5
排风量/%	100	100	100	100	100

2. 标准系列配制

低浓度标准系列：分别吸取100 ng/mL汞标准溶液0.00 mL、0.25 mL、0.50 mL、1.00 mL、2.00 mL、2.50 mL，于25 mL容量瓶中，用硝酸溶液（1+9）定容，摇匀，备用。各相当于汞浓度0 ng/mL、1.00 ng/mL、2.00 ng/mL、4.00ng/mL、8.00 ng/mL、10.00 ng/mL，此标准系列适用于一般试样测定。标准溶液必须现配现用。

高浓度标准系列：分别吸取500 ng/mL汞标准溶液0.00 mL、0.25 mL、0.50 mL、1.00 mL、1.50 mL、2.00 mL于25 mL容量瓶中，用硝酸溶液（1+9）定容，摇匀，备

用。各相当于汞浓度 0 ng/mL、5.00 ng/mL、10.00 ng/mL、20.00 ng/mL、30.00 ng/mL、40.00 ng/mL，此标准系列适用于含汞量偏高的试样测定。标准溶液必须现配现用。

（五）测定

（1）仪器参考条件：光电倍增管负高压 240 V；汞空心阴极灯电流 30 mA；原子化器温度 300℃；载气流速 500 mL/min、屏蔽气 1 000 mL/min；测量方式：标准曲线法；读数方式：峰面积；读数延迟时间：1.0 s；读数时间：10.0 s，硼氢化钾溶液加液时间：8.0 s；标准溶液或样液加液体积：2 mL。

AFS 系列原子荧光分光光度计有多种型号，可以根据仪器操作说明书设定最佳条件，仪器稳定后，测标准系列，至标准曲线的相关系数 $r>0.999$ 后测试样。试样前处理可适用于任何型号的 AFS 原子荧光分光光度计。

（2）测定方法根据情况任选以下一种方法。

仪器自动计算结果方式测量：设定好仪器最佳条件，根据仪器相应条件进行测定，获得测定结果。

浓度方式测量：设定好仪器最佳条件，稳定 10～20 min 后开始测量。连续用硝酸溶液（1+9）进样，待读数稳定后，转入标准系列测量，绘制标准曲线。转入试样测量，先用硝酸溶液（1+9）进样，使读数基本回零，再分别测定试剂空白和试样溶液，测样品前应清洗进样管。

（六）测量结果计算

试样中汞的含量按以下公式进行计算：

$$X=\frac{(c-c_0)\times V\times 1\ 000}{m\times 1\ 000\times 1\ 000} \tag{4-2}$$

式中 X——试样中汞的含量，单位为 mg/kg；

c——试样消解液中汞的含量，单位为 ng/mL；

c_0——试样空白液中汞的含量，单位为 ng/mL；

V——试样消解液总体积，单位为 mL；

m——试样质量，单位为 g；

1 000——换算系数。

计算结果保留三位有效数字。

（七）允许误差

在重复条件下获得的两次独立测定结果的绝对值不得超过算术平均数的 10%。

课后练习

一、选择题

1. 农产品中重金属镉的检测标准方法可选用的有（　　）。

A. 气相色谱法　　B. 液相色谱法

C. 原子吸收分光光度法　　D. 原子荧光分光光度法

2. 农产品中重金属铅和汞的测定应使用（　　）测定。

A. 石墨炉原子吸收光谱法、原子荧光分光光度法

B. 火焰原子吸收光谱法、原子荧光分光光度法

C. 火焰原子吸收光谱法、石墨炉原子吸收光谱法

D. 石墨炉原子吸收光谱法、气相色谱法

3. 重金属污染具有（　　）、化学行为和生态效应复杂等特点。

A. 多源性　　B. 隐蔽性强　　C. 迁移性小　　D. 毒性大

4. 高压消解法适用于（　　）中总汞的测定。

A. 粮食　　B. 豆类　　C. 蔬菜　　D. 水果类食品

5. 急性砷中毒主要表现为胃肠炎症状，严重者可导致中枢神经系统麻痹而死亡，病人常有（　　）的现象。

A. 头疼　　B. 皮肤黄　　C. 七窍流血　　D. 脱发

二、思考题

1. 重金属污染对农作物有什么危害？
2. 重金属污染对人体有哪些危害？
3. 简述防止有毒金属污染食品的措施。
4. 食品中的重金属常用的检测方法有哪些？原理是什么？
5. 汞的测量结果如何计算？

案例分析

广西抽检发现部分食用农产品重金属超标

广西壮族自治区食品药品监督管理局通报 256 批次食品的安全监督抽检信息。此次抽检发现，4 批次薯类和膨化食品不合格，5 批次方便食品不合格，3 批次食用农产品不合格，部分食用农产品重金属超标。

通报称，此次抽检发现，薯类和膨化食品中，“米格皇夹心米果卷”“香脆酥”超范围使用甜味剂，贺州市怡味斋食品有限公司生产的“食用威化饼”超范围使用苯甲酸及钠盐，柳州市霞光红辣椒食品厂生产的“红辣椒片”水分超标；方便食品中，广西亿发食品饮料有限公司生产的方便食品“黑芝麻糊”酸价超标，桂林智仁食品工业有限公司生产的方便食品“纯豆浆”大肠菌群超标，广西美哆哆食品有限公司生产的“怀螺香螺蛳粉”菌落总数超标；食用农产品中，“湖南姜”铅超标，“沙姜”镉和铅超标，“黄毛鸡蛋”检出恩诺沙星。不合格产品已按相关规定作了及时处理。

自治区食品药品监管局相关专家介绍，此次抽检发现有食用农产品铅、镉超标，可能是土壤环境受到重金属铅和镉污染所致；检出恩诺沙星可能是养殖过程中为防治疾病而超量使用该药品，或没有加强用药控制所致；有方便食品菌落总数、大肠菌群、酸价等超标，说明个别企业在食品生产加工过程中卫生条件不到位、运输和储存方式不当。

专家介绍，铅与镉同属于重金属污染物；恩诺沙星属于喹诺酮类抗菌消炎药，广泛应用于禽畜和鱼类疾病防治。人体长期大量摄入铅含量超标的食品，可能影响神经系统、智力发育等。人体长期过量摄入镉或者恩诺沙星超标的动物性食品，也会危害健康。

案例思考：

1. 人体长期大量摄入铅含量超标的食品有哪些危害？
2. 怎样建立健全农产品中重金属检测机制？

第5章

农产品质量安全检测技术

无损检测与无损评价技术是在物理学、电子学、材料科学、断裂力学、机械工程、计算机技术、信息技术以及人工智能等学科的基础上发展起来的一门应用工程技术。随着现代工业和科学技术的发展，无损检测与无损评价技术正日益受到各个工业领域和科学研究部门的重视，在产品的质量控制和对运行中设备的在役检查方面起到了不可替代的作用，并得到众多科技人员和企业精英的认同。

无损检测技术在食品质量安全控制方面有重要作用，将其应用于食品材料的选购，可大大提高成品率以及劳动生产率。作为一种新兴的检测技术，其优势在于试样制作简单、即时检测、在线检测、不损伤样品、无污染，不仅能够节约资源、降低生产成本，而且可有效提高食品检测效率。

无损检测技术在工业领域，如航空航天、石油化工、武器制造、机械制造、核工业以及海关检查等专业领域也展现了广阔的应用前景。

第一节　近红外光检测技术

近红外光（Near Infrared，NIR）是介于可见光（VIS）和中红外光（MIR）之间的电磁波，按 ASTM（美国试验和材料检测协会）的定义是指波长在 780~2 526 nm 的电磁波，习惯上又将近红外区划分为近红外短波（780~1 100 nm）和近红外长波（1 100~2 526 nm）两个区域。

近红外光谱属于分子振动光谱的倍频和主频吸收光谱，主要是由于分子振动的非谐振性使分子振动从基态向高能级跃迁时产生的，具有较强的穿透能力。近红外光主要是对含氢的基团，如氨基、羟基、羧基等振动的倍频和合频吸收，其中包含了大多数类型有机化合物的组成和分子结构的信息。由于不同的有机物含有不同的基团，不同的基团有不同的能级，不同的基团和同一基团在不同物理化学环境中对近红外光的吸收波长都有明显差别，且吸收系数小、发热少，因此近红外光谱可作为获取信息的一种有效的载体。近红外光照射时，频率相同的光线和基团将发生共振现象，光的能量通过分子偶极矩的变化传递给分子；而近红外光的频率和样品的振动频率不相同，该频率的红外光就不会被吸收。因此，选用连续改变频率的近红外光照射某样品时，由于试样对不同频率近红外光的选择性吸收，通过试样后的近红外光线在某些波长范围内会变弱，透射出来的红外光线就携带有机物组分和结构的信息。通过检测器分析透射或反射光线的光密度，就可以确定该组分的含量。

一、近红外光谱分析技术的优缺点

近红外光谱分析技术包括定性分析和定量分析。定性分析的目的是确定物质的组成与结构，而定量分析则是为了确定物质中某些组分的含量或是物质的品质属性的值。与常用的化学分析方法不同，近红外光谱分析法是一种间接分析技术，是用统计的方法在样品待测属性值与近红外光谱数据之间建立一个关联模型（或称校正模型，Calibration Model）。因此在对未知样品进行分析之前需要搜集一批用于建立关联模型的训练样品（或称校正样品，Calibration Samples），获得用近红外光谱仪器测得的样品光谱数据和用化学分析方法（或称参考方法，Reference method）测得的真实数据。

与传统分析技术相比，近红外光谱分析技术具有诸多优点，具体包含以下六个方面：

1. 无前处理、无污染、方便快捷

近红外光线具有很强的穿透能力，在检测样品时，不需要进行任何前处理，可以穿透玻璃和塑料包装进行直接检测，也不需要任何化学试剂。和常规分析方法相比，既不会对环境造成污染，又可以节约大量的试剂费用。近红外仪器的测定时间短，几分钟甚至几秒钟就可以完成测试，并打印出结果。

2. 无破坏性

无破坏性是近红外技术一大优点，根据这一优点，近红外技术可以用于果蔬原料及成品的无损检测。可以利用无损检测技术在不破坏产品的前提下，对水果的内在品质进行更多数量的抽样检查。

3. 在线检测

由于近红外技术能够及时快捷地对样品进行检测，在生产中，可以在生产流水线上配置近红外装置，对原料和成品及半成品进行连续在线检测，有利于及时地发现原料及产品品质的变化，便于及时调控，维持产品质量的稳定。光纤导管和光纤探头的开发应用使远距离检测成为现实，且远距离检测技术特别适用于污染严重、高压、高温等对人体和仪器有损害的环境，为近红外网络技术的发展奠定了基础，可对水果的内在品质（可溶性固溶物含量、水果内部病变）进行检测，并且利用该指标将水果进行分级处理，筛选出高品质产品。

4. 多组分同时检测

多组分同时检测是近红外技术得以大力推广的主要原因。在同一模式下，可以同时检测多种组分，比如在测小麦的模式中，可以同时检测其蛋白质含量、水分含量、硬度、沉淀值、快速混合比等指标，这样大大简化了检测操作。不同的组分对检测结果都有一定的影响，因为在检测过程中，其他组分对近红外光也有吸收。

5. 检测速度快

近红外光谱的信息必须由计算机进行数据处理及统计分析，一个样品取得光谱数据后可以立即得到定性或定量分析结果，整个过程可以在不到 2 min 内完成，而且可以通过样品的一张光谱计算出样品的各种组成或性质数据。

6. 投资及操作费用低

近红外光谱仪的光学材料为一般的石英或玻璃，价格低，操作空间小，样品大多数不需要预处理，投资及操作费用较低，而且仪器的高度自动化降低了对操作者的技能要求。

当然，近红外光谱分析也有其固有的缺点：首先，它的测试灵敏度比较低，相对误差比较大。其次，由于是一种间接测量手段，需要用参考方法（一般是化学分析方法）获取一定数量的样品数据，因此测量精度永远不能达到该参考方法的测量精度，建立模型也需要一定的化学计量学知识、费用以及时间。最后，近红外光谱的测量范围，只适合对含氢基团的组分或与这些组分相关的属性进行测定，而且组分的含量一般应大于 0.1%才能用近红外进行测定。对于经常的质量监控是十分经济且快速的，但对于偶然做一两次的分析或分散性样品的分析则不太适用。因为建立近红外光谱方法之前，必须投入一定的人力、物力和财力，才能得到一个准确的校正模型。

二、近红外光谱仪

近红外光谱仪器从分光系统可分为固定波长滤光片、光栅色散、快速傅立叶变换、声光可调滤光器和阵列检测五种类型。

固定波长滤光片型主要作为专用分析仪器，如粮食水分测定仪，由于滤光片数量有限，很难分析复杂体系的样品。光栅色散型具有较高的信噪比和分辨率，由于仪器中的可动部件（如光栅轴）在连续高强度的运行中可能存在磨损问题，从而影响光谱采集的可靠性，不太适合在线分析。快速傅立叶变换近红外光谱仪具有较高的分辨率和扫描速度，这类仪器的弱点同样是干涉仪中存在移动性部件，且需要较严格的工作环境。声光可调滤光器是采用双折射晶体，通过改变射频频率来调节扫描的波长，整个仪器系统无移动部件，扫描速度快，但这类仪器的分辨率相对较低，价格也较高。

随着阵列检测器件生产技术的日趋成熟，采用固定光路、光栅分光、阵列检测器构成的近红外光谱仪，以其性能稳定、扫描速度快、分辨率高、信噪比高以及性能价格比高等特点正越来越引起人们的重视。在与固定光路相匹配的阵列检测器中，常用的有电荷耦合器件（CCD）和二极管阵列（PDA）两种类型，其中 CCD 多用于近红外短波区域的光谱仪，PDA 则用于近红外长波区域的光谱仪（见图 5-1）。

手持式 CCD 光谱

PDA 光谱仪

图 5-1 电荷耦合器件（CCD）和二极管阵列（PDA）光谱仪

三、近红外检测技术在农产品质量管理中的应用

（一）近红外检测技术在果蔬品质评定方面的应用

传统的水果、蔬菜的质量评定是基于颜色、形状、伤痕及大小等外部特征来判断的，或者是运用破坏性的方法抽样检测其成分，例如一些内部质量参数——糖度、酸度、坚实度、是否有空心以及一些内部的病变（如黑心病、水心病）等，而无损检测是在不破坏样品的情况下对上述内部品质进行评定的方法。该技术不同于传统的化学分析方法，它主要运用物理学的方法，如电磁学、声学、光学等手段，对物料进行分析，不会破坏样品，在获取样品信息的同时保证了样品的完整性。无损检测速度快，又能有效地判断出从外观无法得到的样品内部信息，对水果、蔬菜的生产指导、品质分级，以及减少抽样浪费等都具有很高的应用价值。

利用光学方法进行无损检测，主要是由于水果、蔬菜的内部成分和外部特性不同，在不同波长光线照射下会有不同的吸收和反射特性，也就是说，水果、蔬菜的分光反射率或吸收率在某一特定波长内会比其他部分大，根据这一特性结合光学检测装置实现果蔬品质的无损检测。

近红外光谱分析技术最引人注目的特点就是它不需要复杂的样品制备程序，而水果的许多品质指标，如农药残留、糖度、酸度、坚实度，以及蔬菜的病变、维生素等物质含量，恰恰需要无损检测。因此，通过近红外光谱分析技术可以实现一些果蔬内部或者外部质量参数的准确、快速的测量。

例如，苹果中的水分、碳水化合物（总糖和酸）、蛋白质、脂肪、果胶、维生素等是构成其品质的主要成分；纤维素、黄酮、激素等对苹果的风味、口感等品质具有重要影响；而农药、微生物、有机化学品等污染是导致苹果质量下降的重要因素。利用近红外无损检测技术可以完全有效地检测上述几种物质，实现苹果营养成分测量、口感检测和商品化评价检测等目的。

当今水果、蔬菜加工过程中非常需要一种能够根据某种品质指标（如可溶性固形物、酸度、坚实度等）进行快速、在线分级、包装的方法，而近红外光谱分析技术恰恰展现了检测这些品质指标的巨大潜力。由于国防和航天工业对图像处理技术发展的巨大驱动作用，以及科研水平迅速发展对光谱获取和软件的数据分析能力的不断提高，该技术能够在水果、蔬菜品质分析领域发挥更大的作用。

此外，目前研究人员、贸易商以及水果、蔬菜的生产者在田间分析产品品质、仓储或运输过程中都需要一种小型的、可移动式的近红外光谱分析设备，而且这些设备需要操作简单，对普通的产品和品种有广泛的适应性。因此，便携式的分析工具，特别是能够和电脑随时连接的类 USB 或 PDA 的设备将会成为市场的新宠。

（二）近红外光谱技术在奶制品及饮料方面的应用

采用近红外光谱分析技术结合光纤技术实现了对不同饲养区、不同培育类型的奶牛牛奶中脂肪总量、固形物、蛋白质和乳糖含量的实时在线检测。王彩云等利用近红外透射技术和偏最小二乘法（PLS）进行牛奶中氯霉素残留含量的预测，R（偏最小二乘法预测模型中真实值与预测值的相关系数）达到 0.989 3。王右军等分别测定了掺入水解植物蛋白粉、乳清粉和植脂末的牛奶，对掺入水解植物蛋白粉的预测 R 达到 0.969。袁石林等运

用PLS和最小二乘法-支持向量机（LS-SVM）方法建立模型，预测液态奶中的三聚氰胺含量，R达到0.910 9。

王运丽等以PLS建立模型，预测了红茶饮料中四种邻苯二甲酸酯的含量，R分别为0.989 5、0.992 7、0.984 2和0.987 9。陈美丽等采用近红外光谱结合化学计量学方法对茶多酚、氨基酸、咖啡碱、水浸出物、没食子酸、儿茶素、酸酯类等十三种品质成分进行了预测，R值全部达到0.7以上。

随着人们对食品品质及安全的重视以及近红外光谱分析技术的不断完善，近红外光谱分析技术在食品领域的运用将越来越广泛。近红外光谱仪器具有分析速度快、能够进行在线检测、对样品无破坏、对环境无污染等特点，在食品常规检测、在线检测、生产质量控制等方面具有独特的优势。然而，食品本身成分的复杂性，随产地、采收时间等出现差异，以及某些建模人员使用较少数量样品进行建模等，都给近红外光谱技术预测的准确性带来一定影响。因此，进一步优化化学计量方法，创新更有效的建模算法和建模理论，是当前近红外光谱技术研究的热点问题。随着食品品质和安全分析的各种标准方法的出现，以及近红外光谱仪器和数据处理方法的发展，近红外光谱分析技术在食品检测领域必将大有作为。

第二节　X射线检测技术

X射线（X-Ray）检测技术是无损检测技术的一种，它是利用X射线穿过物质并被其衰减来实现检测的。此技术的演化经过了低劣的微光图像获取、有噪声的电离放射线荧光屏成像和高分辨率清晰的数字图像设备等几个阶段。

X射线穿透被检测对象时，检测对象内部存在的缺陷或者异物会引起穿透射线强度上的差异，按照一定方法将射线强度转化成图像，通过分析和评价图像可达到无损检测的目的。

一、X射线成像方式

X射线的成像方式可以分为X射线照相法、X射线数字化实时成像和X射线CT。

（一）X射线照相法

X射线照相法应用对射线敏感的感光材料，记录透过被检测物后射线强度分布的差异，通过绘制检测物内部的二维图像进行无损检测分析。X射线照相法由于存在成本高、实时性差、数据存储不方便以及射线底片容易报废等缺点，在农产品品质检测中应用较少。

（二）X射线数字化实时成像

X射线数字化实时成像包含两个过程：一是X射线穿透样品后被图像增强器接收，把不可见的X射线检测信号转换为光学图像；二是用摄像机摄取光学图像，输入计算机进行A/D转换，转换为数字图像。检测过程由X射线发生装置、X射线探测器单元、图像单元、图像处理单元、传送机械装置和射线保护装置等几大部分共同作用完成。

（三）X射线CT

X射线CT全称是X射线电子计算机断层摄影技术。X射线CT的功能是得到物体内占有确切位置的物质特性的有关信息。由于不同物质对于X射线的吸收值存在差异，因此，X

射线穿过物体某一层断面的组织时会被不同程度地吸收，CT 机探测器接收衰减后的 X 射线，并将其转换成电信号输入计算机，经过计算机的数据处理后显示出图像，并获得相应点的 CT 值，最终通过建立 CT 值与目标检测值的数学模型，达到无损检测的目的。

二、X 射线检测方法及特点

（一）X 射线小角散射

X 射线小角散射是指当样品内部存在纳米尺寸的密度不均匀区时，X 射线照射样品会在入射束周围的小角度区域内出现散射 X 射线。这种现象也称为小角 X 射线散射。

小角 X 射线散射相应于尺寸在零点几纳米至近百纳米区域内电子密度的起伏，纳米尺度的微粒子和孔洞均可产生小角散射现象。通过对散射图形的分析，可以解析散射体粒子体系或多孔体系的结构。

特点：这种方式对样品的适用范围较宽，不论是干态还是湿态、开孔还是闭孔，都能检测到，但须注意小角散射在趋向大角一侧的强度分布往往都很弱，并且起伏很大；通过绘出散射强度 I 作为散射波矢量 Q 的函数图线，小角散射也可用来测量多孔系统的孔隙尺寸分布，但这些方法仅能应用于微孔金属体系。

（二）X 射线层析摄像法

X 射线层析摄像技术可很好地表征多孔体的显微构造并进行定量的无损检测，空间分辨尺度可达 10 nm 左右，该技术已被成功地应用于多孔结构及其变形模式的研究。X 射线在特定材料中的低吸收作用，使 X 射线层析摄像技术可用于对大块的多孔材料进行研究，并逐步成为获取多孔材料内部结构无损图像的有力工具。

特点：该技术可对多孔体的大变形实现无损成像，因而能够观测出多孔体在变形过程中所出现的重要屈曲、弯曲或断裂等现象。射线照相法的缺点是大量信息投射在单一的平面上，且当沿样品厚度的微结构特征的数量很多时，所得图像难以解释这些信息。采用层析摄像法可通过将大量的这种射线照片的信息结合在一起，弥补射线照相法的不足。

（三）X 射线折射分析法

X 射线折射分析法基于 X 射线折射超小角散射探测技术，通过已知晶粒尺寸和堆积密度的均匀粉末来进行校准标核，得出尺寸在微米级至纳米级范围的内部表面数量和位置，通过同时测定 X 射线的折射值和吸收值，可以分析出局部内表面和局部孔率两者之间的波动关系。定量的一维 X 射线折射层析摄像技术可用来改进材料的无损检测，如用于生物医学陶瓷、工业陶瓷、高性能陶瓷、复合材料和其他异质材料。

特点：本法对样品中局部性小体积范围内的 X 射线吸收和折射实现了一次性的同时检测，能够测出样品内不同部位的孔率和内表面的密度。X 射线折射分析法既可检测开孔，又可检测闭孔，并且可以在不对孔隙形状作任何假设的前提下直接测定多孔样品的内表面密度。

三、X 射线检测仪

（一）X 射线检测仪整体结构

X 射线检测仪（如图 5-2 所示）由光机系统、软件系统、控制系统三个单元组成。光机系统由 X 射线管、图像增强器、X 射线 CCD 成像器和移动平台等组成，主要完成图像采集、载物台三维空间移动等功能；软件系统是整个检测仪的神经中枢，可实现图像分析、操作控制等功能；控制单元则是整个检测仪的执行者，根据计算机指令来完成载物台的移动控制、X 射线的强度控制以及控制面板信息采集等功能。

图 5-2　X 射线检测仪

（二）X 射线检测仪控制系统

X 射线检测仪控制系统由运动控制单元 A、运动控制单元 B、高压控制单元和面板控制单元组成，其整体框图如图 5-3 所示。

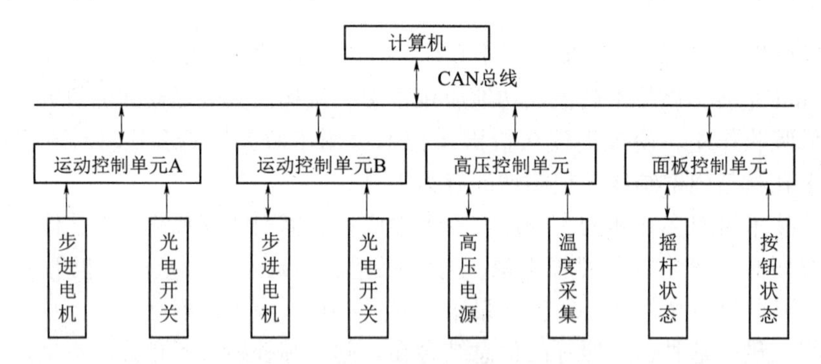

图 5-3　X 射线检测仪控制系统

其中，计算机组成整个控制系统的操作界面，负责发送控制命令和接收各个控制单元的状态信息，以便监控整个系统的运行状态；运动控制单元 A 负责控制载物台 *X* 方向步进电机与光管上下步进电机的运行以及光电开关信号采集；运动控制单元 B 负责控制载物台 *Y* 方向步进电机与图像增强器上下步进电机的运行以及光电开关信号采集；高压控制单元负责对 X 光管高压电源进行控制以及 X 光管环境温度的采集；面板控制单元则是负责采集运动摇杆、控制按钮的状态信息以及控制载物台旋转。

（三）软件设计

X 射线检测仪控制系统是在 MCU 基础上进行开发的，其软件设计也就是对 MCU 进行程序编写。X 射线检测仪控制系统由四个单元组成，因此，系统软件设计是对这四个单元 MCU 进行程序编写。

从各个单元实现功能上分析，运动控制单元和高压控制单元通过 CAN 总线接收计算机的控制命令，面板控制单元通过 CAN 总线来发送摇杆与按钮状态信息给计算机，因此，程序编写可以分为数据接收和数据发送两种模式。数据接收模式是指 MCU 不会主动发出控制指令，只有通过 CAN 总线接收到计算机控制指令后，才会进行相关操作。

四、X 射线检测技术的应用

（一）X 射线检测技术应用于农产品内部品质检测

农产品机械损伤、内部生理失调和病虫害的侵袭，给农产品的质量安全带来严重危害，并逐渐成为影响农产品内部品质的主要因素。将 X 射线检测技术应用于农产品的内部品质检测，可快速分辨农产品的内部结构变化，有效地对农产品进行品质筛选和分类。

国内外学者对 X 射线检测技术在水果（例如苹果）内部品质检测方面的应用做了大量研究。

1970 年，Diener 等人利用 X 射线成像技术，依据苹果的压伤程度进行品质分类。随后，Shahin 等人对该技术在压伤苹果分类方面进行了深入研究，把预测旧压伤（30d）和新压伤（1d）作为辨别因子，建立相应的神经网络分类器。研究结果表明，旧压伤的预测准确率达到 60%，两种不同苹果的新压伤预测准确率分别为 90%和 83%。

1992 年，Toller 等人研究了通过 X 射线图像特征反映出的 X 射线吸收率与苹果体积水含量的关系，建立了 X 射线断层扫描图像检测苹果含水量及密度的方法。

2003 年，浙江大学张京平对苹果水分和 CT 值做了进一步研究，发现苹果某点上的水分值与 X 射线 CT 图像上的 CT 值之间、CT 图像的 RGB（Red，Green and B1ue）值与 CT 值之间存在一定的相关性，从而可以通过某点 CT 值或者 RGB 值得到苹果相应的含水率，实现了 RGB 值与 X 射线胶片图像 CT 值的换算，为应用 X 射线 CT 技术在线检测农产品水分含量创造出一种新的方法。

章程辉等（2005）进行了利用 X 射线 CT 图像技术方法检测红毛丹内在品质——可食率、可溶性固形物含量的试验研究。首先用阈值法去除 X 射线 CT 图像背景，然后用面积阈值法去提取果肉区域。红毛丹可食率以分割果肉区域像素值与整个果实区域像素值之比来表示，实验结果表明误判率为 8. 3%。基于 X 射线 CT 值的红毛丹可溶性固形物含量预测模型的相关系数达 92%。图 5-4 为系统采集到的红毛丹 X-CT 射线图像。

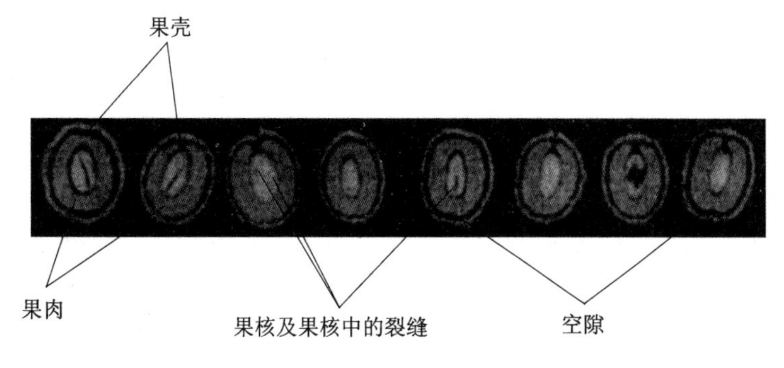

图 5-4　红毛丹 X-CT 射线图像

（二）X 射线检测技术应用于农产品外部品质检测

农产品的外部品质主要包括表面颜色、表面光泽、表面平整度、外表形状以及尺寸大小等方面。将 X 射线检测技术应用于农产品的外部品质检测是依据 X 射线具有很强的穿透能力的性质，但目前的相关研究较少。

1992 年，Han 等人研究了有破裂凹陷和正常凹陷的梨的 X 射线图像检测，通过灰度阈值法分割出梨的凹陷区域，设计了凹陷正常与否的检测算法，其检测精度达 98%；韩东海利用 X 射线对正常柑橘和皱皮柑橘的透过率不同，将皱皮柑橘与合格柑橘分开。该研究发现了正常果某一断面的波形较圆滑的递减变化，而皱皮果的波形出现凹凸不平的现象。同时，他们还研究了不同 X 射线强度、不同大小的柑橘以及在实时检测过程中传送带速度对检测准确度的影响。图 5-5 为当 X 射线强度发生变化时，正常果和皱皮果的波形变化。

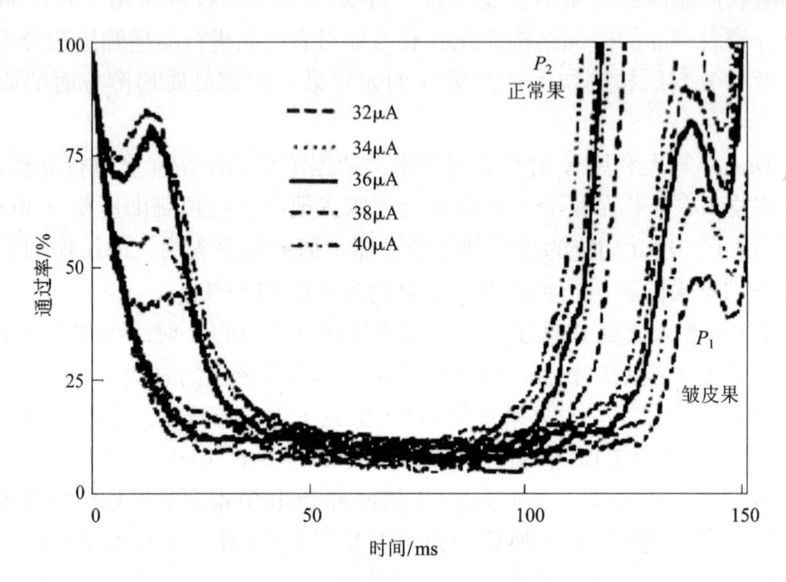

图 5-5　X 射线强度与波形变化

（三）X 射线检测技术应用于农产品内部异物检测

X 射线对于异物检测的范围很广，包括金属、玻璃、塑料和石头等。目前，X 射线异物检测技术主要应用在禽畜产品的异物检测方面，如在自动化剔除鸡肉中碎骨片的过程中，可以检测碎骨片是否剔除完全，而剔除不完全会使肉中碎骨对消费者（特别是老人和孩子）造成伤害。

基于肉片厚度的不均一性，Y. Tao 等人针对由于厚度不均一引起的射线吸收的变化，结合不同厚度和 X 射线图像建立了图像测定函数，从而产生了骨头碎片信号的厚度补偿 X 射线图像。研究结果表明，在鸡肉中频繁出现和难以检测到的骨头碎片均被检测到，并且这种图像处理方法排除了假阳性的影响，提高了检测的灵敏度。剔骨家禽肉中的外来物能够被检测出来，主要依赖它们的不同 X 射线吸收值，最简单的方式是通过图像阈值在 X 射线图像上进行外来物的辨别。2001 年，Y. Tao 等人建立了局部阈值图像分割方法，此技术也能够排除肉块厚度差异带来的检测误差。

第三节　机器视觉检测技术

机器视觉检测技术，简称机器视觉，是一门涉及人工智能、神经生物学、心理物理学、计算机科学、图像处理、模式识别等诸多领域的交叉学科。该技术主要用计算机来模拟人的视觉功能，但并不是单纯的人眼的延伸，而是从客观事物的图像中提取信息，进行处理并加以理解，最终用于实际检测、测量和控制。机器视觉检测技术最大的特点是速度快、信息量大、功能多，其伴随计算机技术、现场总线技术的发展，日臻成熟，已是现代加工制造业不可或缺的技术，广泛应用于食品和饮料、化妆品、制药、建材和化工、金属加工、电子制造、包装、汽车制造等行业。

一、机器视觉的特点

广义的机器视觉的概念与计算机视觉没有多大区别，泛指使用计算机和数字图像处理技术达到对客观事物图像的识别理解和控制，而工业应用中的机器视觉概念与普通计算机视觉模式识别数字图像处理有着明显区别，其特点是：

（1）机器视觉是一项综合技术，其中包括数字图像处理技术、机械工程技术、控制技术、电光源照明技术、光学成像技术、传感器技术、模拟与数字视频技术、计算机软硬件技术、人机接口技术等。这些技术在机器视觉中是并列关系，相互协调应用才能构成一个成功的工业机器视觉应用系统。

（2）机器视觉更强调实用性，要求能够适应工业生产中的恶劣环境，要有合理的性价比，要有通用的工业接口，能够由普通工作者来操作，有较高的容错能力和安全性，不会破坏工业产品，必须有较强的通用性和可移植性。

（3）机器视觉更强调实时性，要求高速度和高精度，因而计算机视觉和数字图像处理中的许多技术目前还难以应用于机器视觉，机器视觉的发展速度远远超过其在工业生产中的实际应用速度。

（4）对机器视觉工程师来说，不仅要具有研究数学理论和编制计算机软件的能力，更需要的是光机电一体化的综合能力。

二、机器视觉系统

机器视觉系统是指通过机器视觉产品（即图像摄取装置，分 CMOS 和 CCD 两种）把图像抓取到，然后将该图像传送至处理单元，通过数字化处理，根据像素分布和亮度、颜色等信息，来进行尺寸、形状、颜色等的判别，进而根据判别的结果来控制现场的设备动作。

机器视觉工业检测系统就其检测性质和应用范围而言，分为定量检测和定性检测两大类，每类又分为不同的子类。机器视觉系统在工业在线检测的各个应用领域十分活跃，如印刷电路板的视觉检查、钢板表面的自动探伤、大型工件平行度和垂直度测量、容器容积或杂质检测、机械零件的自动识别分类和几何尺寸测量等。

机器视觉系统在质量检测的各个方面都得到了广泛的应用，例如，采用激光扫描与 CCD 探测系统的大型工件平行度、垂直度测量仪，它以稳定的准直激光束为测量基线，配以回转轴系，旋转五角棱镜扫出互相平行或垂直的基准平面，将其与被测大型工件的各面进行比较，在加工或安装大型工件时，可用该认错器测量面间的平行度及垂直度。

此外，在许多其他方法难以检测的场合，利用机器视觉系统可以有效地实现。机器视觉的应用正越来越多地代替人去完成许多工作，这无疑在很大程度上提高了生产自动化水平和检测系统的智能水平。

三、机器视觉的应用研究

机器视觉是近几十年来发展起来的一门智能技术。机器视觉不仅是人眼的延伸，也具有人脑的部分功能。因此，可广泛应用于生产、生活、科研等诸多领域，尤其在需要重复、单调地依靠视觉获取信息的场合，如大批量的产品质量检验、分级，能够收到快速、准确、无损等人工检测无法比拟的效果。

（一）机器视觉在种子检验中的应用

目前，各国种子科学家都在致力于研究快速、可靠、更多信息的种子检验新技术，主要取得了以下几个方面的进展：

1. 净度图像分析

瑞典学者 Kamas 进行了净度与种子计数测定的自动化图像分析，在几个检验站使用。英国 T. Niblett 等人开发出识别谷类种子的新软件，利用小麦、大麦和燕麦种子之间差异的 105 个特征描述，系统分析精度达到 97%以上。

2. 种子发芽图像分析

荷兰 W. J. Vander Burg 等人提供的发芽自动化技术，通过置床种子发芽过程胚根图像分析，对整个重复种子位置、发芽种子数和发芽时间的自动图像分析，可以估计种子发芽的速度和整齐度，判断种子发芽力。这个分析在 1~2 天内完成，可作为校准使用。

3. 品种鉴定的图像分析

美国艾奥瓦州立大学种子科学中心已成功开发出用于品种鉴定的计算机图像分析系统。预先将标准品种的种子、幼苗和植株形态特征以及电泳图谱摄入计算机，建立图像库，当鉴定未知品种或纯度时，将其种子、幼苗、植株和电泳图谱摄入计算机与标准图像比较后，就可鉴定品种的真实性和纯度。

4. 品种鉴定的流动细胞测定

这是一种利用干种子样品，将其上千个核折叠图像与根尖显微镜分析图像比较的核对方法，具有快速、不受生长条件影响的优点。法国 D. Demilly 等人已将流动细胞测定用于甜菜、芸薹属、黑麦草、羊茅和三叶草品种的常规检验。

5. 种子生活力的漫射光（Delay Light，DL）测定

据德国 R. Neurohr（1995）的研究，利用漫射光照射种子可以测定种子生活力。随着种子老化和干燥时间的增加，其蛋白质和多聚糖的变化会引起发光量的增加，因而 DL 光信号也随之增加，这就可按照 DL 光强度对数与种子生活力密切相关推测种子生活力。

（二）机器视觉在农产品内部品质检测中的应用

目前，对农产品内部品质的机器视觉无损检测的研究还不是太多。

1986 年，学者 S. Gunasekaran 等对玉米籽粒应力裂纹机器视觉无损检测技术进行了研究，结果表明当光线入射孔直径为 2. 4 mm、背景为黑色、入射光为白色光时，所采集的图像中，玉米籽粒应力裂纹处与其他部位的像素灰度值具有很大的差异，因此，可以采用高频滤波法将其识别出来，检测精度为 90%。

B. K. Miller 等（1989）研制了一套对新鲜市售桃进行检测和分级的彩色机器视觉系统。当桃子在输送带上通过照明箱时，该系统采集桃子的彩色数字化图像，并通过将桃子的实际颜色和不同成熟度桃子的标准颜色相比较来确定桃子的成熟度，结果表明机器视觉的成熟度检测结果与人工检测结果的吻合度为 54%，机器视觉检测的表面着色面积与人工检测的着色面积的相关系数为 92%。

J. A. Throop 等（1989）的研究表明，利用机器视觉通过检测平均灰度来确定可见光在苹果中的透射能力，可以百分之百地测量苹果中是否有水心存在，但无法确定水心的严重程度。

根据 K. Choi（1995）等的研究结果，利用机器视觉可以根据美国农业部的标准将西红柿按成熟度分成 6 个等级，6 个等级相应的表面颜色分别为绿色、浅绿色、红绿交替色、粉红色、浅红色和红色，分级结果与人工分级的吻合度为 77%，但所有误分的西红柿的误差均只有一个熟度等级。

S. V. Bowers 等（1988）和 S. M. Berlow 等（1987）分别研究了结合运用超声成像技术和机器视觉图像分析技术来检测完整桃子中的裂开的桃核和确定肉牛的脂肪厚度和纹理特征，但检测精度有待于进一步提高。

第四节　声学特征及超声波检测技术

声波是指人耳能感受到的一种纵波，其频率范围为 16 Hz~2 kHz。当声波的频率低于 16 Hz 时就叫作次声波，高于 2 kHz 则称为超声波。一般把频率在 2 kHz~25 MHz 的声波叫作超声波。超声波是由机械振动源在弹性介质中激发的一种机械振动波，实质是以应力波的形式传递振动能量，其必要条件是要有振动源和能传递机械振动的单性介质（实际上包括了几乎所有的气体、液体和固体），它能透入物体内部并可以在物体中传播。利用超声波在物体中的多种传播特性，如反射与折射、衍射与散射、衰减、谐振以及声速等的变化，可以测知许多物体的尺寸、表面与内部缺陷、组织变化等，因此，超声检测技术是应用最广泛的一种重要的无损检测技术。

一、超声波的特性及分类

超声波具有如下特性：

可在气体、液体、固体、固熔体等介质中有效传播；

可传递很强的能量；

会产生反射、干涉、叠加和共振现象；

强功率超声波的振动作用可用于塑料等材料的“超声波焊接”；

在液体介质中传播时，达到一定程度的声功率就可在液体中的物体界面上产生强烈的冲击（基于“空化现象”），从而引出了功率超声应用技术，如超声波清洗、超声波钻孔、超声波去毛刺（统称“超声波加工”）等。

根据超声波在弹性介质中传播时，介质质点的振动形式与超声波传播方向的关系，可以把超声波分为以下几种波型：

（1）纵波（Longitudinal Wave，简称 L 波，又称作压缩波、疏密波），纵波的特点是传声介质的质点振动方向与超声波的传播方向相同。

（2）横波（Shear Wave，简称 S 波；又称作 Transverse Wave，简称 T 波，也称为切变波或剪切波），横波的特点是传声介质的质点振动方向与超声波的传播方向垂直，并且视质点振动平面与超声波传播方向的关系又分为垂直偏振横波（SV 波，是工业超声检测中最常应用的横波）和水平偏振横波（SH 波，也称为 Love Wave，乐甫波，实际上就是地震波的振动模式）。

（3）表面波（Surface Wave），在工业超声检测中应用的表面波主要是指超声波沿介质表面传播，而传声介质的质点沿椭圆形轨迹振动的瑞利波（Rayleigh Wave，简称 R 波）。瑞利波在介质上的有效透入深度只有一个波长的范围，因此，只能用于检查介质表面的缺陷，不能像纵波与横波那样，深入介质内部传播，从而可以检查介质内部的缺陷。此外，水平偏振横波也是一种沿表面传播的表面波，实际上就是地震波的振动模式，不过目前在工业超声检测中尚未获得实际应用。

（4）兰姆波（Lamb Wave），这是一种由纵波与横波叠加合成，以特定频率被封闭在特定有限空间时产生的制导波（Guide Wave）。在工业超声检测中，主要利用兰姆波来检测厚度与波长相当的薄金属板材，因此，也称为板波（Plate Wave，简称 P 波）。兰姆波在薄板中传播时，薄板上下表面层质点沿椭圆形轨迹振动，而薄板中层的质点将以纵波分量或横波分量形式振动，从而构成全板振动，这是兰姆波检测的显著特征。根据薄板中层的质点是以纵波分量或横波分量形式振动，可以分为 S 模式（对称型）和 A 模式（非对称型）两种模式的兰姆波。

二、超声波检测技术简介

工业无损检测技术中应用的超声波检测（Ultrasonic Testing，UT）是无损检测技术中发展最快、应用最广泛的无损检测技术。如医疗上的超声诊断（如 B 超）、海洋学中的声呐、鱼群探测、海底形貌探测、海洋测深、地质构造探测、工业材料及制品上的缺陷探测、硬度测量、测厚、显微组织评价、混凝土构件检测、陶瓷土坯的湿度测定、气体介质特性分析、密度测定等。

超声波检测（UT）是利用超声物理效应，从超声信号中抽取信息再推断出结论的过程。探索检测的可能性和提高检出结果的可靠性始终是 UT 的核心问题。UT 可分为主动检测和被动检测两大类。在主动检测技术中，超声波是用超声探头发射的，而在被动检测技术中，超声波是被测试件受载荷时自发的。通常把主动检测称为超声检测技术，而把被动检测称为声射检测技术。

在超声波检测技术中用以产生和接收超声波的方法最主要的是利用某些晶体的压电效应，即压电晶体（例如石英晶体、钛酸钡及锆钛酸铅等压电陶瓷）在外力作用下发生变形时，将有电极化现象产生，即其电荷分布将发生变化（正压电效应）；反之，当向压电晶体施加电荷时，压电晶体将会发生应变，亦即弹性变形（逆压电效应）。因此，利用压电晶体制成超声波换能器（探头），向其输入高频电脉冲，则探头将以相同频率产生超声波发射到被检物体中去，在接收超声波时，探头则产生相同频率的高频电信号用于检测显示。

UT 技术具有被测对象范围广、检测深度大、定位准确、灵敏度高、成本低、使用方便、速度快、对人体无害及便于现场使用等优点，是国内外应用最广泛、使用频率最高且发展较快的一种无损检测技术。

三、超声波检测仪

超声波检测仪（如图 5-6 所示）的工作原理是：如果一个容器内或管道内充满气体，当其内部压强大于外部压强时，由于内外压差较大，一旦容器有漏孔，气体就会从漏孔冲出。当漏孔尺寸较小且雷诺数较高时，冲出气体就会形成湍流，湍流在漏孔附近会产生一定频率的声波，声波振动的频率与漏孔尺寸有关，漏孔较大时人耳可听到漏气声，漏孔很小且声波频率大于 20 kHz 时，人耳就听不到了，但它们能在空气中传播，被称作空载超声波。

图 5-6　超声波检测仪

超声波是高频短波信号，其强度随着传播距离的增加而迅速衰减；超声波具有指向性，可判断出正确的泄漏位置。超声波检测仪泄漏检测系统不同于特定气体感应器受限于它所设计来感应的特定气体，而是以声音来检测。任何气体通过泄漏孔都会产生涡流，会有超声波波段的部分，使得超声波检测仪泄漏检测系统能够感应任何种类的气体泄漏。用超声波检测仪泄漏检测系统扫描，可从耳机听到泄漏声或看到数位信号的变动，越接近泄漏点，效果越明显，若现场环境嘈杂，可用橡皮管缩小接收区和遮蔽拮抗超声波。

SDT 超声波泄漏检测仪可对空气、天然气、蒸汽以及液体等的输送管道以及各种设备的泄漏进行检查。如果与附属的信号发生器配合使用，还可对冰箱、密封容器、空调系统、轮胎、压缩机以及各种输液管道等的密封状态进行检查，是改善环境、节约能源的有力工具。

四、超声波检测技术的应用

20 世纪 80 年代后期到 20 世纪 90 年代中期，刘云祯、濮存亭、曾宪强等率先将超声波技术应用到各项工程建设之中。20 世纪 90 年代中期之后，超声波技术在冶金、质量检测、位移检测、电磁等各行各业得到广泛应用。近年来，超声波检测技术在各行各业的实践操作已逐渐成熟，而且向着更精细的方向发展，如基桩成孔质量超声波检测技术（2008）、反应堆压力容器主螺栓超声波检测技术（2010）、预埋 PVC 塑料声测管灌注桩超声波检测技术（2011）、钢管混凝土拱桥超声波检测技术（2012）等。

第五节　生物传感器检测技术

生物传感器是以固定化生物活性物质（酶、蛋白质、微生物、DNA 或生物膜等）作敏感元件与适当的物理、化学换能器有机结合而组成的一种先进的分析检测装置。其工作原理是待测物质经扩散作用进入分子识别元件（生物活性材料），经分子识别作用与分子识别元件特异性结合，发生生物化学反应，产生的生物学信息通过相应的信号转换元件转换为可以定量处理的光信号或电信号，再经电子测量仪的放大、处理和输出，达到分析检测的目的。

各种生物传感器有以下共同的结构，包括一种或数种相关生物活性材料（生物膜）及能把生物活性表达的信号转换为电信号的物理或化学换能器（传感器），二者组合在一起，用现代微电子和自动化仪表技术进行生物信号的再加工，构成各种可以使用的生物传感器分析装置、仪器和系统。在21世纪知识经济发展中，生物传感器技术必将是介于信息和生物技术之间的新的经济增长点，在医疗临床诊断、工业控制、食品和药物分析（包括生物药物研究开发）、环境保护以及生物技术、生物芯片等研究中有着广泛的应用前景。

一、生物传感器分类

生物传感器有许多种分类方式。

根据生物传感器中的分子识别元件，即敏感元件，可分为酶传感器、免疫传感器、DNA传感器、组织传感器和微生物传感器。根据检测原理，可分光学生物传感器、电化学生物传感器及压电生物传感器。按照生物敏感物质相互作用的类型，可分为亲和型和代谢型两种。此外，还可根据所监测的物理量、化学量或生物量而命名为热传感器、光传感器、胰岛素传感器等；还可根据其用途统称为免疫传感器、药物传感器等。

生物传感器中的信号转换器，与传统的转换器并没有本质的区别。例如，可以利用电化学电极、场效应管、热敏器件、压电器件、光电等作为生物传感器中的信号转换器。依照信号转换器的不同，也可对生物传感器进行分类，如压电晶体生物传感器、场效应管生物传感器等。

二、生物传感器的特点

（1）采用固定化生物活性物质作催化剂，价值昂贵的试剂可以重复多次使用，克服了过去酶法分析试剂费用高和化学分析烦琐复杂的缺点。

（2）专一性强，只对特定的底物起反应，而且不受颜色、浊度的影响。

（3）分析速度快，可以在1 min内得到结果。

（4）准确度高，一般相对误差为1%。

（5）操作系统比较简单，容易实现自动分析。

（6）成本低，在连续使用时，每例测定仅需要几分钱人民币。

（7）有的生物传感器能够可靠地指示微生物培养系统内的供氧状况和副产物的产生，在生产控制中能得到许多复杂的物理化学传感器综合作用才能获得的信息。同时，还指明了增加产物得率的方向。

三、生物传感器检测技术的应用

生物传感器检测技术是将生物活性材料（酶、蛋白质、DNA、抗体、抗原、生物膜等）与物理化学换能器有机结合的一门交叉学科，是发展生物技术必不可少的一种先进的检测方法与监控方法，也是物质分子水平的快速、微量分析方法。

生物传感器具有接收器与转换器的功能，由于酶膜、线粒体电子传递系统粒子膜、微生物膜、抗原膜、抗体膜对生物物质的分子结构具有选择性识别功能，只对特定反应起催化活化作用，因此，生物传感器具有非常高的选择性，主要用于临床诊断检查、治疗时实施监控、发酵工业、食品工业、环境和机器人等方面，但缺点是生物固化膜不稳定。

当前，我国食品质量安全问题受到社会广泛关注，仅靠常规的化学检测已不能满足快速判定的需要，一些简便、敏感、准确、省力、省成本的快速检测方法越来越多地被运用到食品安全性检测中，生物传感器作为一种快速、灵敏的检测技术，正成为食品快速检测技术研究的新热点。

（一）农药残留的检测

近些年，国内外学者就生物传感器在农药残留检测领域中的应用做了一些有益的探索。在农药残留检测中，最常用的是酶传感器，不同的酶传感器检测农药残留的机理是不同的，一般是利用残留物对酶活性的特异性抑制作用（如乙酰胆碱酯酶）来检测酶反应所产生的信号，从而间接测定残留物的含量，但也有些是利用酶对目标物的水解能力（如有机磷水解酶）。

美国 Heather 等以仿生纳米硅粒胶囊将丁酰胆碱酯酶（BuChE）和磷酸水解酶（OPH）固定化后，注入检测柱内，构成酶反应器（MERS）。该反应器与空气化学污染物采集系统集成，从而研发了用于连续监测空气中有机磷污染的酶传感器系统。该系统通过实时分析酶水解产物来测定有机磷含量。该系统检测适用范围较广，包括检测对氧磷（paraoxon）、对吸磷（demeton-S）、马拉硫磷（malathion）等。

张贤珍等（2005）用固定化乙酰胆碱酯酶作识别元件制备的生物传感器检测美曲膦酯。美曲膦酯是一种有机磷类杀虫剂。经过研究发现，传感器的频率变化值与美曲膦酯的浓度呈线性相关，美曲膦酯的检出限可降至 2ng/mL 且检测时间较色谱法短。

（二）食物基本成分的分析

生物传感器可以实现对大多数食物基本成分进行快速分析，包括蛋白质、氨基酸、糖类、有机酸、酚类、食品添加剂、维生素、矿质元素、胆固醇等。

Radu 等人制备了一个基于过氧化氢检测的电流型酶电极用于测定蛋白质，该传感器能在 0.1~0.4 mg 范围内测定酪蛋白，时间是 5~9 min；H. E. Indyk 等人利用生物传感器分析技术进行非内源性 R-蛋白结合测试，可自动测出牛奶、肉类、肝脏等一系列食物中的维生素 B_{12}的含量。

课后练习

一、选择题

1. 与传统分析技术相比，近红外光谱分析技术具有诸多优点，具体包括（　　）。
   A. 无前处理、无污染、方便快捷
   B. 在线检测、测定速度快
   C. 无破坏性、多组分同时检测
   D. 投资及操作费用低
2. X 射线检测仪由（　　）三个单元组成。
   A. 操作系统　　B. 软件系统
   C. 光机系统　　D. 控制系统
3. （　　）是从客观事物的图像中提取信息，进行处理并加以理解，最终用于实际检测、测量和控制。
   A. 机器视觉检测技术　　B. 近红外检测技术

C. X 射线检测技术　　D. 生物传感器检测技术

4.（　）是国内外应用最广泛、使用频率最高且发展较快的一种无损检测技术。

A. 机器视觉检测技术　　B. 近红外检测技术

C. X 射线检测技术　　D. 超声波检测技术

5. 按照生物敏感物质相互作用的类型分类，可分为（　）和（　）两种。

A. 免疫传感器　　B. 亲和型　　C. 代谢型　　D. 药物传感器

二、思考题

1. 简述近红外检测技术的特点。
2. X 射线检测技术主要应用于哪些领域？
3. 简述机器视觉检测技术的特点。
4. 超声波检测技术主要应用于哪些领域？
5. 生物传感器检测技术如何进行农药残留检测？

案例分析

无损水果检测仪研发成功助力患病果品检测

中国农业大学食品科学与营养工程学院副教授韩东海和其研究团队成功研制出了一种最新的无损水果检测仪器。

韩东海和其研究团队采用了短波近红外透射光谱快速无损检测的方法来研制苹果水心病、鸭梨黑心病的检测仪器。短波近红外透射光谱快速无损检测是利用光学透射原理，对水心病苹果、内部褐变苹果、黑心鸭梨等水果在不破坏、不损伤的情况下，实现快速判断。

在日常生活中，人们在购买水果时，偶尔会遇到一些水果外表看似新鲜，但食用时却发现内里已经腐坏。有了此次农大研制的新型无损水果检测仪器，就可以在不损坏水果的前提下，对其内部质量进行检测，为水果栽培管理、品质控制以及分选、分级提供了可靠的内部质量依据。

该成果已经顺利通过教育部组织的成果鉴定。鉴定专家表示，这项成果填补了国内鸭梨黑心病的无损检测方法的空白，对苹果水心病的检测精度和褐变苹果的正确判别率有了显著提高，总体达到了国际同类研究的先进水平。该方法与国际同类检测方法相比，具有正确率高、仪器设备简单、易于操作等特点，经北京、山西等地果园试用，证实效果良好。该技术为提高我国水果的商品品质控制水平提供了先进的无损检测方法，具有相当广阔的市场前景。

案例思考：

1. 无损检测有哪些优势？
2. 无损检测技术在我国的发展现状如何？

第6章

农产品运输安全管理

第一节　农产品运输安全基础知识

运输是农产品物流中的一个必要环节。人们通过运输把农产品从生产地运往消费地或集散地。安全有效率的运输，不仅包括运输路径规划的合理性、运费低，还包括农产品在运输中产生的损耗是否合理。我国农产品因为运输中的运费增加、运输时间长以及破损产生的损失增加了成本，降低了品质，进而降低了在国内外市场的竞争力。

一、我国农产品运输的特点

（1）由于我国是一个农业大国，目前仍然以家庭联产承包责任制为主要的生产经营管理模式，所以，农业生产资料的物流量不仅数量巨大，而且供应非常分散，物流成本很高。据国家统计局的统计，2016 年全国粮食总产量 61 624 万 t，蔬菜 80 005 万 t，水果 28 319 万 t。经相关部门测算，我国农产品市场化程度约 50% 左右，也就是说，我国每年生产的农产品中约有二分之一要进行市场化流通。仅从上述三类农产品的流通数量之大、品种之多，物流方向与市场之纷繁便可见一斑。

（2）农产品是具有生命的动物性和植物性产品，这样的鲜活产品在物流过程中，对包装、装卸、运输、仓储和防疫等均有特殊的要求。

（3）农产品生产具有季节性和区域性，因此要求物流具有及时性。同时要求一些农产品具有较好的贮藏特性和较长的贮运期，以利扩大农产品市场的供应时间和空间，这反映出农产品物流具有难度相对较大、要求相对较高的特点。

（4）农产品物流所涉及的知识和技术，包括生物、物理、化学、材料、工程和环境等多门学科，具有学科跨越、技术领域交叉的特点。

二、我国农产品运输安全方面存在的问题

农产品的运输不是物流中的一个独立环节，运输中还存在搬运、装卸和存储环节，存在各种运输包装、集合包装等包装环节，同时包装环节的质量又极大地影响了运输中的效率，产品防损、防盗、防虫害等其他问题。运输路径规划和运输操作、装卸搬运人员的操作又会

影响农产品和其包装的质量，在整个运输中还有信息流、农产品和运载工具等的物资流存在，好的运输设施如冷藏设备等能极大地保证农产品的鲜活质量。

现今，作为农产品物流中的运输环节，还存在很多问题，具体如下。

（一）运输基础设施、装备落后

由于农产品具有季节性产出和集中大批量上市的特点，而我国农产品对应的物流设施、设备发展相对落后，运输操作水平低，造成了产地和消费地或集散地之间的流通滞后，出现农产品“卖难”“丰产歉收”等问题。例如，一些农村及边远地区的交通设施不足，导致农产品难以运出。

农产品的运输不同于我国拥有较为成熟的物流网络的家电、机械和快速消费品等产品的运输。农产品的保存期短，大多采用鲜活运输，要求在物流中要有配套对应的包装、装卸、仓储设施，而我国冷藏运输车、冷藏库、专用仓库数量严重不足，大型农产品流通配送中心以及批发市场的基础仓储、搬运装卸设施设备也很少。

（二）缺乏从事农产品运输的专业运输企业

现在农产品运输仍以个体运输户、农产品经纪人和贩销大户为主体，这些运输主体的专业化水平低、规模小、组织程度低，在运输中经常出现返程空驶、迂回运输、重复运输或出现车辆装载率低、超载等不合理运输现象。

我国目前鲜活农产品冷链运输率，公路只有10%~20%，铁路仅有25%，绝大多数鲜活农产品仍在常温下流通，农产品流通效率低，流通损耗居高不下，交通设施以及与农产品配套的仓储设施落后，都增加了运输成本，从而大大降低了运输企业参与农产品运输的意愿。

（三）缺乏专业化的农产品包装、装卸和运输技术

与农产品运输环节紧密结合的产品包装、搬运、装卸以及仓储技术，也在很大程度上影响农产品的运输。农产品产后的预冷保鲜，低温环境下的分拣、包装、加工等商品化处理，运输装卸中的野蛮装卸和农产品堆放、运输中的震动冲击造成的产品损伤，运输仓储过程中温度的控制等环节技术落后，都极大地影响了农产品的运输效率和成本。如农产品从农户手中收购的时候，装卸、搬运操作野蛮，包装水平低，水果类农产品的整车散装或采用简单的大袋或大筐装，这些都增加了农产品外表损伤概率，极大地降低了收购来的农产品的品级，增加了损耗。专业化的农产品包装、搬运、装卸及仓储技术，都能大大降低农产品的运输成本。

（四）信息化水平低

当前我国农产品物流信息网络不健全，造成农产品流通信息不畅，产销之间严重脱节，大大降低了农产品运输的效率。

（五）农产品运输市场缺乏规范化

农产品运输市场管理落后，参与农产品运输的人员、车辆等管理混乱，操作水平低，缺乏统一的要求和规范。

上述问题的存在，导致我国农产品在运输过程中的安全没有保障。因此，必须在运输安全方面下功夫，提高农产品运输安全水平。

三、改进我国农产品运输安全的建议

(一) 加大农产品运输基础设施、装备的投入

加强农村公路建设。我国农产品主要通过公路运输，完善公路网络，才能实现农产品从产地的快速运出。

全国现有超过4 000家大中型农产品批发市场，这些市场作为农产品的集散地，许多已经建有冷藏保鲜设施。随着各级批发市场的建设，农产品的运输目的地将趋于集中，能更方便进行运输规划、提高运输效率和运输装载率，从而降低农产品运输成本。

(二) 国家政策支持

农产品运输市场是农业电子商务和农业物联网之间联系的必要环节，国家在发展农业电子商务和物联网的同时，需要有相应的政策扶持农产品运输企业，促进其提高运输技术，增加农产品专用运输车辆设备，降低农产品在运输中的损耗。

(三) 加大对相关技术的开发和人才的培养

农产品自身的特点决定了其在运输中要降低运输费用和减少农产品损耗，就必须进行物流环节的技术开发，如合理的农产品外包装能够很好地保护农产品，避免其在运输中受到震动冲击而产生损伤，适当的集合包装能减少农产品的搬运装卸次数、防盗以及减少人工野蛮装卸造成的农产品损伤，实现门对门的运输，这些都能很好地提高农产品的运输效率，降低运输费用。专业人员的规范化操作也能减少运输环节中不必要的农产品损伤。

(四) 加强信息化建设

有农产品的产销需求，才有农产品的运输需求，农产品运输信息是依托农产品的产销信息的，加强农产品运输信息化建设，在运输各环节及时进行信息交流，能更加快速地进行农产品运输。

农产品运输是农产品物流中的一个重要环节，在国家大力发展农业电子商务的今天，农产品运输必须与物流中的其他环节紧密结合、共同发展才能促进农产品运输的进步。

四、农产品运输质量安全与绿色通道

(一) 绿色通道的概念

“绿色通道”是指为了实现质量安全的农产品“从土地到餐桌”高效率、无污染、低成本流通而建立的消除不必要的关卡和收费，轮船、汽车、火车、飞机等多种运输工具合理衔接的农产品运输网络系统。

(二) 绿色通道的特点

要建立绿色通道，统一协调和组织符合质量安全标准的农产品货源，严防在途中污染，实现全国范围内高效率、无污染、低成本流通，必须运用市场经济的办法，在检测制度、运输工具、运输方式、管理机制等方面进行系统改革。因此，绿色通道具有如下特点：

(1) 建立源头运输检测制度。为防止不合格农产品在运输过程中对质量安全的农产品造成污染，也为了防止非质量安全的农产品混入绿色市场，必须从源头进行检测和控制，有害物质超标的农产品不得运输，才能建成名副其实的质量安全的农产品通道，防止有污染、

有公害的农产品进入流通领域。

（2）采用科学的运输工具和方法。根据各类质量安全的农产品的特点，采用适宜的运输工具和与其配套的科学的运输方法，是保证运输质量的重要条件。如铁路运输中，除原有普通车种外，加挂机保车、冰保车、敞车、棚车等不同车种，可使铁路货运更加灵活便利；对鲜活农产品运输采取保鲜措施，严防变质和污染；公路运输白条肉进行吊挂、封闭，冷却肉实行冷链运输等。

（3）改革运输方式。打破传统的各运输行业割据的运输方式，建立水、陆、空立体运输网络，实行轮船、汽车、火车、飞机多式联运和直达运输，减少中间环节。大力发展面向社会的物流配送中心，以市场为纽带，做好各种运输工具的合理连接。

（4）建立新型管理机制。必须建立符合多方联合运输形式的管理方法和管理制度，消除不必要的关卡和收费，还必须利用现代化的电子网络系统，对质量安全的农产品运输网络进行科学运筹和调控，才能实现绿色通道运行畅通。如图 6-1 所示。

图 6-1 绿色通道

五、农产品运输质量安全的要求

保证农产品质量安全的运输技术是多学科结合的综合技术。装卸和运输两种作业都有先进的管理技术和作业技术，合理利用运输资源和科学制定运输途径也是重要的运输技术。

（一）统一、协调运营

1. 建立绿色通道调控中枢

绿色通道调控中枢通过农产品信息系统掌握符合质量安全标准的农产品生产企业的产品信息、国内外市场信息、绿色通道系统的资源信息，利用绿色通道专家系统，根据水、陆、空运输资源和质量安全的农产品的运输要求，对运输业务进行科学决策、协调管理、统一运营。

2. 运输资源的合理利用

（1）运输资源调查。

运输资源的合理利用必须建立在对运输资源充分了解的基础上。要根据自己的业务量和业务范围进行运输资源调查，了解业务范围内的运输及其配套服务资源。随着业务量的增加、业务范围的扩大，还需了解全国乃至全球的运输及其配套服务资源：各机场、车站、码头的设施、设备、吞吐量，各类运输工具的分布状况、运载能力，各地的食品贮藏、检测设施，运输管理者与各运输资源之间的关系，各地质量安全的农产品的货运量、产品种类、运输要求，等等。

（2）输入绿色通道专家系统。

这些运输资源信息都是进行运输管理、决策的重要依据，必须经过分类整理，输入绿色通道专家系统。

（二）科学、文明装卸

1. 科学装卸

科学装卸包括采用适宜的先进装卸机械和装卸器具，进行科学的运筹调度，提高装卸速度和装卸质量。

集装箱能进行整体装卸和运输，是一种先进的装卸运输方法。集装箱是具有一定强度和规格，专供周转使用的大型装货容器。使用集装箱转运货物，可直接在发货人的仓库装货，运到收货人的仓库卸货，中途更换车、船时，无须将货物从箱内取出换装。目前，集装箱化率已成为港口、铁路、公路乃至一个国家运输现代化程度的重要指标。

2. 文明装卸

文明装卸主要是指装卸操作人员主观的工作态度。装卸操作人员要以认真负责的精神，严格按照有关操作规程和规章制度实施装卸操作，杜绝野蛮装卸，这是提高装卸质量、杜绝装卸过程中包装物的破损、确保质量安全的农产品不受污染的基本要求。

（三）快速、安全运输

快速运输是指缩短运输时间，从而减少途中农产品被污染和发生虫、霉的机会，降低途中农产品呼吸消耗的程度。

安全运输除指一般的交通安全外，还包括保证农产品在运输过程中的贮藏安全。

质量安全的农产品运输过程中贮藏安全的内涵是防止污染和变质。贮藏安全的技术关键是分类装车（箱）运输和采用专用设备运输。快速也是保证质量安全的农产品贮藏安全的基础。在国内要实现快速、安全运输，主要是利用航空、铁路、公路。水路运输速度较慢，但在铁路、公路无法直接到达，而且运输量很大的情况下，水路仍是重要的途径。水路运输也是国际贸易的主要运输方式。

第二节　农产品运输安全的技术与设备

一、模拟冷藏运输振动试验台

模拟冷藏运输振动试验台可以模拟冷藏车运行过程中的车厢低温、运输振动等实际工况，可用于研究冷链运输过程中运输振动环境对农产品品质的影响，也可用于不同包装物对农产品的保护效度的研究。

模拟汽车控制系统软件说明：

（一）路面模拟试验

路面模拟试验界面见图6-2。

1. 按键和分区说明

（1）曲线显示区。

见图6-3。

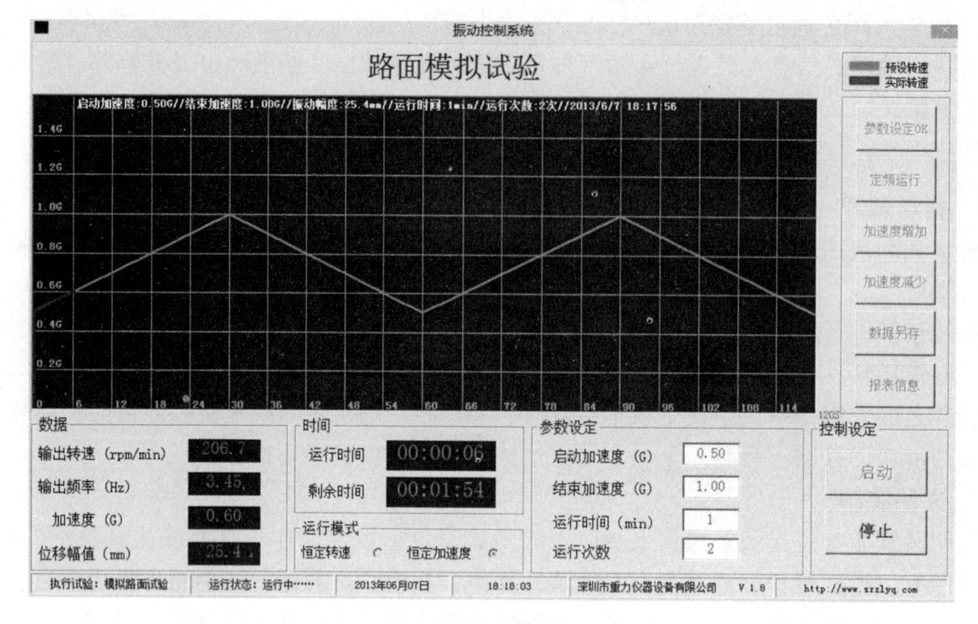

图 6-2　路面模拟试验界面

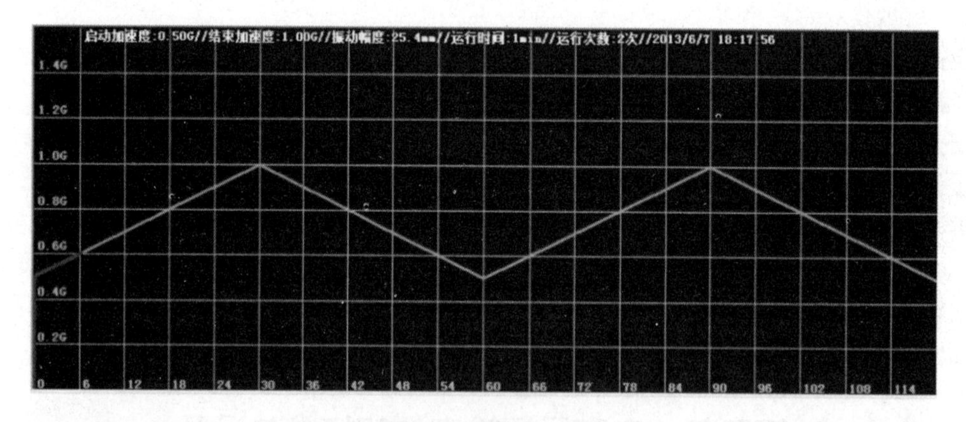

图 6-3　曲线显示区

显示运行曲线，*X* 轴为时间坐标，底部显示运行时间分度；*Y* 轴为频率坐标，左侧显示运行频率分度。

（2）数据显示区。

见图 6-4。

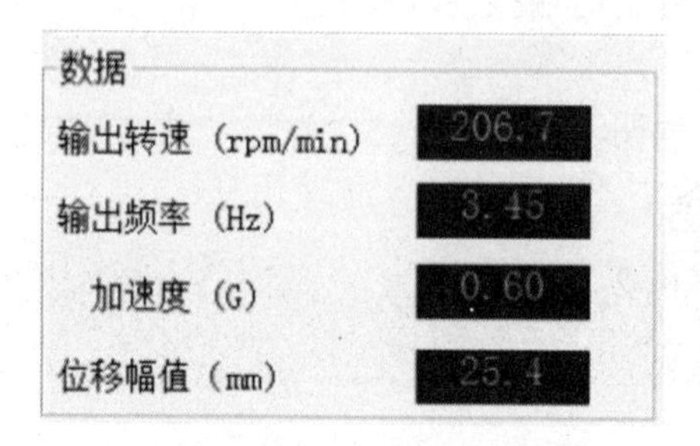

图 6-4　数据显示区

显示运行转速示值、频率示值、加速度示值和位移幅值示值，只能读取，不能写入。

（3）参数设定区。

见图 6-5。

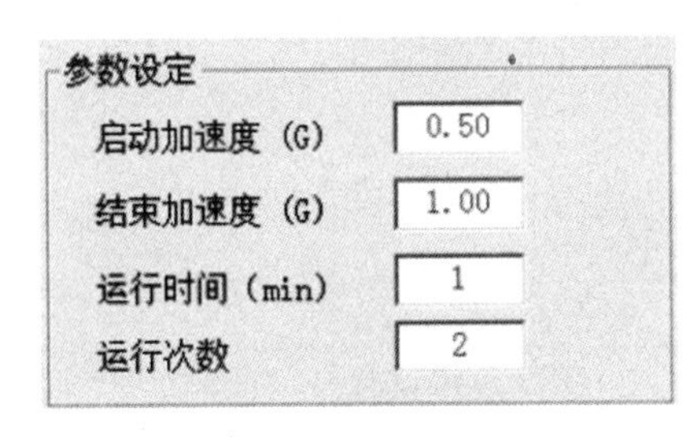

图 6-5　参数设定区

启动加速度（G）：设定路面模拟过程中起始加速度示值；设定范围 0.2～1.2；可写入，试验运行中不能修改。

结束加速度（G）：设定路面模拟过程中结束加速度示值；设定范围 0.3～1.3（设定值必须大于启动加速度示值）；可写入，试验运行中不能修改。

运行时间（min）：路面模拟过程中单次周期运行时间；设定范围 1～500；可写入，试验运行中不能修改。

运行次数：路面模拟过程中运行单次周期的次数；设定范围 1～900；可写入，试验运行中不能修改。

（4）功能按键区。

见图 6-6。

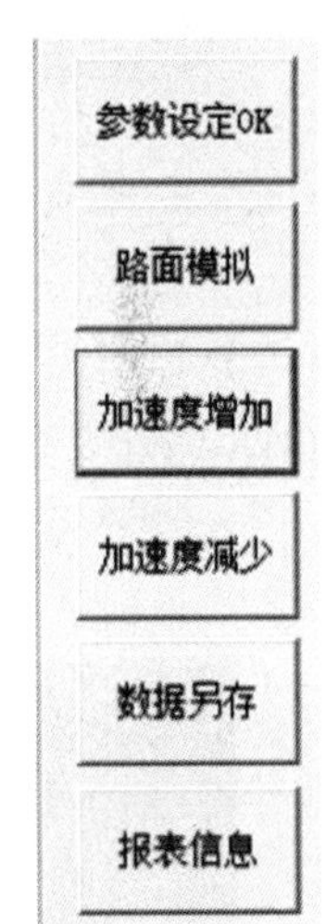

图 6-6　功能按键区

【参数设定 OK】：当所有参数设定完成后，点击此键，曲线显示区显示报表信息和运行设定曲线，以备运行；试验运行中不能使用。

【路面模拟】：路面模拟试验界面；试验运行中不能使用。

【加速度增加】：在试验运行中，增加振动加速度；试验运行中可以使用。

【加速度减少】：在试验运行中，减少振动加速度；试验运行中可以使用。

【数据另存】：把试验过程另存为图片 *. jpg；每次试验后数据会自动保存在“D：/振动实验数据”文件夹内，以备查看；试验运行中不能使用。

【报表信息】：报表填写窗口，设定用户信息，显示在“曲线显示区”顶部；可写入，试验运行中不能修改。

例：信息一输入“品质部”；信息二输入“操作人员：”；信息三输入“张三”（如图 6-7 所示）；然后按功能键【参数设定 OK】，相关信息显示在曲线显示区内。

试验频率:10-20-30-40-50-60-70-80-90-100Hz//运行时间: 10Min//运行次数: 1次//2011-02-13 11:36:10
200Hz 品质部 操作人员: 张三
180Hz

图 6-7　报表信息输入界面

（5）控制按键区。

见图 6-8。

图 6-8 控制按键区

【启动】：运行试验；当参数设定完毕，点击【参数设定 OK】键后，【启动】键才能使用；试验运行中不能使用。

【停止】：停止试验。

2. 控制系统使用方法

见图 6-9。

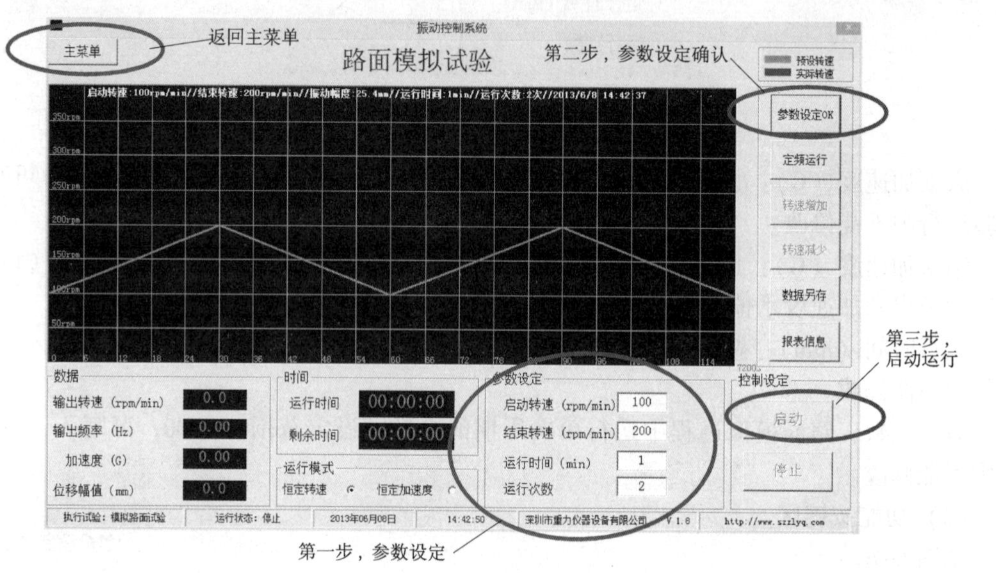

图 6-9 控制系统使用方法

（二）ISTA 国际安全运输试验

ISTA 国际安全运输试验界面见图 6-10。

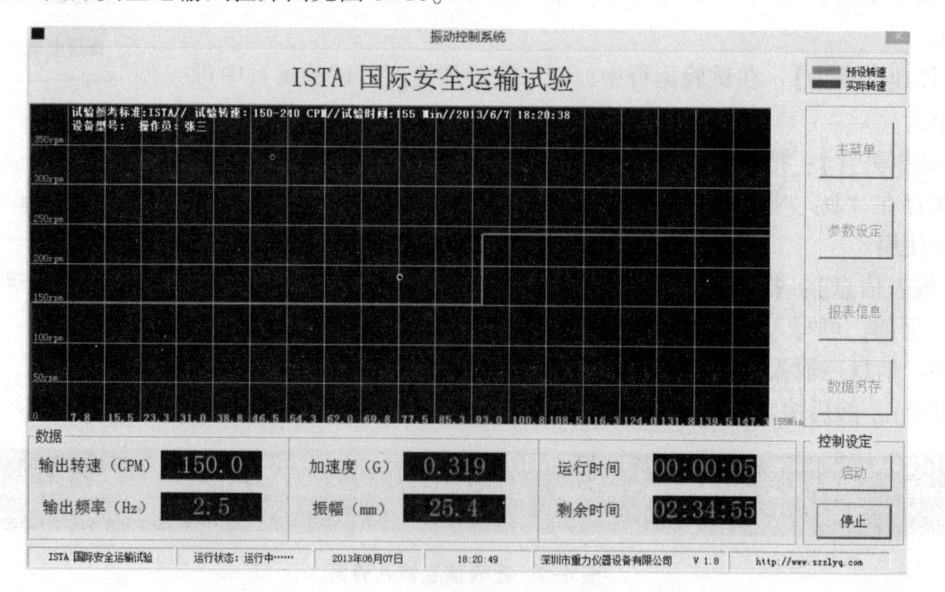

图 6-10 ISTA 国际安全运输试验界面

1. 按键和分区说明

（1）曲线显示区。

见图 6-11。

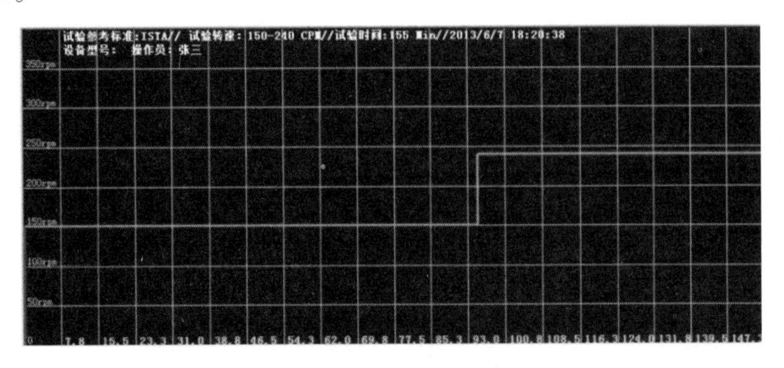

图 6-11　曲线显示区

显示运行曲线，X 轴为时间坐标，底部显示运行时间分度；Y 轴为频率坐标，左侧显示运行频率分度。

（2）数据显示区。

见图 6-12。

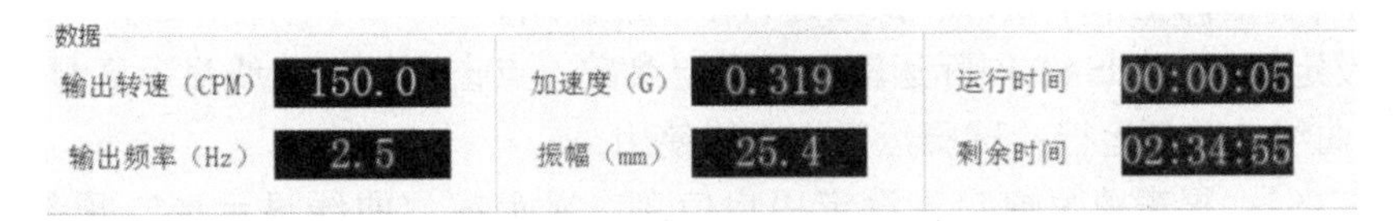

图 6-12　数据显示区

显示转速示值、频率示值、加速度示值、振幅示值、运行时间和剩余时间，只能读取，不能写入。

（3）参数设定区。

见图 6-13。

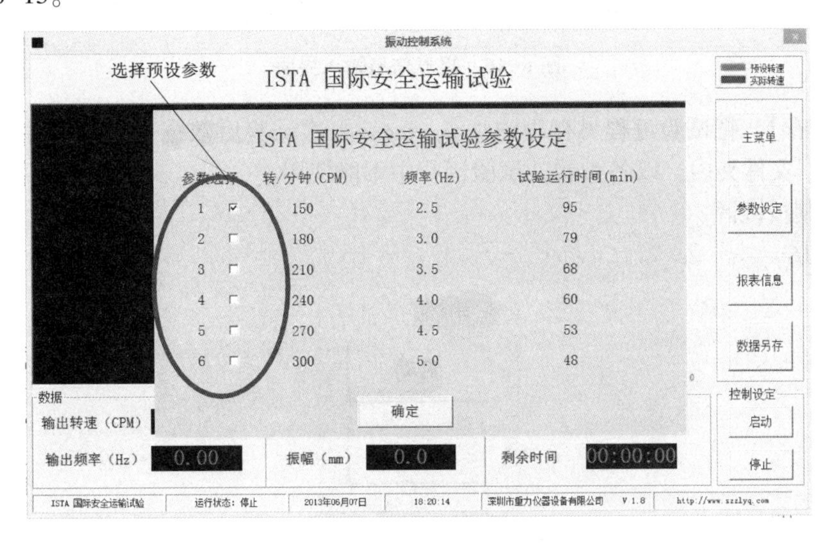

图 6-13　参数设定区

参数选择：按照 ISAT 国际运输标准设定振动参数；可写入，试验运行中不能修改。

（4）功能按键区。

见图 6-14。

主菜单
参数设定
报表信息
数据另存

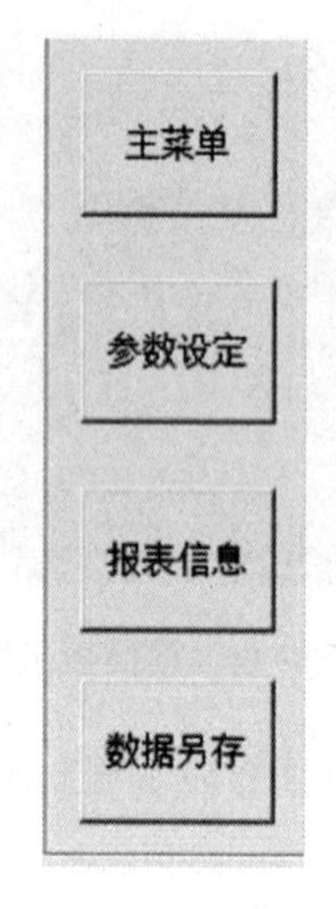

图 6-14 功能按键区

【主菜单】：返回主菜单目录；试验运行中不能使用。

【参数设定】：按照 ISAT 国际运输标准设定参数，点击此键，曲线显示区显示报表信息和运行设定曲线，以备运行；试验运行中不能使用。

【报表信息】：报表填写窗口，设定用户信息，显示在“曲线显示区”顶部；可写入，试验运行中不能修改。

例：信息一输入“品质部”；信息二输入“操作人员：”；信息三输入“张三”；然后按功能键【参数设定】，相关信息显示在曲线显示区内（如图 6-15 所示）。

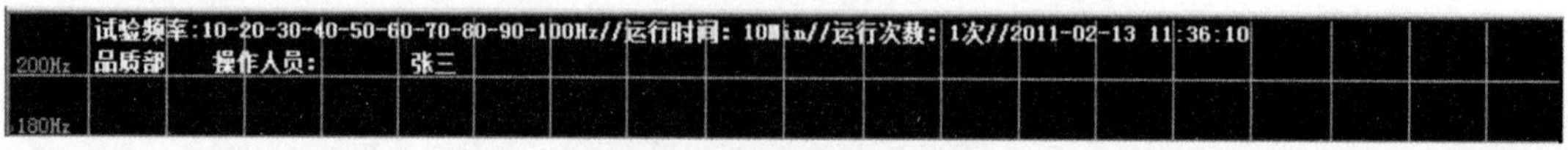

试验频率:10-20-30-40-50-60-70-80-90-100Hz//运行时间: 10Min//运行次数: 1次//2011-02-13 11:36:10
200Hz
品质部
操作人员:
张三
180Hz

图 6-15 报表信息输入界面

【数据另存】：把试验过程另存为图片 *. jpg；每次试验后数据会自动保存在“D：/振动实验数据”文件夹内，以备查看；试验运行中不能使用。

（5）控制按键区。

见图 6-16。

控制设定
启动
停止

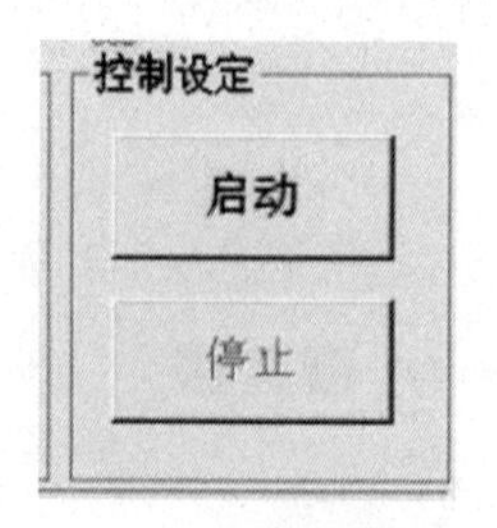

图 6-16 控制按键区

【启动】：运行试验；当参数设定完毕，点击【参数设定OK】键后，【启动】键才能使用；试验运行中不能使用。

【停止】：停止试验。

2. 控制系统使用方法

第一步，见图6-17。

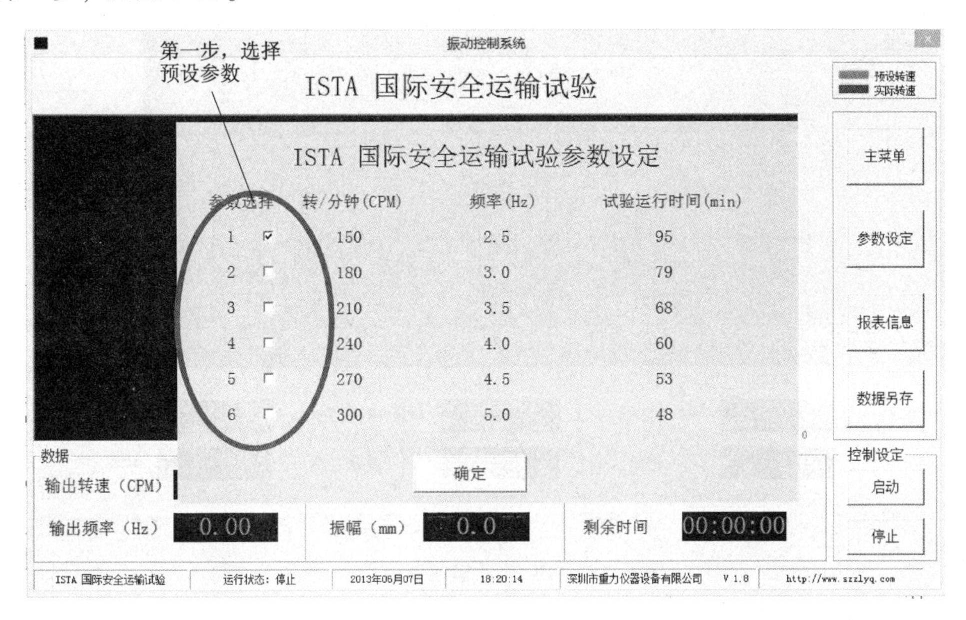

图6-17　控制系统使用方法第一步

第二步，见图6-18。

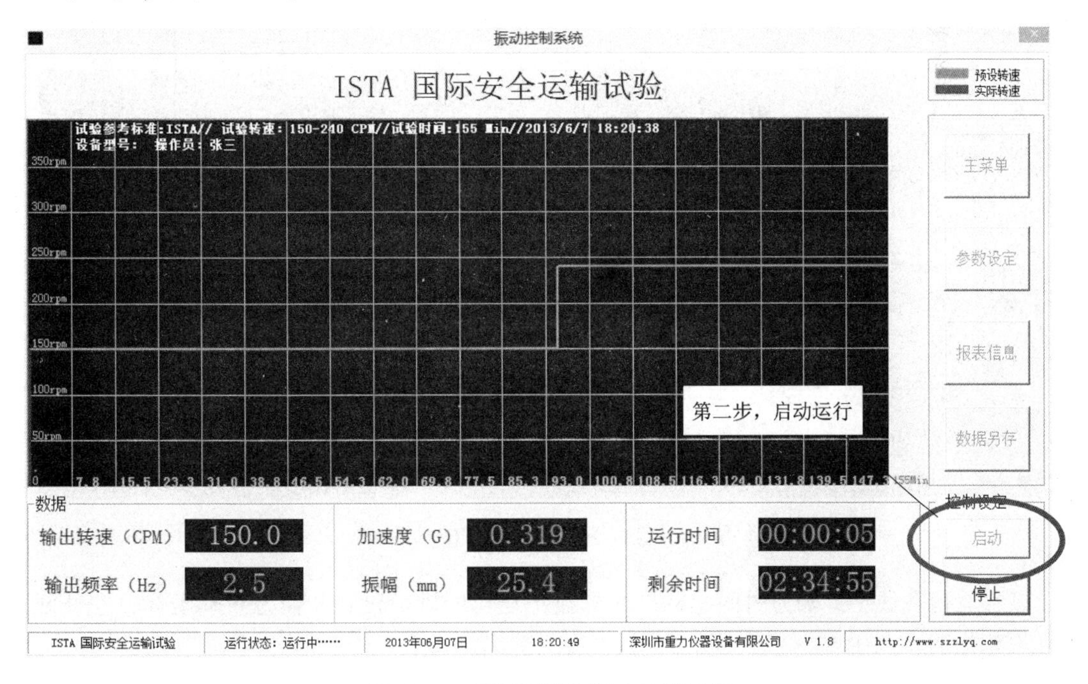

图6-18　控制系统使用方法第二步

（三）GB/T 中国运输包装试验

GB/T 运输包装试验界面见图 6-19。

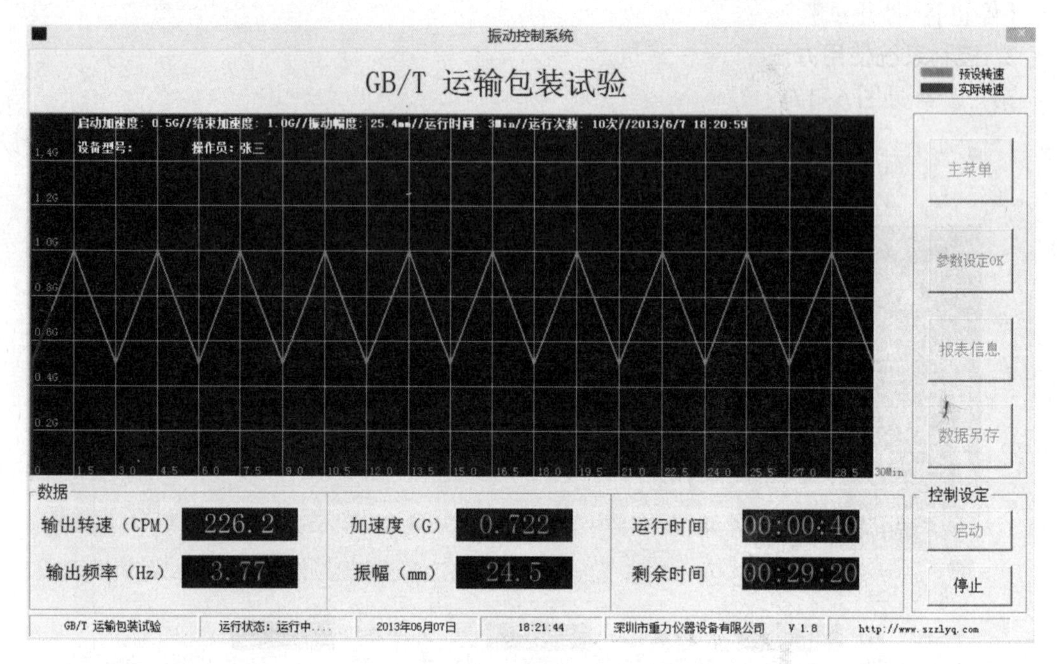

图 6-19 GB/T 运输包装试验界面

1. 按键和分区说明

（1）曲线显示区。

见图 6-20。

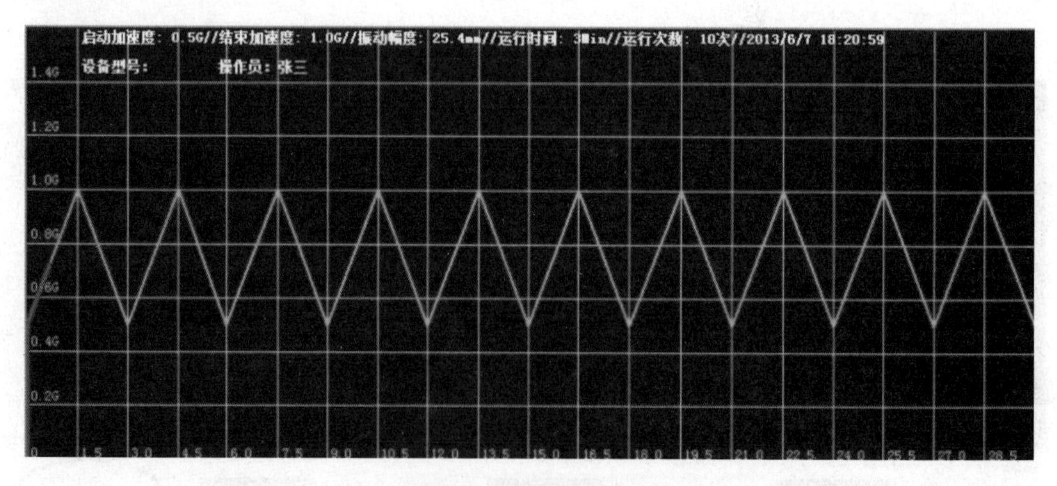

图 6-20 曲线显示区

显示运行曲线，*X* 轴为时间坐标，底部显示运行时间分度；*Y* 轴为频率坐标，左侧显示运行频率分度。

（2）数据显示区。

见图 6-21。

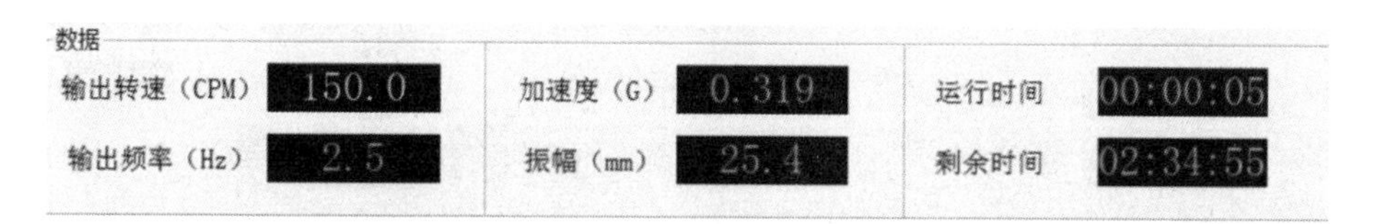

图 6-21　数据显示区

显示转速示值、频率示值、加速度示值、振幅示值、运行时间和剩余时间，只能读取，不能写入。

（3）功能按键区。

见图 6-22。

【主菜单】：返回主菜单目录；试验运行中不能使用。

【参数设定】：按照 ISAT 国际运输标准设定参数，点击此按键，曲线显示区显示报表信息和运行设定曲线，以备运行；试验运行中不能使用。

【报表信息】：报表填写窗口，设定用户信息，显示在“曲线显示区”顶部；可写入，试验运行中不能修改。

例：信息一输入“品质部”；信息二输入“操作人员：”；信息三输入“张三”；然后按功能键“参数设定”，相关信息显示在曲线显示区内（如图 6-23 所示）。

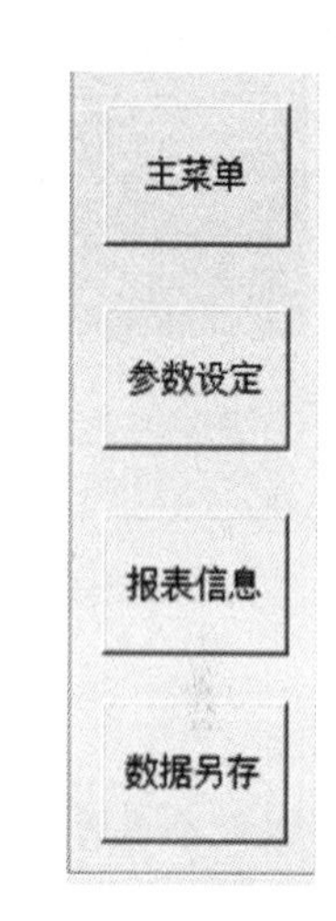

图 6-22　功能按键区

试验频率:10-20-30-40-50-60-70-80-90-100Hz//运行时间: 10Min//运行次数: 1次//2011-02-13 11:36:10
200Hz 品质部 操作人员: 张三
180Hz

图 6-23　报表信息输入界面

【数据另存】：把试验过程另存为图片 *. jpg；每次试验后数据会自动保存在“D：/振动实验数据”文件夹内，以备查看；试验运行中不能使用。

（4）控制按键区

见图 6-24。

图 6-24　控制按键区

【启动】：运行试验；当参数设定完毕，点击【参数设定 OK】键后，【启动】键才能使用；试验运行中不能使用。

【停止】：停止试验。

2. 控制系统使用方法

见图 6-25。

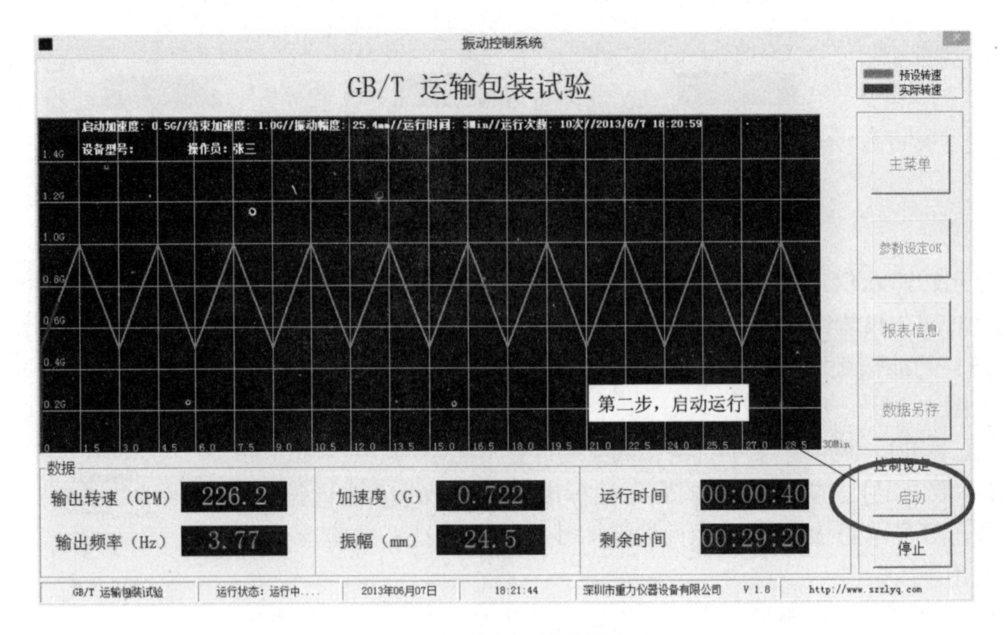

图 6-25 控制系统使用方法

（四）公共参数选项

公共参数选项见图 6-26。

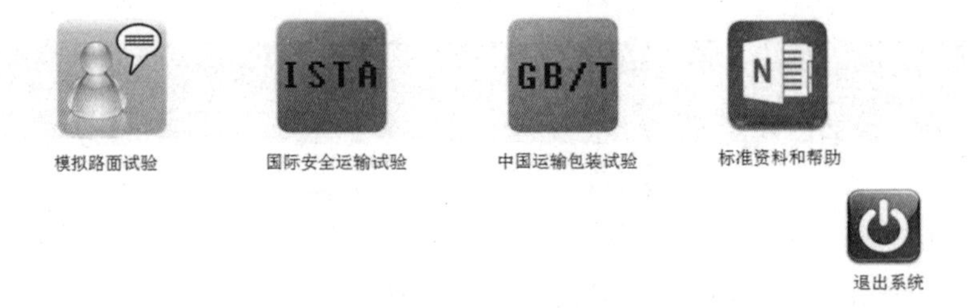

图 6-26 公共参数选项

【模拟路面试验】：自定义路面模拟试验操作。

【国际安全运输试验】：按 ISTA 国际安全运输试验操作。

【中国运输包装试验】：按 GB/T 中国运输包装试验操作。

【标准资料和帮助】：包含以下文件：《ISTA 国际安全运输标准》（英文版）、《GB/T 中国运输包装试验标准》（中文版）、《控制系统使用说明书》和《控制系统软件安装说明书》。

【退出系统】：退出模拟运输试验系统。

二、真空气调包装一体机

操作步骤：

（1）接通电源，打开设备电源开关，电源指示灯亮。设定抽气时间、热封时间、热封温度。

（2）将需包装的物品装入包装袋（塑料复合袋或铝箔复合袋）放入真空室，提起压条，均匀地把袋口置于热封架上排好，然后放下压条。

（3）压下真空盖，面板上抽气真空泵开始抽气（抽气指示灯亮），机盖即被自动吸引，抽真空时间可根据包装要求调节。

(4) 当抽气达到设定的时间（即所要求的真空度）时，抽气结束，抽气指示灯熄灭，热封指示灯亮，此时电磁阀运作，即进入封口程序，面板上设有热封时间及温度调节按钮，可以根据包装材料厚度调节参数。

(5) 当达到设定的热封时间时，热封指示灯熄灭，热封结束，放气电磁阀开始运作，气体进入真空室，真空盖自动抬起，至此真空包装过程结束。

(6) 如果是充气的真空包装机，则必须在抽完真空室的空气之后充入所需的气体（氮气），然后进行热封，之后必须抽出残留 在真空室中的气体，最后放气电磁阀运作，包装过程结束。

三、气调包装配气机

气调包装又称map，是当今世界食品保鲜包装的一项热门先进技术，它利用 CO_2、O_2、N_2 等保护性混合气体转换包装内的空气，利用各种气体所起的不同作用，抑制引起食品变质的大多数微生物的生长繁殖，并使新鲜食品呼吸速率降低，从而使食品保鲜。

包装后的成品为盒装或袋装，小包装适合在超市零售，大包装适合批发市场销售和物流运输。

（一）常用的食品气调包装的保鲜气体

(1) CO_2：是一种抑制细菌生长繁殖的抑菌气体。它的特点是：

最佳抑菌作用在细菌开始繁殖曲线的滞后期阶段（抑制细菌指数为100个/100 g以内）；

在低温下易溶于水和脂肪；

对大多数需氧菌有抑菌效果，但对厌氧菌和酵母菌无效；

通常抑制细菌的最低浓度为30%。

(2) O_2：它的作用是：

抑制厌氧菌的生长繁殖；

保持新鲜猪、牛、羊肉的红色色泽；

保持新鲜果蔬新陈代谢需氧呼吸。

(3) N_2：惰性气体，与食品不起作用，仅作为混合气体的充填气体。

（二）各类食品保鲜期（供参考）

(1) 新鲜果蔬、菌菇。果蔬收获后，仍保持吸收 O_2 排出 CO_2 的新陈代谢呼吸活动，如果包装内 O_2 含量降低和 CO_2 含量升高，可使果蔬维持微弱的需氧呼吸而不产生厌氧呼吸，果蔬的衰老过程被延缓，降低新陈代谢速度，从而延长保鲜期。新鲜果蔬的气调包装保鲜气体由 O_2、CO_2 和 N_2 组成。气调包装保鲜期根据果蔬品种和鲜度确定，如草莓、蘑菇、荔枝、桃、叶菜等在0℃~4℃温度下的保鲜期为10~30 d，采用低阻隔膜。

(2) 熟食制品。中西式畜禽熟食制品、卤菜、炒菜、炖菜、快餐等熟食制品要求保鲜防腐和保持原汁原味，保鲜气体一般由 CO_2、N_2 组成。经气调包装后，保鲜气体在食物表面形成保护膜，从而达到抑菌保鲜、保持食品营养成分及原有口感、口味、形状的目的。在5℃~20℃条件下保鲜期为5~10 d；在0℃~4℃条件下，保鲜期为30~60 d；采用巴氏杀菌（80℃左右）后，常温下保鲜期为60~90 d，需采用高阻隔膜。配合天然生物技术，能达到较为理想的效果。

(3) 焙烤食品。焙烤食品的变质主要是霉变，保鲜要求防霉和保持风味，保鲜气体由 CO_2 和 N_2 组成。蛋糕、面包等米面食品在常温下的保鲜期为15~60 d；月饼在常温下的保鲜期为30~90天；馒头包装薄膜需采用对气体高阻隔性的复合塑料膜，以保持包装内的气体浓度。配合天然生物技术，保鲜效果倍增。

（4）生鲜畜禽类。新鲜猪、牛、羊肉的气调包装气体由 CO_2、O_2 组成。高浓度的 O_2 使肉中肌红蛋白氧化为氧合肌红蛋白，可使鲜肉保持鲜红色泽；CO_2 用以抑菌防腐。在 0℃～4℃条件下的保鲜期为 7～30 d。生鲜禽类用 CO_2、N_2 保鲜，保鲜期可达 15～30 d。配合天然生物技术，可在常温下放置 2～5 d。

（5）新鲜水产品。新鲜的鱼等水产品是水分含量高的易腐食品，低温储藏时厌氧菌是导致新鲜水产品腐败的因素之一，同时会产生对人体健康有害的毒素。保鲜气体由 O_2、CO_2 和 N_2 组成。多脂肪鱼类因脂肪氧化酸是腐败变质的主要因素，气调包装的保鲜气体由 CO_2 和 N_2 组成。新鲜水产品经气调包装后，根据品种和鲜度，在 0℃～4℃条件下保鲜期为 15～30 d。包装薄膜需采用对气体高阻隔性的复合塑料膜，以保持包装内的气体浓度。

（6）泡菜类食品。泡菜类食品在空气中易氧化、霉化变质，在腌（泡）制过程中，加入适量的天然生物制剂，经气调包装后，在常温下可保鲜 30～180 d。保鲜气体由 CO_2 和 N_2 组成。

气调保鲜配气系统专为市场上各种充气保鲜包装机（盒装、袋装等）提供混合保鲜气体，可同时为多台设备提供气源，节约成本，安装简便。

第三节　冷链运输管理实训系统

一、流程图

见图 6-27。

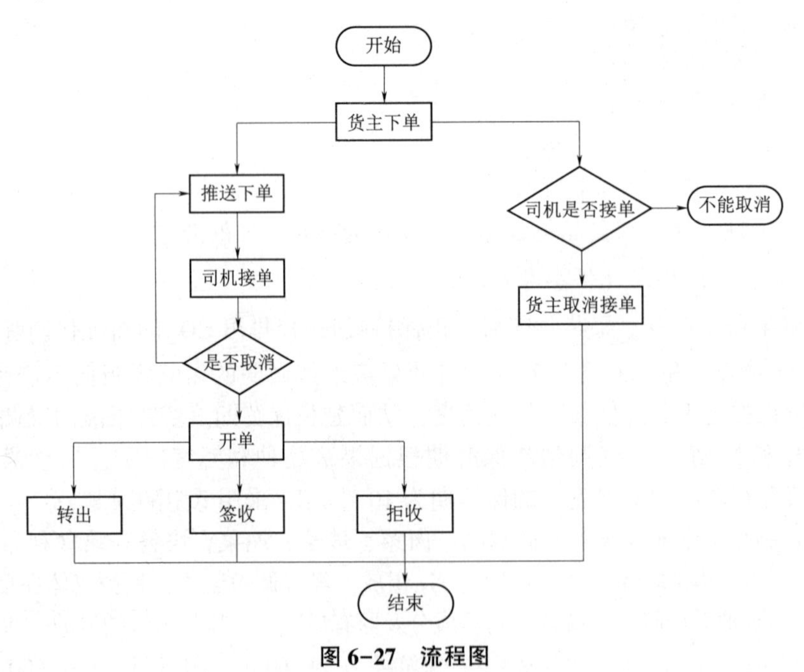

图 6-27　流程图

二、操作

（一）货主

1. 下单

填写预约时间、发货人信息、收货人信息以及货物信息，下单。如图 6-28 所示。

图 6-28　下单界面

2. 查看订单列表

查看已经发过货的订单信息。如图 6-29 所示。

图 6-29　下单历史界面

3. 评价

对司机的服务质量和服务态度进行评价。如图 6-30 所示。

图 6-30　评价界面

（二）司机

1. 接单

货主下单后，司机会收到订单信息。司机选择能够接货的订单，点击【接单】。如图 6-31 所示。

图 6-31　接单界面

2. 开单

司机到达发货地确认获取信息无误后，点击【保存】；如果需要输入开单备注时，输入开单备注。如图 6-32 所示。

图 6-32　开单界面

3. 签收

司机到达目的地，收货人收货后，司机点击【签收】，并上传签收照片和输入签收温度。如图 6-33 所示。

图 6-33　订单管理

4．转出

如果货物需要中转物流，则司机需将货物运输到指定的物流公司，将货物转出。如图 6-33 所示。

5．拒收

收货人不需要该订单，则司机点击【拒收】，并上传拒收照片，注明拒收原因。如图 6-33 所示。

6．调单

当司机不能一次货物运送到目的地，而恰好有别的司机可能运送的时候，司机调单给这个司机。如图 6-33 所示。

（三）后台管理

1．按单派车

将单子派给一个或者多个司机。如图 6-34 所示。

车辆

按单派车

收货姓名|收货人电话查询

首页　按单派车 ×

运单号　请输入运单号|货物名称|发货人地址|发货人姓名|发货人电话|收货人地址|收货姓名|收货人电话查询　查询

选择的指定的订单，点击派单按钮

操作	下单时间	运单号	货物名称	件数	货物规格	银行卡号	账户名	代收款	代收款结算方式	运费	发货地址	发货人	发货电话
派单	201[illegible]	[illegible]	[illegible]	25				0	现金	93	临沂市河东区临沂机场_临沂高铁	机场	1801234
派单	2016-12-09 10:35:54	1612091035547256	配件	1		6236682290000549556	姜兆安	2000	银行卡		山东省临沂市兰山区上海路_市政府	政府	86123
派单	2016-12-09 09:48:32	1612090948311106	配件	1		62284802404550919103sss	刘梦	1	银行卡		山东省临沂市兰山区上海路_市政府	政府	86123
派单	2016-12-08 20:41:17	1612082041177513	配件	1				2000	现金		宝丽凤凰城	黄猛	1596397
派单	2016-12-08 16:47:58	1612081647574795	嘻嘻	2				0	现金	1	山东省临沂市兰山区上海路_市政府	政府	86123
派单	2016-12-08 16:07:37	1612081607364871	还有	5				0	现金	1	山东省临沂市兰山区上海路_市政府	政府	86123
派单	2016-12-08 16:01:07	1612081601062161	货物	5				0	现金	0	临沂市兰山区临沂市政府	平	86102
派单	2016-12-08 15:33:03	1612081533032841	洪	5				0	现金	1	临沂市兰山区临沂市政府	平	86102
派单	2016-12-08 15:13:37	1612081513371393	南坊	5				0	现金	1	临沂市兰山区临沂市政府	平	86102
派单	2016-12-08 15:05:22	1612081505213490	南坊	2				0	现金	1	临沂市兰山区临沂市政府	平	86102

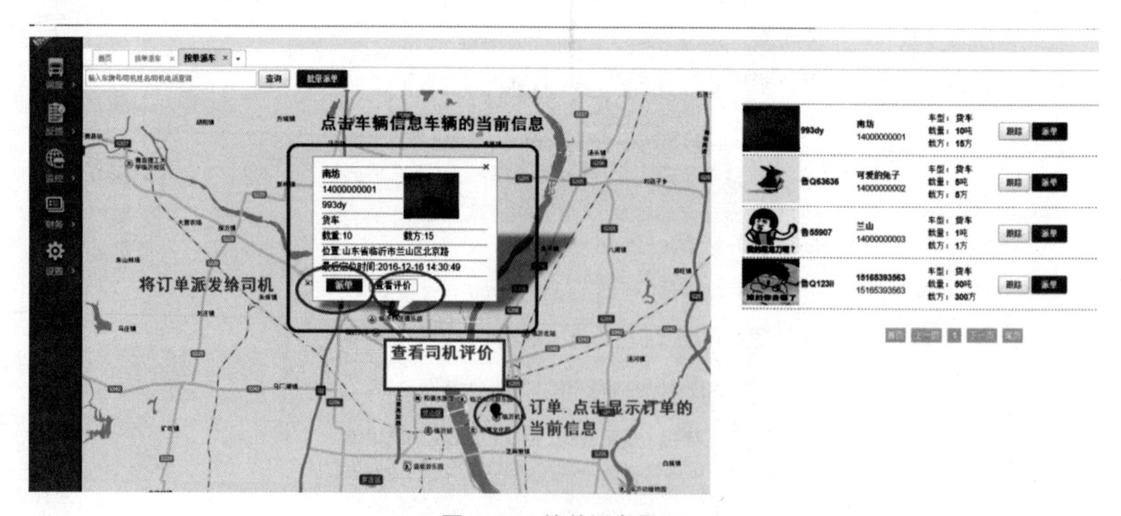

图 6-34　按单派车界面

2. 反馈记录

用于客户对订单的投诉和对客户的回访。如图 6-35 所示。

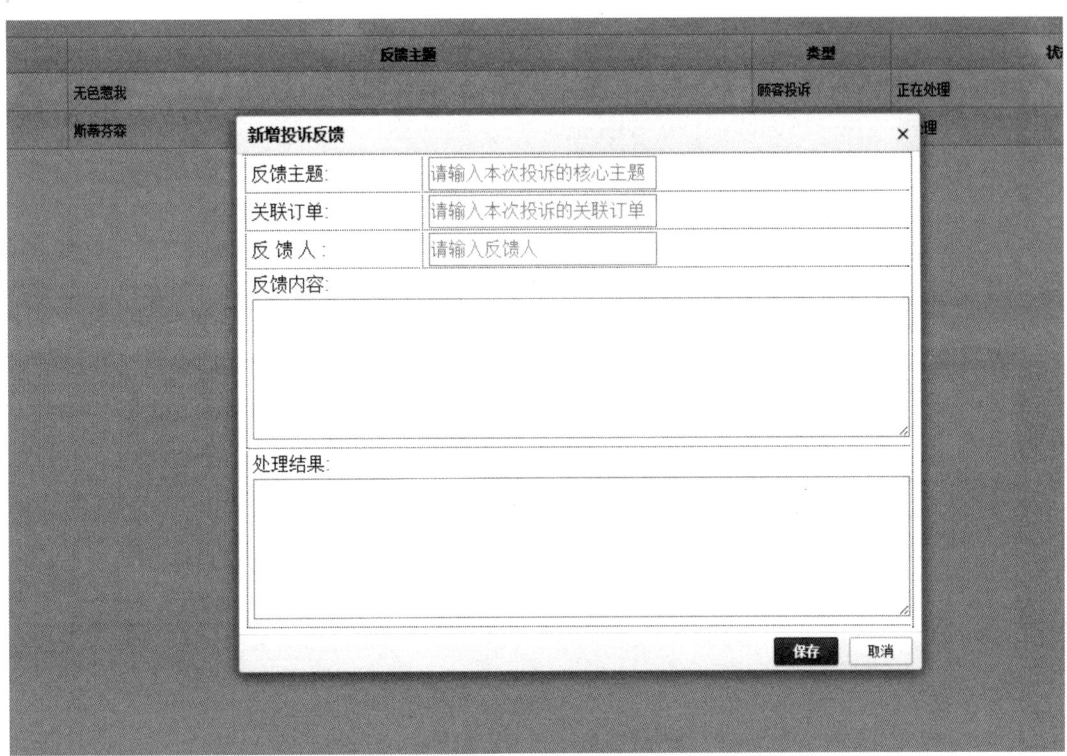

图 6-35　反馈界面

操作：

【新增投诉反馈】：点击可以新增投诉。

【新增回访】：点击可以新增回访。

【导出】：勾选反馈记录，可以导出该条反馈记录。可以勾选多条。

【回访记录】：可以查看该主题下单回访详情。

【继续回访】：当没有处理完该主题的投诉，点击可以继续处理。

【处理完毕】：该条投诉反馈已经处理完毕，点击可以结束处理。

3. 车辆监控

用于实时监控注册车辆的信息。如图 6-36 所示。

操作：

【跟踪】：点击可以在右侧地图上显示车辆的位置信息。

【★】：点击可以显示当前车辆的信息。

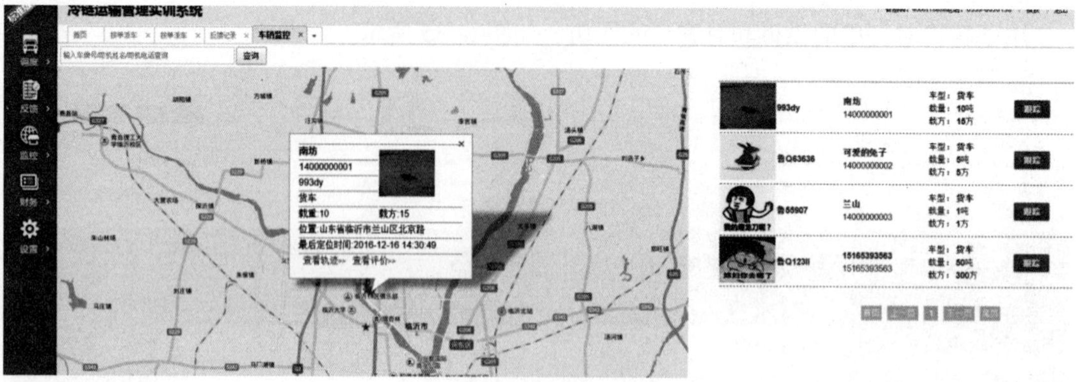

冷链运输管理实训系统

首页 | 接单派车 | 接单派车 | 反馈记录 | 车辆监控

南坊
14000000001
993dy
货车
载重:10 载方:15
位置:山东省临沂市兰山区北京路
最后定位时间:2016-12-16 14:30:49
查看轨迹>> 查看评价>>

	车牌	司机	车辆信息
	993dy	南坊 14000000001	车型：货车 载量：10吨 载方：15万
	鲁Q63636	可爱的兔子 14000000002	车型：货车 载量：5吨 载方：5万
	鲁55907	兰山 14000000003	车型：货车 载量：1吨 载方：1万
	鲁Q123ll	15165393563 15165393563	车型：货车 载量：50吨 载方：300万

图 6-36 车辆监控界面

4. 运单查询

对订单按照条件查询。见图 6-37。

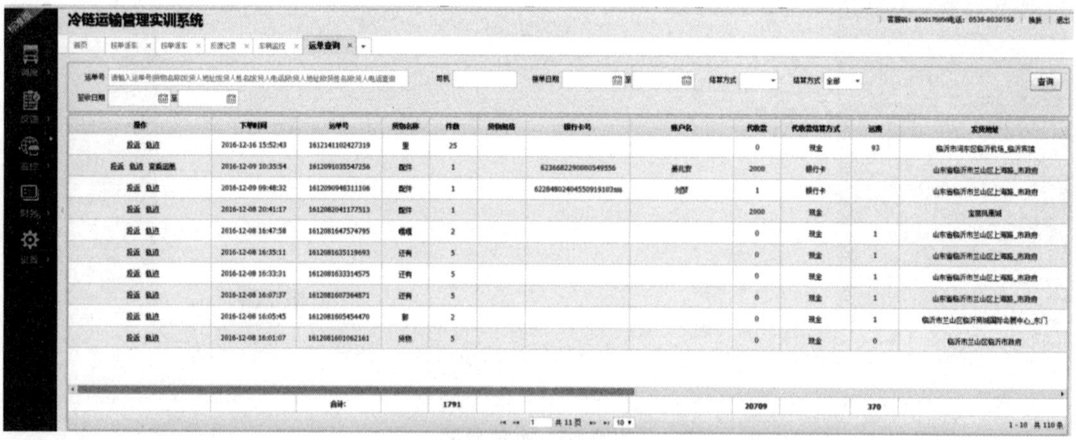

冷链运输管理实训系统

首页 | 接单派车 | 接单派车 | 反馈记录 | 车辆监控 | 运单查询

操作	下单时间	运单号	货物名称	件数	货物规格	银行卡号	账户名	代收款	代收款结算方式	运费	发货地址
投诉 轨迹	2016-12-16 15:52:43	1612141102427319	[illegible]	25				0	现金	93	[illegible]
投诉 轨迹 [illegible]	2016-12-09 10:35:54	1612091035547256	配件	1		6236682290000549556	[illegible]	2000	银行卡		山东省临沂市兰山区上海路_市政府
投诉 轨迹	2016-12-09 09:48:32	1612090948311106	配件	1		[illegible]	[illegible]	1	银行卡		山东省临沂市兰山区上海路_市政府
投诉 轨迹	2016-12-08 20:41:17	1612082041177513	配件	1				2000	现金		[illegible]
投诉 轨迹	2016-12-08 16:47:58	1612081647574795	[illegible]	2				0	现金	1	山东省临沂市兰山区上海路_市政府
投诉 轨迹	2016-12-08 16:35:11	1612081635119693	还有	5				0	现金	1	山东省临沂市兰山区上海路_市政府
投诉 轨迹	2016-12-08 16:33:31	1612081633314575	还有	5				0	现金	1	山东省临沂市兰山区上海路_市政府
投诉 轨迹	2016-12-08 16:07:37	1612081607364871	还有	5				0	现金	1	山东省临沂市兰山区上海路_市政府
投诉 轨迹	2016-12-08 16:05:45	1612081605454470	[illegible]	2				0	现金	1	[illegible]
投诉 轨迹	2016-12-08 16:01:07	1612081601062161	[illegible]	5				0	现金	0	临沂市兰山区临沂市政府
		合计:		1791				20709		370	

共 11 页 10 1-10 共 110 条

图 6-37 运单查询界面

操作：

【查询】：输入查询条件，查询订单。

5. 司机评价监控

查看司机评价信息以及客户对司机的投诉信息。见图 6-38。

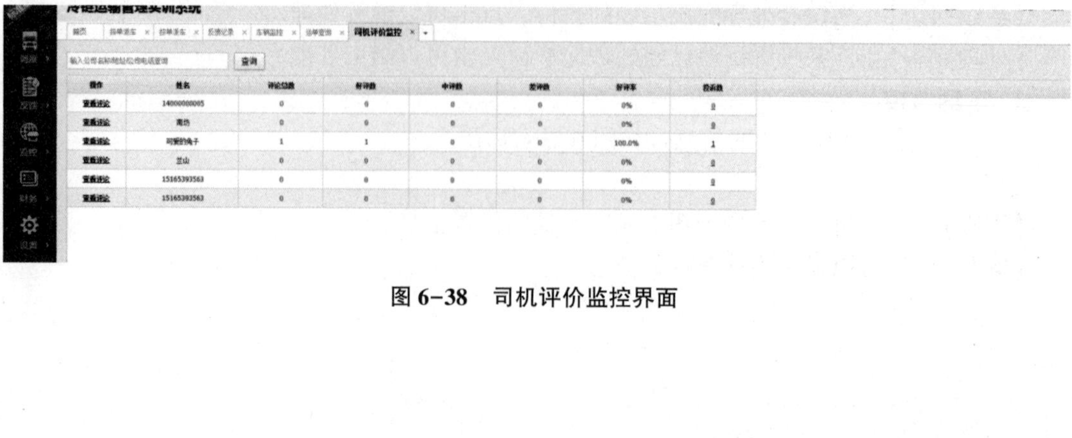

冷链运输管理实训系统

首页 | 接单派车 | 接单派车 | 反馈记录 | 车辆监控 | 运单查询 | 司机评价监控

操作	姓名	评论总数	好评数	中评数	差评数	好评率	投诉数
查看评论	14000000005	0	0	0	0	0%	0
查看评论	南坊	0	0	0	0	0%	0
查看评论	可爱的兔子	1	1	0	0	100.0%	1
查看评论	兰山	0	0	0	0	0%	0
查看评论	15165393563	0	0	0	0	0%	0
查看评论	15165393563	0	0	0	0	0%	0

图 6-38 司机评价监控界面

操作：

【查询】：输入查询条件，查询。

6. 司机认证

注册的司机需要认证，只有认证通过的司机才能接单与运输。见图 6-39。

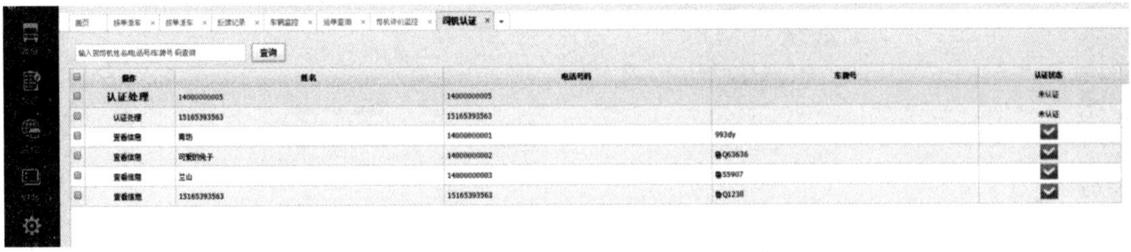

图 6-39　司机认证界面

操作：

【查询】：输入查询条件，查询。

7. 车辆违章管理

对车辆的违章管理与查看。见图 6-40。

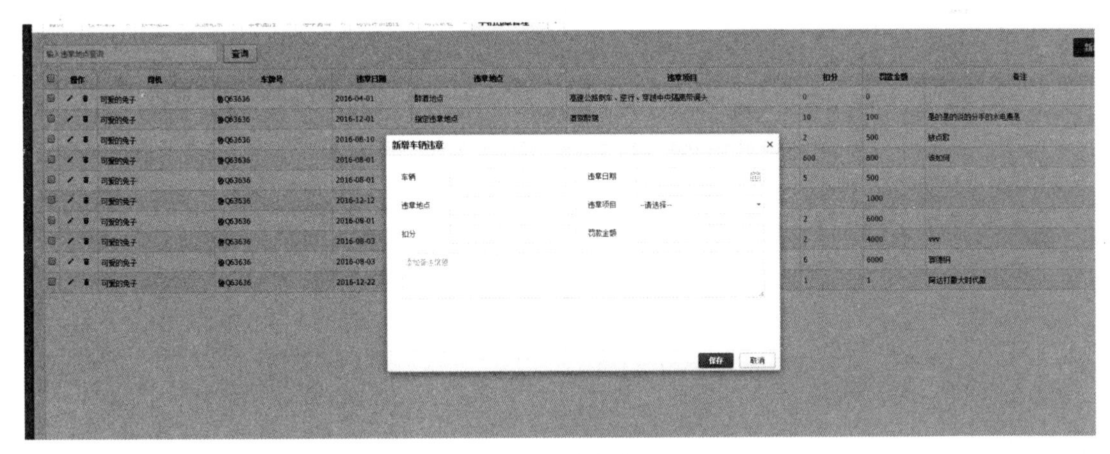

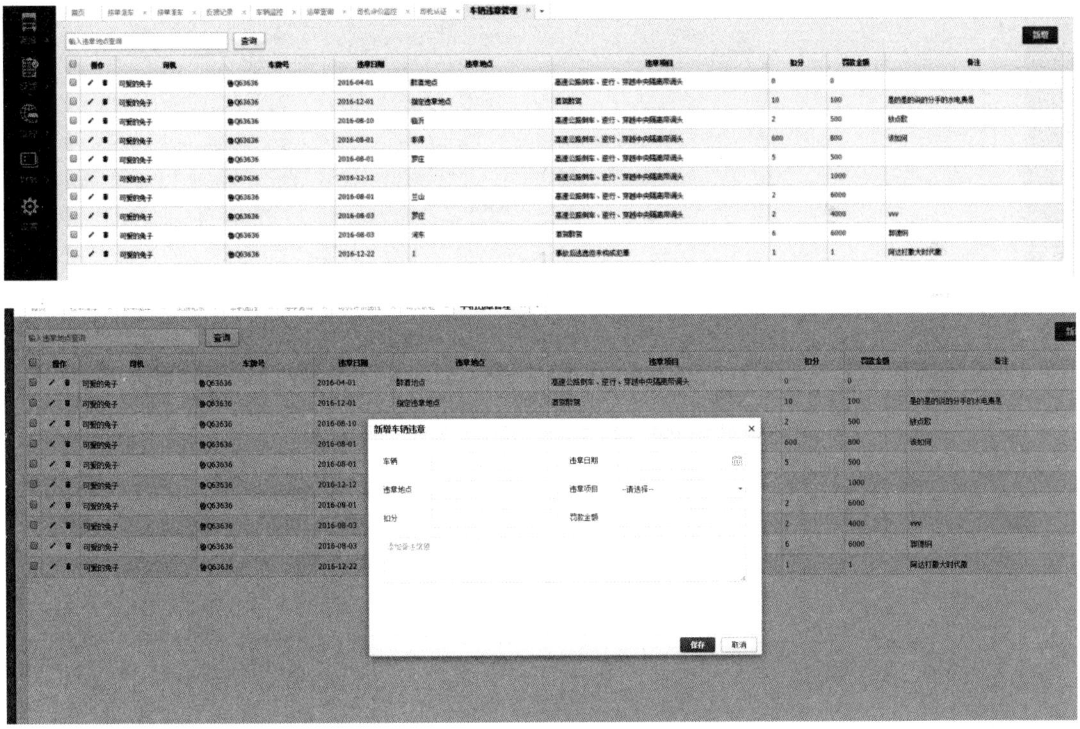

图 6-40　车辆违章管理界面

操作：

【查询】：输入查询条件，查询。

【新增】：弹出可以录入违章信息的页面。

【保存】：保存违章信息。

【取消】：取消添加。

8. 线路监控

可以对主营线路进行设置，在GIS进行标注，可以标注途径城市和运输时的温度。见图6-41。

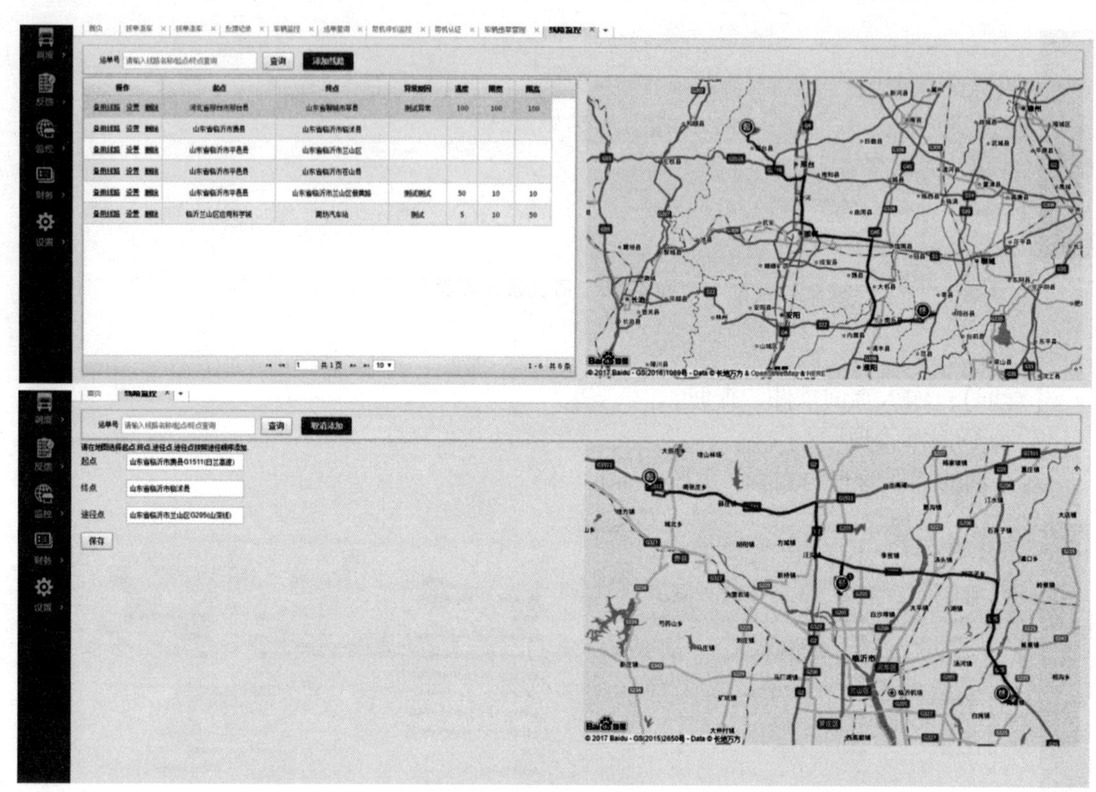

图 6-41 线路监控界面

操作：

【查询】：输入查询条件，查询。

【添加线路】：可以新增一条线路。添加时在地图上点击选择起点、终点和途经点。

【保存】：保存该条线路。

【取消添加】：取消添加。

【在表格选择一条路线】：执行这个操作，右侧地图会显示这条路线。

【备用线路】：点击，可以该条线路作为备用线路。

【设置】：可以设置这条路线的温度、限宽、限高、异常信息等。

【返回主线路】：返回主线路列表。

【删除】：可以删除这条线路。

9. 问题订单

客户的投诉订单和超时未接的订单都会显示在这里。见图6-42。

操作：

【查询】：输入查询条件，查询。

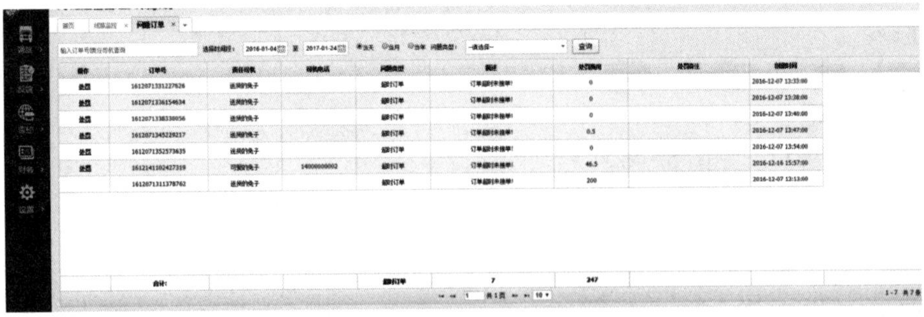

图 6-42　问题订单界面

10. 司机绩效

查看司机的绩效。见图 6-43。

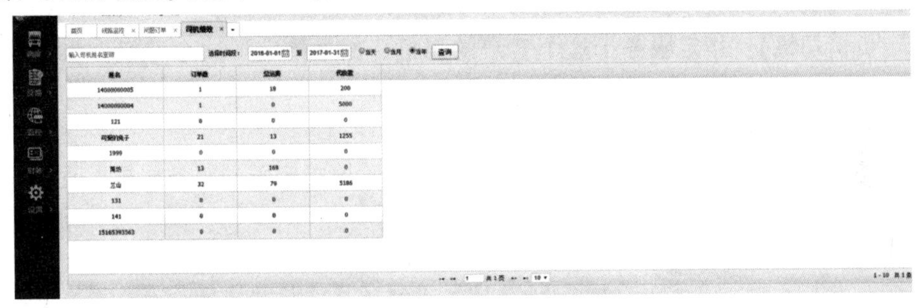

图 6-43　司机绩效查询界面

操作：

【查询】：输入查询条件，查询。

11. 员工管理

对员工进行管理。见图 6-44。

图 6-44　员工管理界面

操作：

【查询】：输入查询条件，查询。

【新增】：添加用户，会弹出一个页面，填写页面信息，保存就会新增页面。

【删除】：删除选择的用户。

12. 司机账号

对司机账号进行查看和管理。见图 6-45。

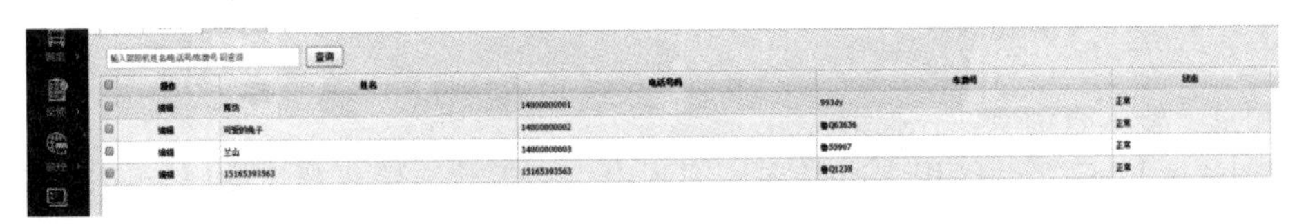

图 6-45　司机账号管理界面

操作：

【查询】：输入查询条件，查询。

13. 客户管理

管理注册的客户。见图 6-46。

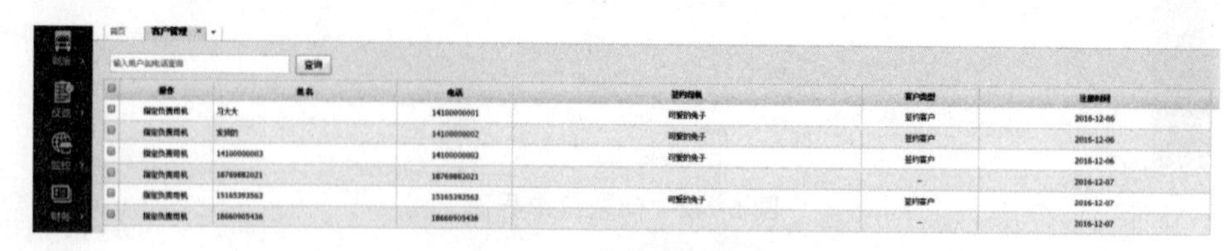

图 6-46　客户管理界面

操作：

【查询】：输入查询条件，查询。

【指定负责司机】：指定服务于这个客户的司机。如果指定了这个司机，当这个客户下单的时候，服务司机会优先收到该订单。

14. 片区设置

片区管理，将服务区域分成不同的片区，为不同片区指定不同服务司机。见图 6-47。

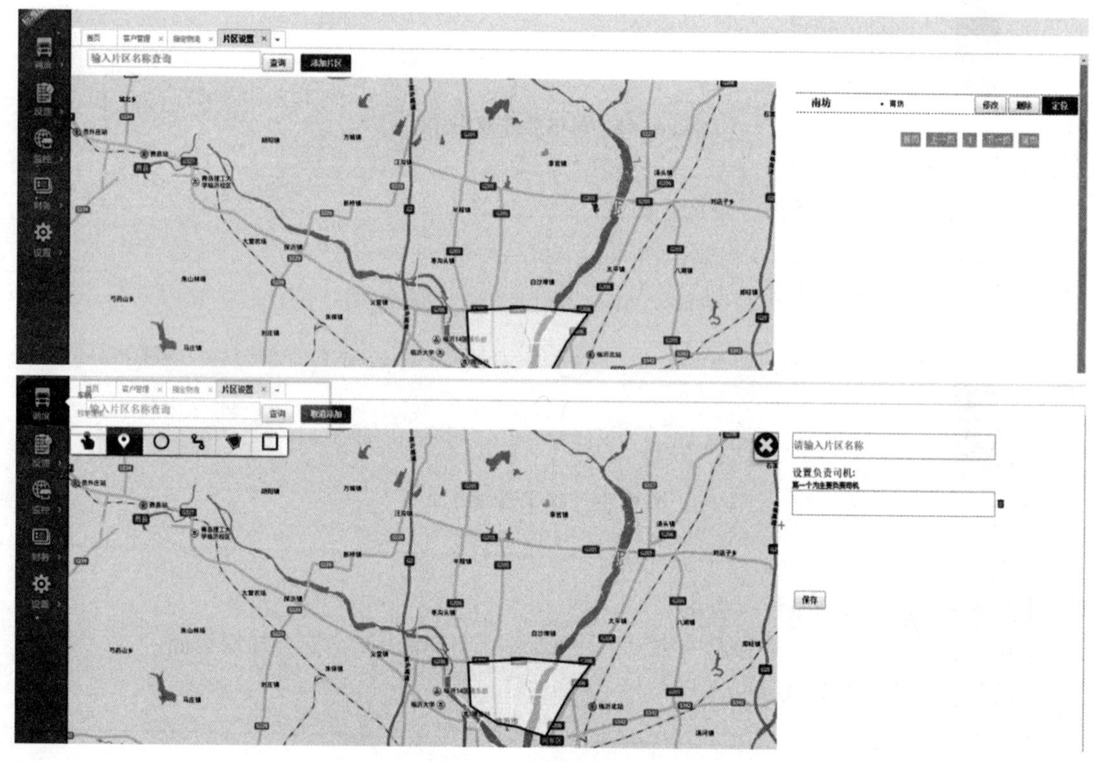

图 6-47　片区设置界面

操作：

【查询】：输入查询条件，查询。

【添加片区】：新增片区用多边形在地图画出多边形状，输入片区名称和负责司机，新增片区。

【取消添加】：取消添加片区。

【修改】：修改片区的位置、责任司机和名称。

【删除】：删除片区。

【定位】：将片区在地图上定位，着以红颜色。

课后练习

一、选择题

1. 安全运输除指一般的交通安全外，还要努力提高质量安全的农产品在运输过程中的（　　）安全。

A. 装卸　　B. 流通加工　　C. 搬运　　D. 贮藏

2. （　　）是指为了实现质量安全的农产品“从土地到餐桌”高效率、无污染、低成本流通，而建立的消除不必要的关卡和收费，轮船、汽车、火车、飞机等多种运输工具合理衔接的质量安全的农产品运输网络系统。

A. 绿色通道　　B. 绿色运输

C. 绿色物流　　D. 运输系统

3. 下列属于不合理运输现象的有（　　）。

A. 返程空驶　　B. 迂回运输

C. 重复运输　　D. 超载

4. 气调包装的英文简写是（　　）。

A. MRP　　B. MAP

C. ERP　　D. EDI

5. 蛋糕、面包等米面食品在常温下的保鲜期为（　　）。

A. 1~3 天　　B. 15~60 天

C. 5~10 天　　D. 30~90 天

二、思考题

1. 简述我国农产品流通的特点与模式。
2. 质量安全的农产品运输技术有哪些？
3. 简述我国农产品安全运输方面存在哪些问题。
4. 谈谈你对“绿色通道”的看法。
5. 简述你对农产品质量安全运输的建议。

案例分析

2017 年全国食品安全宣传周农业部主题日活动在京举办

2017 年全国食品安全宣传周农业部主题日活动 6 月 30 日在京举办，同日，国家农产品质量安全追溯管理信息平台正式上线运行。农业部副部长陈晓华表示，信息平台的上线，标志着农产品向实现全程可追溯迈出了重要一步。

陈晓华指出，农产品质量安全是事关人民生活、社会稳定的大事。开展宣传周活动，就是要集中形成强大的宣传声势，形成良性互动、有序参与、有力监督的社会共治格局。各级农业部门要组织开展形式多样的宣传活动，迅速掀起农产品质量安全宣传热潮。要坚持以推进农业供给侧结构性改革为主线，以增加绿色优质农产品供给为目标，从生产、监管两端发力，在抓好农产品数量安全的基础上以更大力度抓好农产品质量安全，切实保障农业产业发展和公众“舌尖上的安全”。

陈晓华对下一步的农产品追溯工作提出了三点要求：一是充实平台功能。追溯管理需要监管部门、生产经营主体和消费者积极参与，下一步要抓紧把各项业务功能充实和运用起来，建成农产品质量安全监管信息的大数据中心，成为政府智慧监管和公众信息查询的统一平台。二是健全制度规范。随着追溯工作的深入和铺开，需要研究制定农产品质量安全追溯管理配套制度，明确追溯要求，健全管理规则。要抓紧制定追溯管理编码规则、数据格式等基础标准。三是搞好追溯试运行。农业部按照“部省联动推进、县域整建制运行、规模企业带动、重点品种示范、协作机制驱动”的思路，在四川、山东、广东三个省开展试运行工作。试运行地区将精心组织部署，为下一步在全国范围开展追溯管理试点奠定基础。

据介绍，农业部已印发追溯体系建设指导意见，出台了试运行地区的追溯管理办法，制定了技术标准，建成了国家农产品质量安全追溯管理信息平台和配套的指挥调度中心，同时也开发了移动专用APP，开通监管追溯门户网站和国家追溯平台官方微信公众号。下一步将借助于国家追溯平台，实现质量安全监管提效率、农业产业提素质、公众消费提信心。

在主题日活动期间，农业部曝光了近年来农产品质量安全执法监管典型案例，发布了农产品质量安全十大谣言真相。在现场咨询宣传展台，百余位专家向种养大户、生产企业和市民传授“三品一标”、农药和农药残留、兽药、抗生素、病虫害绿色防控、食品营养、膳食平衡等农产品质量安全科普知识和生产上实用的知识、技术和政策，既强化了生产经营者的质量安全意识，也提升了普通消费者的质量安全科普知识水平。活动现场气氛热烈，广大市民和监管工作者积极参与，全天接待500余人，发放宣传资料近万份。

案例思考：

1. 国家农产品质量安全追溯管理信息平台的上线运行对农产品流通中的质量安全提出了哪些要求？

2. 如何保证流通中的农产品质量安全？

第7章

农产品贮藏安全管理

第一节　农产品贮藏安全基础知识

农产品在贮藏过程中，质量下降的原因有很多，其中主要有三点：一是有生命的农产品，因生命活动和贮藏环境中的理化因素（温、湿、光、气等），引起产品发生物理、化学和生化变化；二是无论有无生命，农产品都会受微生物活动的侵袭而腐烂变质或产生病害；三是农产品受贮藏环境中有毒有害物质的污染，使有关指标达不到质量安全的标准。

一、农产品贮藏的基本原理

选择适宜的包装物，改善贮藏的环境，防止有毒有害物质接触农产品，造成污染而影响其质量，是农产品贮藏的基本原理。

1. 有生命的农产品的贮藏原理

粮油（如稻、麦、菜籽等）、果蔬等农产品收获后，虽成为离开母体的部分器官，但仍有生命活动，因有生命活动，也就具有一定的耐贮性和抗病性。贮藏有生命的农产品要努力保持其生命活动，延长其耐贮性和抗病性的存续时间；幼嫩多汁的水果蔬菜为保持其风味和品质，还必须防止水分蒸发和衰老；干燥的种子类农产品，为防止霉变必须避免吸湿。

（1）抑制呼吸作用。粮油、果蔬等农产品的生命活动主要表现为呼吸作用、后熟作用。呼吸作用越旺盛，生命终止越早，贮藏、运输过程中要努力抑制其呼吸作用。呼吸作用和后熟作用一般均与温度、空气、水分等因素有关。

（2）控制水分变化。对于有生命的粮油和果蔬等农产品应采取不同的控制水分的措施。对于粮油，必须把贮藏水分控制在允许的范围之内，在晴好天气通风散湿，在阴湿天气密封保护，防止吸湿；对于水果蔬菜，必须采取措施减少水分蒸发，防止因水分蒸发造成萎蔫，而减少产品重量（失重），影响产品质量（失鲜）。控制水分主要和仓库密封条件、设备（温、湿调控）条件等有关。

（3）控制生命过程。粮油和果蔬等农产品收获后，物质积累停止，但生命活动仍在继续，因此，营养物质不断消耗。农产品收获后的生命过程，一般都经过后熟，最后衰老，直至死亡。特别是果蔬类农产品，从成熟到衰老的过程中会引起风味、质地、外观和营养物质的变化。衰老过程是不可避免的，保持适宜的低温、适宜的空气湿度，要根据各种有生命的农产品的特点，具体情况具体分析。对贮藏环境的温度、湿度、空气进行科学调控，控制农产品的呼吸作用、水分变化、后熟和衰老，延长生命过程，是有生命的农产品贮藏的基本原理。

2. 无生命的农产品的贮藏原理

无生命的农产品因耐贮性和抗病性消失，贮藏中要努力防止微生物、有害生物的侵染和有机物质的氧化衰败。

根据各种无生命的农产品的特点，采用适宜的措施，使其和环境隔离，降低微生物活动能力，是无生命的农产品贮藏的基本原理。

二、贮藏条件对农产品质量安全的影响

贮藏对农产品的质量和营销都会产生显著影响。

1. 贮藏对农产品质量的影响

（1）贮藏环境对农产品质量安全的影响。

贮藏环境质量达不到质量安全的农产品贮藏环境标准，就会对农产品造成污染，从而使达到标准的质量安全的农产品又成为不达标产品。因此，贮藏环境质量必须符合质量安全的农产品贮藏环境标准，确保不会对质量安全的农产品造成污染。

（2）贮藏环境对农产品保质期的影响

贮藏环境的温度、湿度、空气成分均会影响农产品的保质期。一般较高的温度、不适宜的湿度（果蔬产品湿度过低、粮油产品湿度过高）、不适宜的空气成分均大大缩短农产品的保质期。提高仓库质量，根据各种质量安全的农产品的特性，在调控设施较好的环境条件下，科学调控温、湿、气等主要环境因素，是延长质量安全的农产品保质期的主要措施。

从贮藏温度上来讲，温度升高，一方面会加速鲜活农产品的呼吸作用，促进后熟和衰老；另一方面会加速水分蒸腾，让产品的变干速度加快，降低产品的鲜度。温度过低，容易出现冷害和冻害。因此，无论是低温还是高温，贮藏温度不合适，不仅会影响产品贮藏寿命，还会导致产品细胞和组织死亡，品质败坏，失去商品价值。

从贮藏湿度上来讲，相对湿度影响果蔬水分蒸腾。果蔬表皮适度干燥，有利于降低呼吸强度，提高耐贮性。高湿易导致贮藏病害发生。失水影响新鲜度，减少重量，严重失水时，可加速内含物的水解，产生异味。

2. 贮藏对农产品营销的影响

（1）贮藏对农产品市场的影响

农产品是生物产品或是以生物产品为原料的加工产品。生物产品的生产周期、收获时期在很大程度上取决于自然环境因素。生物产品上市的周期性很强，季节性产品大量集中上市，与市场对产品较均匀的需求量是一对尖锐的矛盾。生物产品季节性冲击市场，矛盾冲突的结果必然是产品价格降低，产品质量下降，甚至变质浪费。受损失的主要是农民，进而影响了下一年度的生产安排，往往又造成市场的波动，产生市场供需矛盾，影响社会效益。贮藏，则是防止生物产品季节性冲击市场的有效措施之一，能缓和市场供需矛盾，提高

农民的经济收入。生物产品至少经过清洁、加工才能包装贮藏，这样的产品必然会减少无经济价值的能量、物质输出，减少城市的垃圾，对改善城市环境和农业生产环境均有利。显然，贮藏可以大大提高农产品的经济效益、社会效益和生态效益。

（2）贮藏对农产品成本的影响。

贮藏必须建造仓库、安装必要的贮藏设施等，进行基本建设投资，这是贮藏的成本之一；贮藏必须有人管理，耗费一定的能源，这是贮藏的成本之二。显然，贮藏必然会增加农产品的成本。但是，反季节销售产生的社会效益，较高价格产生的经济效益，减少生物产品浪费产生的社会、生态效益，必然大大超过贮藏成本支出；而且，如果没有贮藏条件，市场过剩，则会被迫低于成本价销售和造成产品变质浪费，还会造成负效益。

三、质量安全的农产品对贮藏的要求

质量安全的农产品首先要求贮藏环境条件符合质量安全的农产品贮藏环境的质量标准，不会对其造成污染。这是一切质量安全的农产品贮藏的基本要求。质量安全的农产品贮藏必须遵循以下原则：

（1）贮藏环境必须洁净卫生，不能产生污染。

（2）选择的贮藏方法不能使农产品品质发生变化、产生污染。

（3）在贮藏中，质量安全的农产品不能与非质量安全的农产品混堆。

（4）有机食品、绿色食品、无公害农产品不能混合贮藏，A级绿色食品与AA级绿色食品必须分开贮藏。

四、调节温度的农产品贮藏方式

进入新世纪以来，我国农产品贮藏保鲜技术迅速发展，目前主要采用的是低温冷藏、通风库贮藏和传统的堆藏、沟藏（埋藏）、窖（穴、窑）藏等。

低温贮藏是指在具有良好隔热性能的库房中借助于机械冷凝系统的作用，将库内的热量传递到库外，使库内的温度降低并保持在有利于水果和蔬菜长期贮藏的范围内的农产品保鲜贮藏方法。图7-1为某农产品低温冷藏库。

图7-1　农产品低温冷藏库

根据温度范围的不同，冷库内又可分为冷藏区和冷冻区。根据国家标准规定，冷藏区的温度范围是0℃~10℃，冷冻区的温度范围是0℃以下（不含0℃）。

通风库贮藏是利用空气对流的原理，引入外界的冷空气而调节贮藏环境的温度、湿度和气体组成，以提高农产品贮藏效果的贮藏方法。通风库具有良好的隔热保温性能，设置较完善而灵活的通风系统，利用昼夜温差，通过导气设备，将库外低温空气导入库内，再将库内热空气、乙烯等不良气体通过排气设备排到库外，从而保持农产品较为适宜的贮藏环境。通风库宜建在交通方便、接近作物产地或供销地的地方，要求地势高、地质条件良好，并有足够的场地来设置晒场等附属建筑物。通风库有地上式、半地下式和地下式三种，如图 7-2 所示。

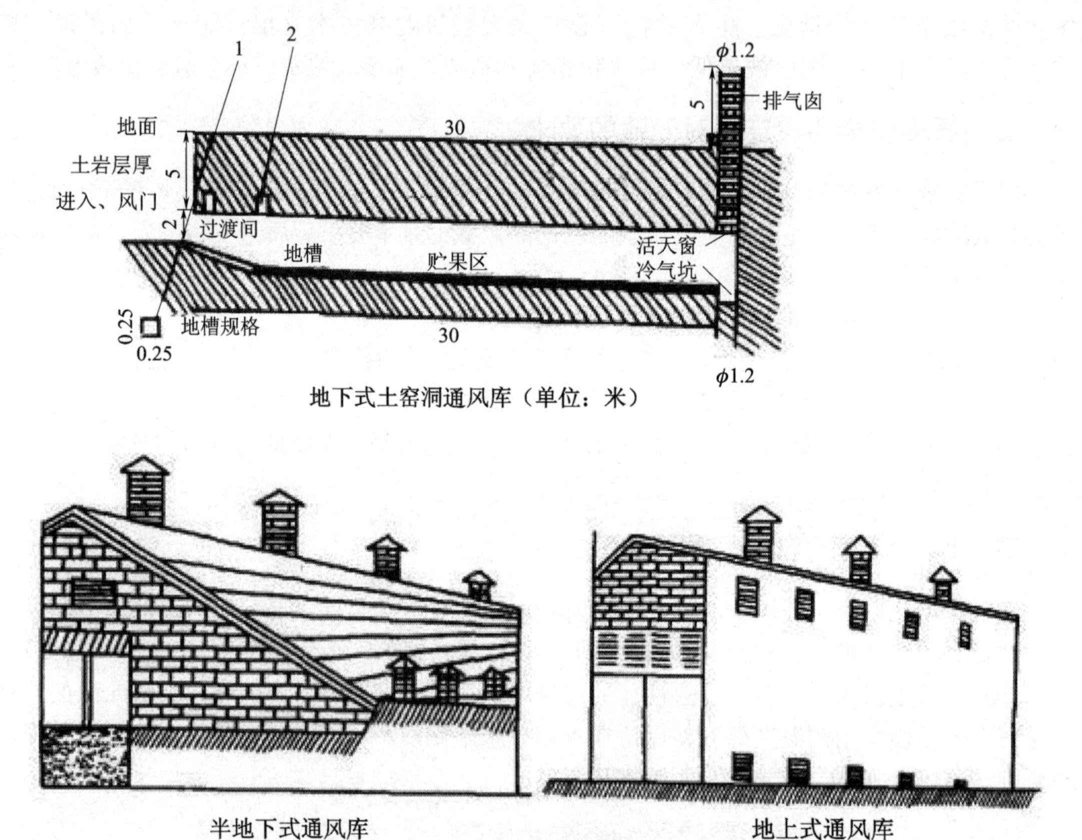

图 7-2　通风库示意图

五、冷库低温贮藏注意事项

1. 温度

采用冷库保鲜技术，控制好冷库中的温度是关键。作为短期贮藏的净菜产品，一般冷库内的温度控制在 2℃ ~4℃ 即可；对于易受冷害的蔬菜可放在 5℃ ~7℃ 的冷库中，或者采取加盖棉被等保温措施，防止蔬菜受冻；易老化的蔬菜应放在 0℃左右的库中。为保证成品菜质量，避免温度变化剧烈、呼吸代谢增强，蔬菜修整与覆膜也应在 2℃ ~5℃ 的条件下进行。

2. 湿度

为了保证蔬菜的新鲜度，避免失水萎蔫，贮藏加工期间湿度一般控制在 80%~95%，并且在存放过程中，根据贮物量及库间温度情况，注意随时通风换气。

3. 适当晾晒

香菇、洋葱、生姜等表面含水量较大的品种，入库前必须适当晾晒，减少其附着在表面的水分，延长贮藏期。

4. 防止堆压

进库蔬菜应整齐地摆放在货架上，或者打垛放在库中，防止码垛过高堆压对蔬菜造成机械损伤或垛内发热，导致蔬菜质量下降。

第二节　农产品贮藏的安全设施设备

一、冷库技术要点

冷库是保证鲜活农产品在低温环境下进行贮藏的基础设施，其功能是为产品的贮藏提供适宜的温度和湿度等环境条件；其特点是冻结量小，冷藏量大，能长期贮藏。由于冷藏量大，进出货比较集中，零进整出，因此要求库内运输通畅，吞吐迅速。

二、常见的冷库管理系统触摸界面操作说明

1. 系统监控

见图 7-3。

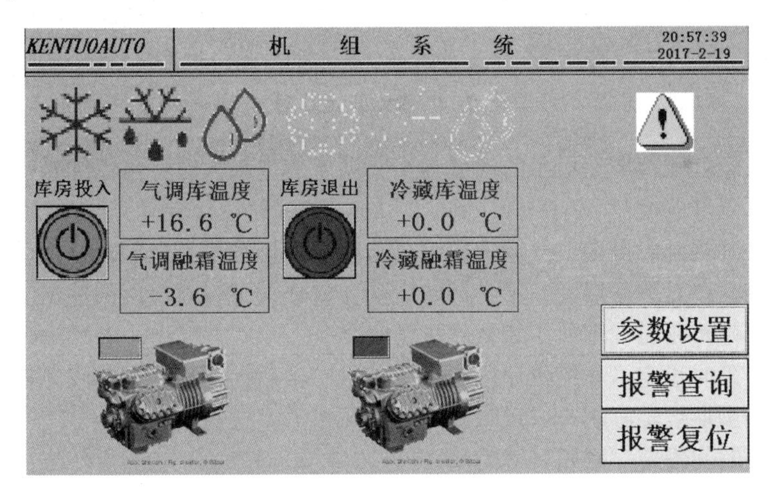

图 7-3　系统监控界面

库房投入按钮：绿色为投入状态；红色为退出状态。只有投入了贮藏产品的库房才会开机。红色状态点击后变成绿色，反之绿色变成红色。

压缩机状态：绿色为运行；红色为停止。

冷风机状态：蓝色为开启；虚白色为关闭；三个图标的含义是制冷、融霜、滴水。

系统报警提醒：黄色为正常；红色为报警。

画面切换按钮：参数设置 参数设定按钮；报警查询 报警查询按钮；报警复位 报警产生时，机械故障排除后，点击此按钮方可复位。

2. 参数设定

见图 7-4。

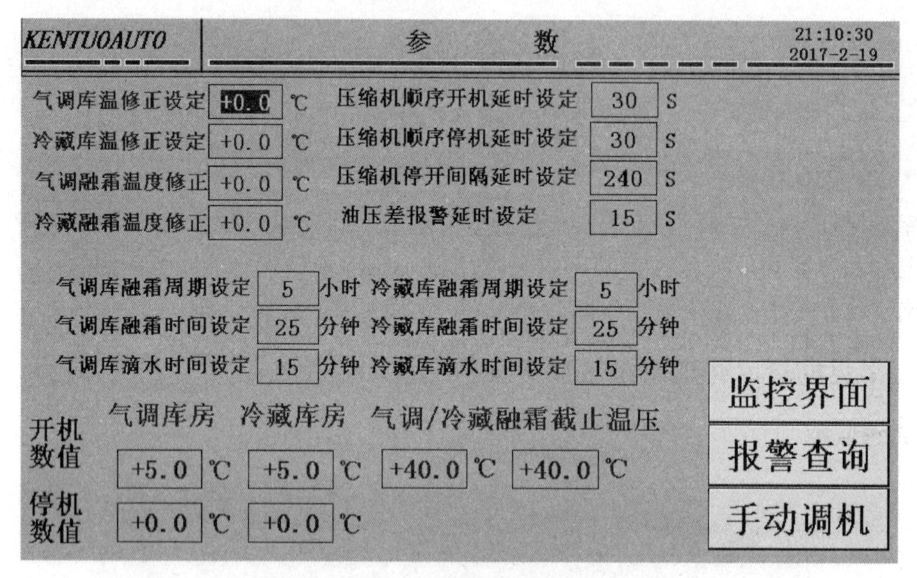

图 7-4 参数设定界面

温度修正设定：触摸屏上显示的温度与实际温度偏离较大时，可以加减一定数值来达到显示温度与实际温度匹配。

压缩机顺序开机延时设定：气调库压缩机与冷藏库压缩机不能同时开机，假如两个库房同时需要降温的话，是顺序启动，不是同时启动，这样可减轻对电网的冲击。

压缩机顺序停机延时设定：压缩机停机延时。

油压差报警延时设定：压缩机油压差报警信号产生后，延长一定时间才报警。

气调库融霜周期设定：制冷一定时间后，冷风机需要融霜的时间。

气调库融霜时间设定：融霜持续时间。

气调库滴水时间设定：融霜完成后，滴水时间。

气调/冷藏融霜截止温压：电融霜的保护温度，当融霜温度高于此温度时，融霜立即停止，防止温度过高造成其他损失。

开机数值：只有温度高于此温度时，库房才会开启降温。

停机数值：只有温度低于此温度时，库房才会停止降温。

3. 用户登录

系统共有三个密码，分别是用户 A，密码 1234；用户 B，密码 5678；超级用户 Admin，密码 361158。见图 7-5。

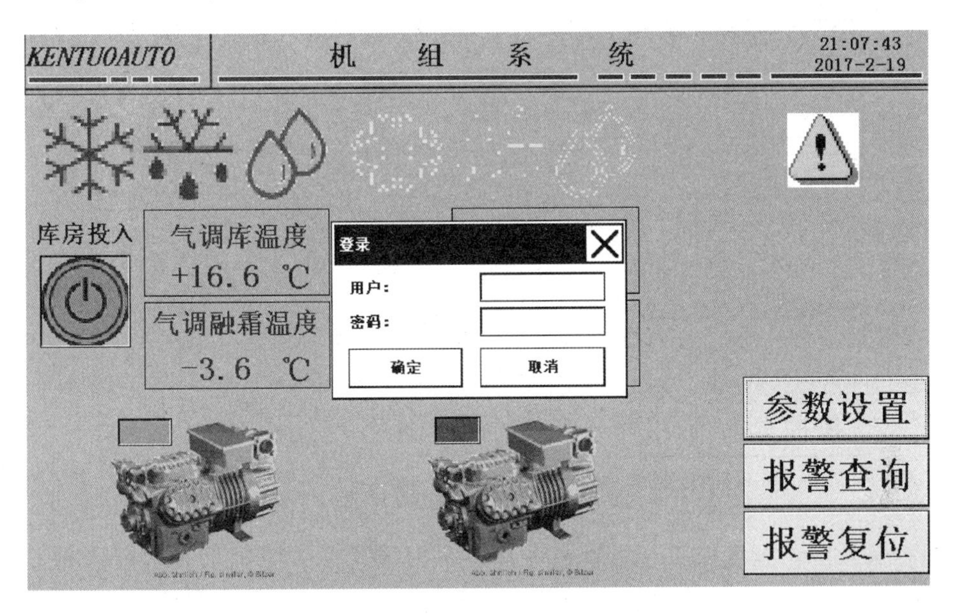

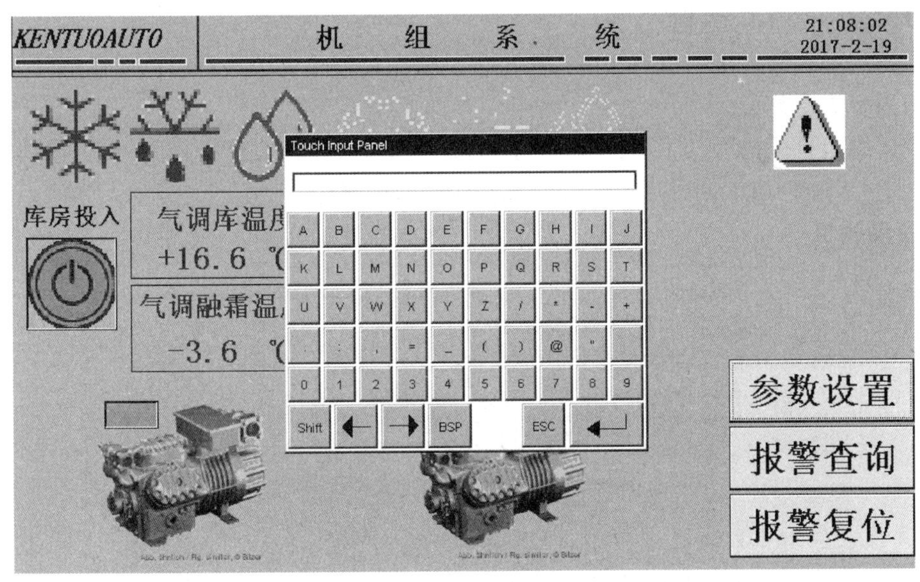

图 7-5　用户登录界面

4. 报警查询

见图 7-6。

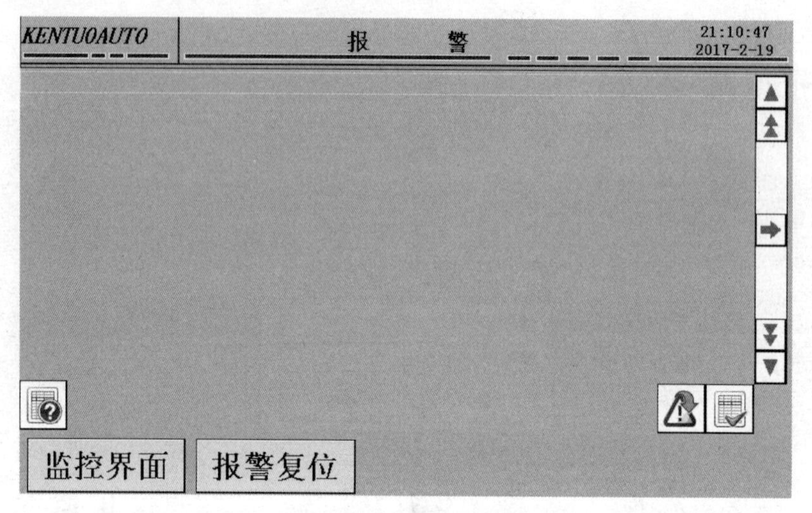

图 7-6 报警查询界面

温度探头故障：温度探头超量程或者坏了。出现这个故障提示大多数情况下是探头坏了。

热件报警：电机电流过载。

压缩机压控报警：压缩机高低压压控报警。低压机械报警信号可以自动复位，高压机械报警信号需要人工复位。

气调压缩机自保报警：压缩机电机过热报警。报警停机后需停机一段时间，等电机冷却下来，把电控箱内 10QF 断开后再闭合，报警信号即可复位。

5. 手动调机

见图 7-7。

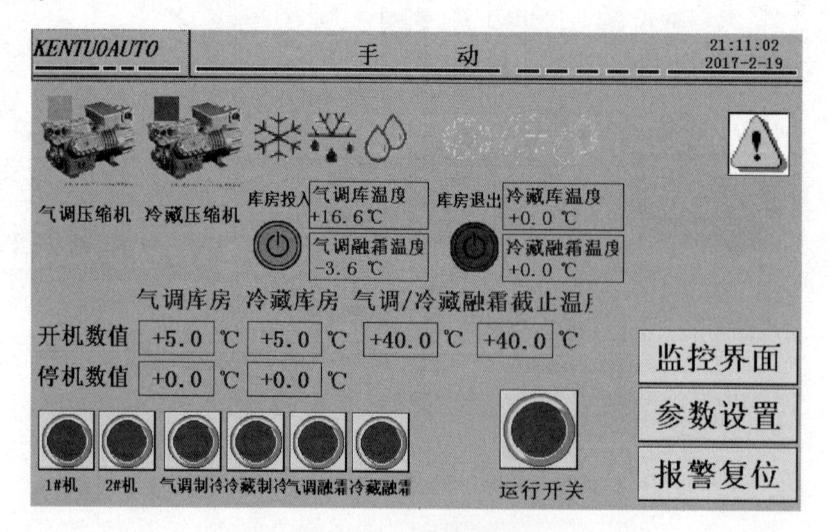

图 7-7 手动调机界面

这个界面一般是制冷系统调试阶段使用，后期正常运行很少用到。需要用户等级不低于

B 级。

6. 组态软件说明

（1）系统启动或停止操作：停止状态；启动状态。见图 7-8。

（2）密码输入：打开参数设定界面、系统关闭需要密码，密码 100。见图 7-9。

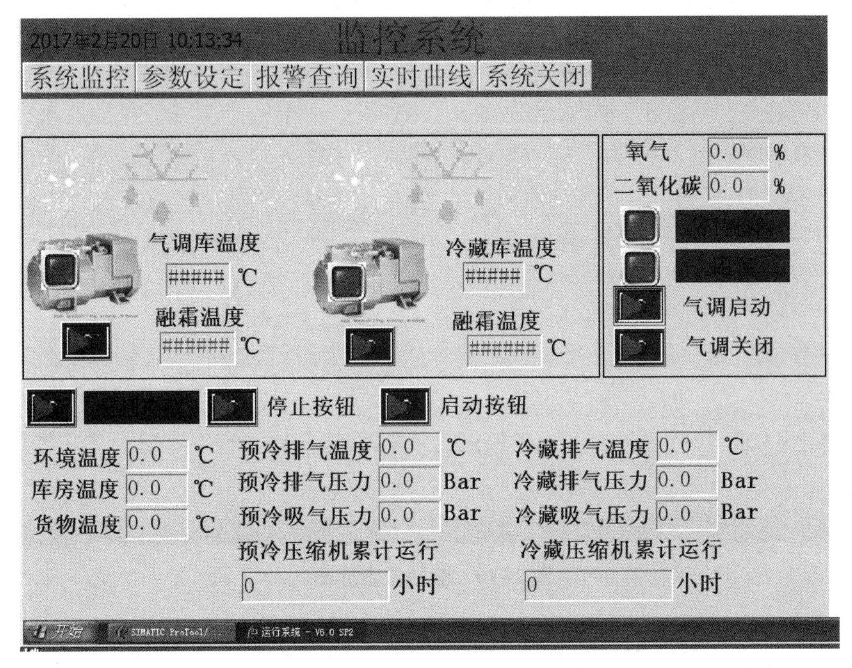

图 7-8　系统启动或停止操作界面

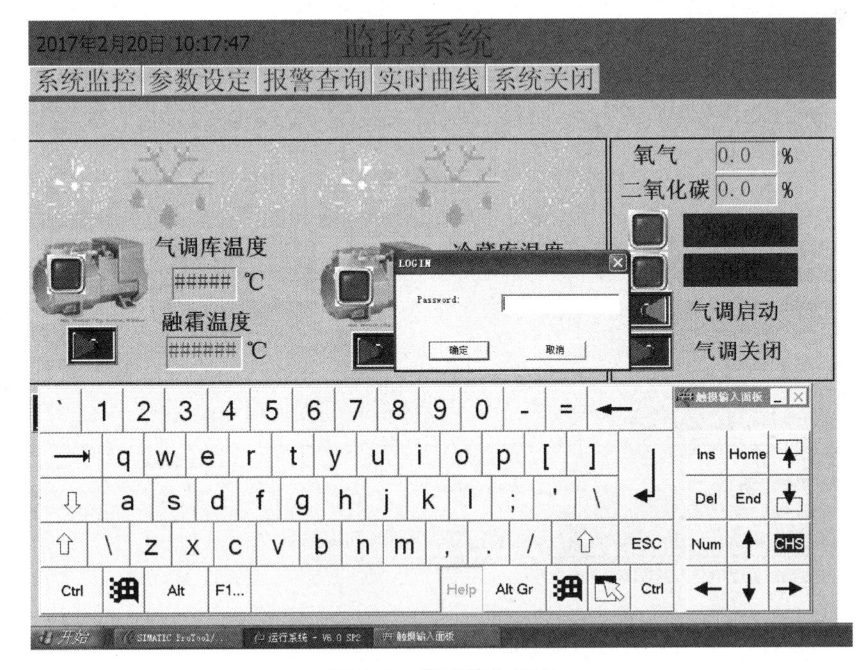

图 7-9　密码输入界面

（3）参数设定。见图 7-10。

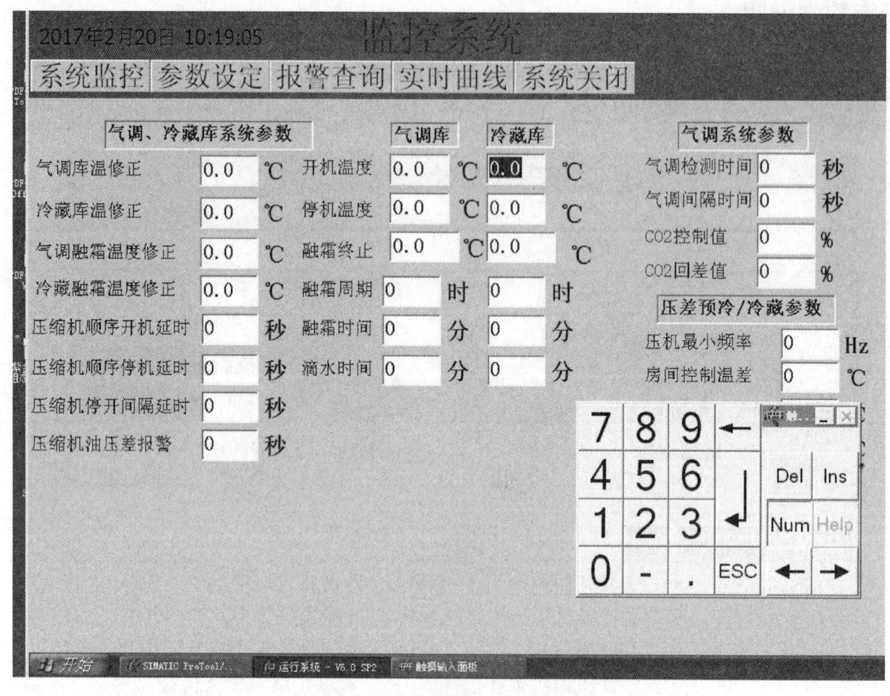

图 7-10 参数设定界面

气调冷库、冷藏库的参数含义见触摸屏说明。

（4）报警查询。见图 7-11。

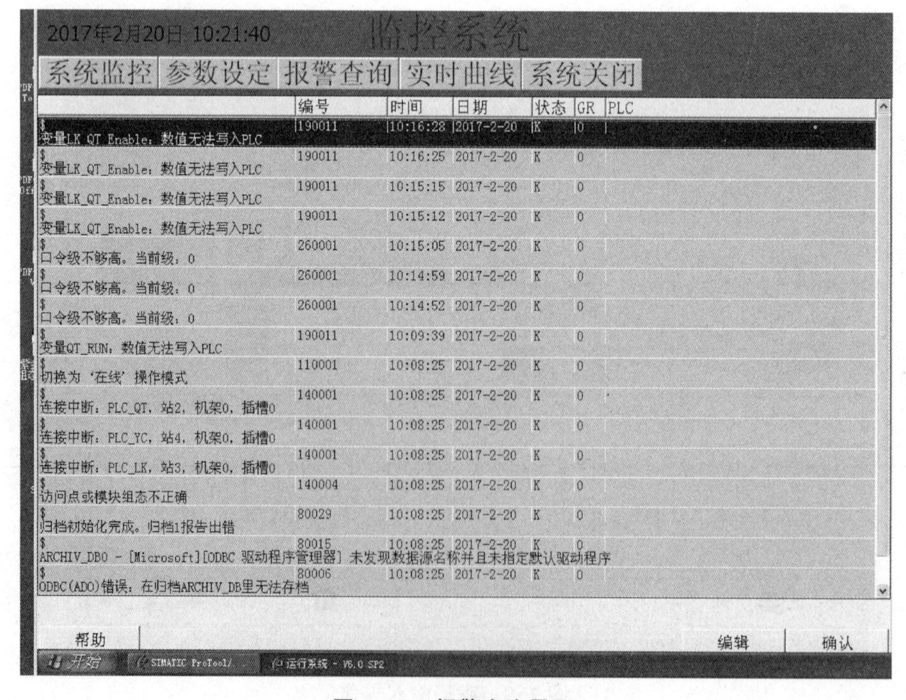

图 7-11 报警查询界面

（5）温度、湿度、浓度曲线。见图 7-12。

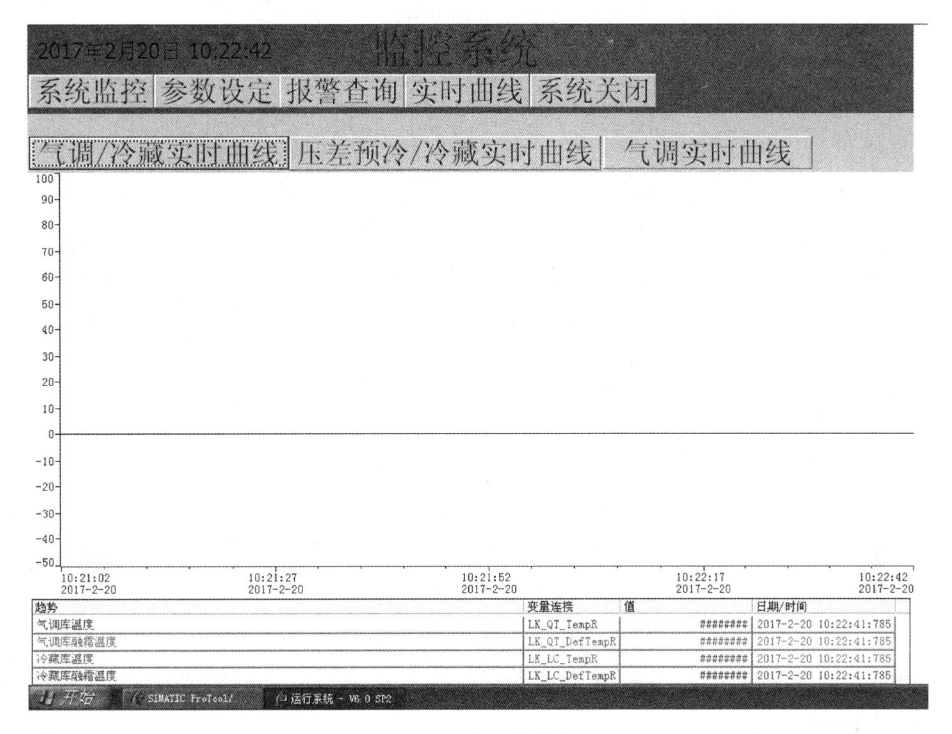

图 7-12　温度、湿度、浓度曲线显示界面

三、真空预冷机

（一）真空预冷的基本原理

在一个标准大气压下，水的沸点是 100℃，蒸发热为 2 256 kJ/kg；当压力下降到 610 Pa 时，水的沸点是 0℃，蒸发热为 2 500 kJ/kg。随着气压的降低，水的沸点降低，而蒸发单位质量的水所消耗的热量增加。

真空预冷就是在真空条件下，使水迅速在真空处理室内以较低的温度蒸发，在此过程中，消耗较多热量，在没有外界热源的情况下，在真空室内产生了制冷效果。

真空预冷技术原理简单，降温速度快，广泛应用于农产品保鲜、运输与储存等。

在真空预冷中，预冷是指在短时间内的急速降温，根据被冷却物的性质确定预冷时效，通常为数分钟至数小时。真空预冷处理不是简单的降温手段，而是运用了真空的特殊环境实现快速降温的技术。

（二）真空预冷的特点

真空预冷机不是冷藏设备，而是冷却加工设备，是产品放入储藏室前或放上货架前的降温设备。降温后的产品生理变化减缓，可延长产品的储存期或货架期。真空预冷机依靠低压下水沸点低、蒸发热量高的特性设计而成，其主要特点如下：

（1）冷却速度快：20~30 min 即可达到所需的冷藏温度。

（2）冷却均匀：产品表面自由水汽化带走自身热量达到冷却目的，实现从内到外均匀降温。

（3）卫生：在真空环境下，可杀菌或抑制细菌繁殖，防止交叉污染。

（4）薄层干燥效应：有治愈保鲜物表皮损伤或抑制扩大等独特功效。

（5）不受包装限制：只要包装有气孔，即可均匀冷却物品。

（6）保鲜度高：可保有食物原有色、香、味，延长货架期。

（7）自动化程度高：可通过压力传感器控制制冷系统和真空系统压力，方便调节真空预冷机的真空度，并且可远程操控，便于监控设备运行和快速解决设备故障。

（8）高度精准：配备精密式数显温度、湿度控制器，精确控制真空度、温度及湿度。

（9）安全稳定：电气部分采用著名品牌产品，保证机器工作稳定、寿命长久、操作安全。

（三）真空预冷机操作说明

1. 开机前的检查

（1）检查电源电压，正常电压在 380 V±10%以内。

（2）检查空气管路上的阀路（真空阀、充气阀、渗气阀、供水阀、排水阀）是否正常开启和关闭。

（3）检查进水口是否接到水源，水温在 32℃以下。

（4）先手动分别开启各部分，检查电控系统是否控制正常，机械部分是否运转正常。

2. 操作流程图

见图 7-13。

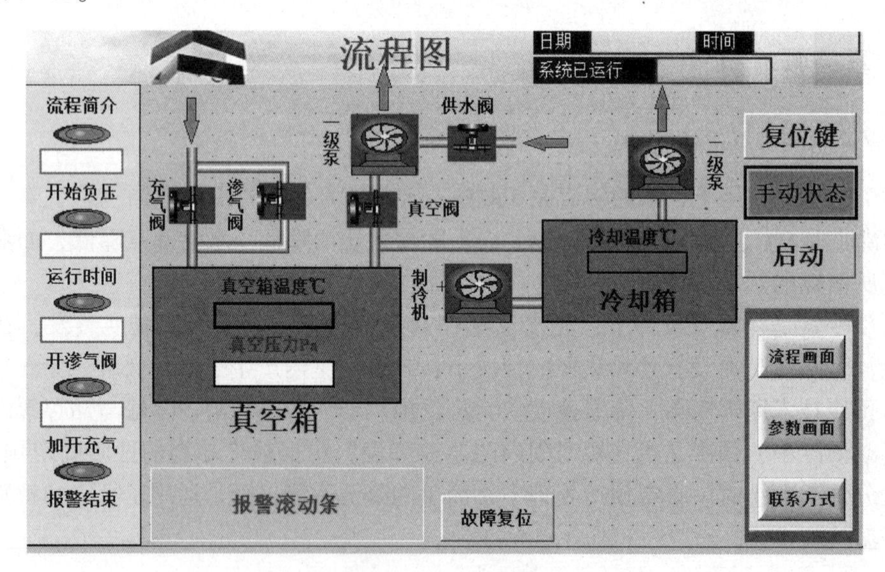

图 7-13 操作流程图

通过触摸屏上此画面，在手动状态下可以分别控制各个部件（充气阀、渗气阀、一级泵、真空阀、供水阀、二级泵、制冷机）。

通过触摸屏上此画面可以观察真空箱温度、真空压力，冷却箱温度。

3. 开机后的参数设定

见图 7-14。

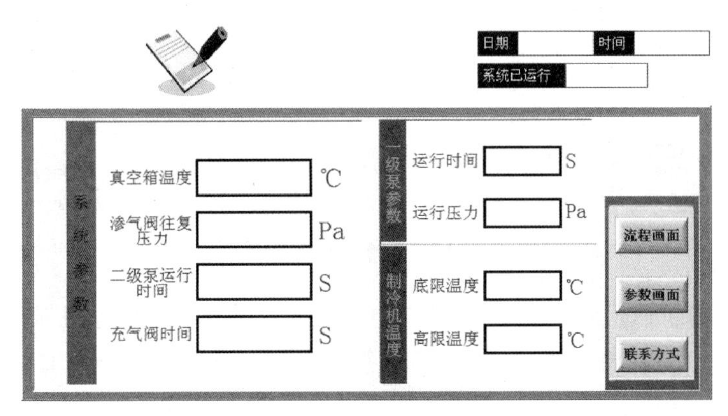

图 7-14　参数设定界面

（1）真空箱温度：此值设定的数值是降温物品需降温温度值（此值设定一般为常温 15℃~20℃）。

（2）渗气阀往复压力：此值设定的是当真空箱真空压力抽到 600 Pa 时需渗气破坏真空（渗气阀开渗气），当真空破坏到此设定值时渗气阀关闭继续抽空，真空箱温度未达到设定值时由 600 Pa 至此设定值往复抽空降温（建议值 900~2 000 Pa）。

（3）二级泵运行时间：在自动运行状态下，二级泵运行开始计时，运行到此设定值时二级泵停止运行（此值是保护值，当温度无法降到真空箱温度设定值时，以二级泵运行时间为准）。

（4）充气阀时间：此值设定的是真空箱温度达到设定值或二级泵运行时间达到设定值时，充气阀开启，开始计时到此设定值。

（5）：一级泵运行时间和一级泵运行压力设定窗口，在自动运行状态下一级泵运行到设定值时二级泵运行（此两设定值以先到者为准，运行压力应设置在 12 000~9 000 Pa）。

（6）：制冷机制冷温度设定窗口，当制冷温度小于低限温度设定值时，制冷机停止；当制冷温度大于高限温度设定值时，制冷机启动。

4. 操作时应注意的事项

（1）当蜂鸣报警信号灯响起时，请尽快观察触摸屏并点击右上角复位键，查明报警原因。故障报警界面如图 7-15 所示。

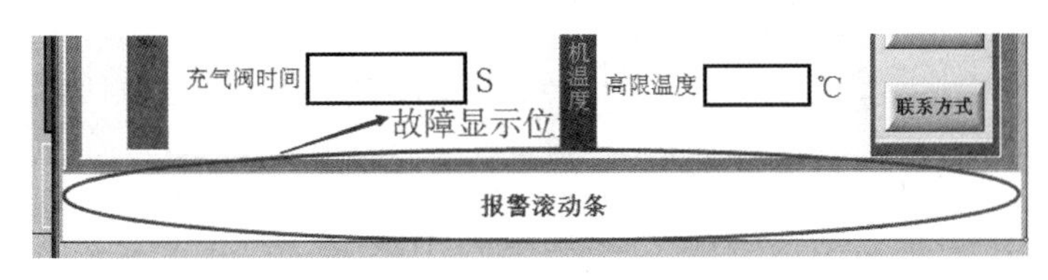

图 7-15　故障报警界面

工作完成报警界面如图 7-16 所示。

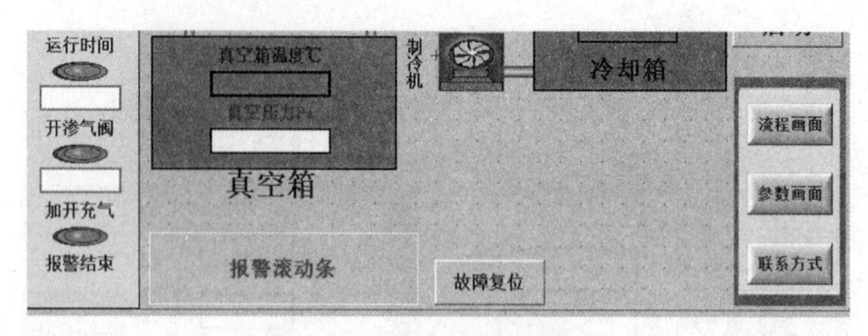

图 7-16 工作完成报警界面

（2）禁止开关的连续切换，以免过载继电器跳脱，甚至导致各电机损坏，电机过载故障后必须查明原因再按故障复位键（故障复位键看流程图），间隔 5 分钟以上才能再次开机。

（3）严禁违规操作。

第三节 冷链仓储管理实训系统介绍

一、基本设置

1. 登录

输入用户名和密码，登录系统。见图 7-17。

图 7-17 登录界面

登录后进入首页，首页主要展示了左侧菜单、快捷链接、能耗信息。见图 7-18。

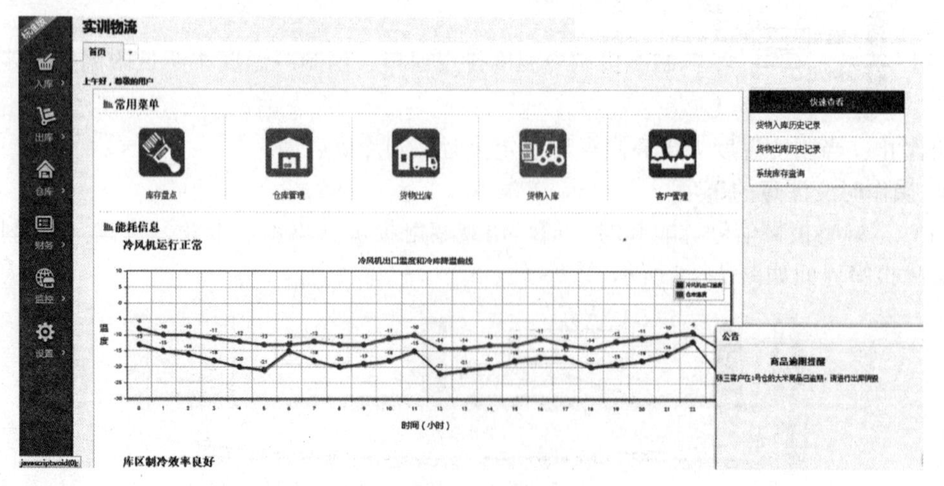

图 7-18 系统首页

2. 新增商品分类

在设置中点击进入。见图 7-19。

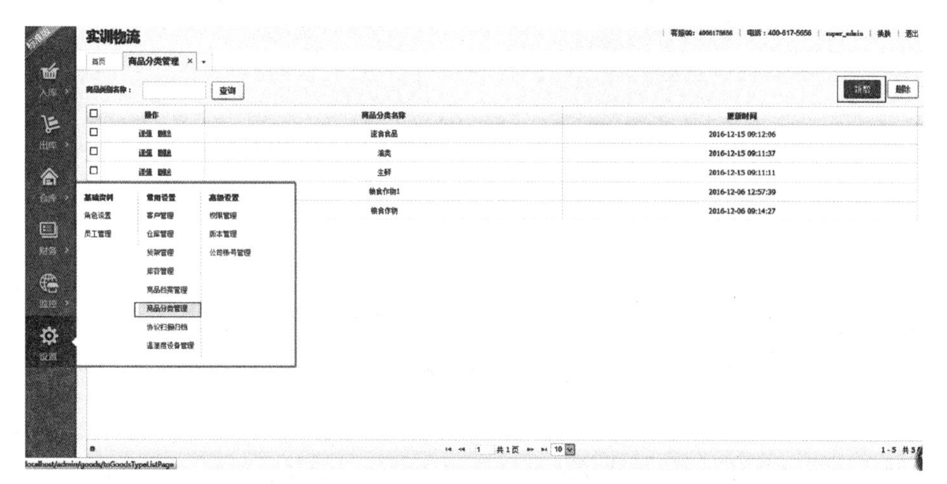

图 7-19　新增商品分类界面

点击【新增】，进行新增分类。见图 7-20。

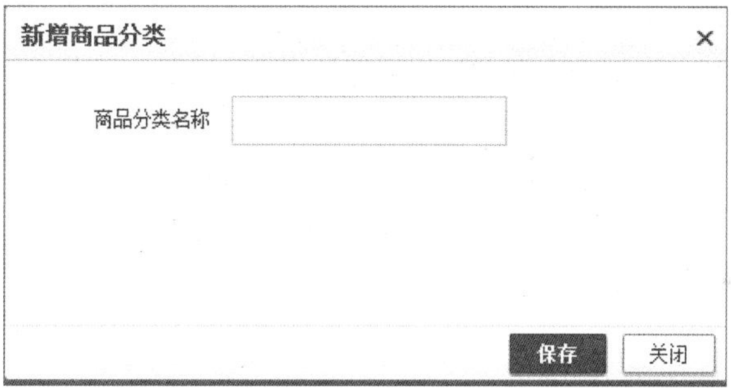

新增商品分类　×

商品分类名称

保存　关闭

图 7-20　输入新增商品分类名称

3. 新建商品档案

在设置中，点击进入。见图 7-21。

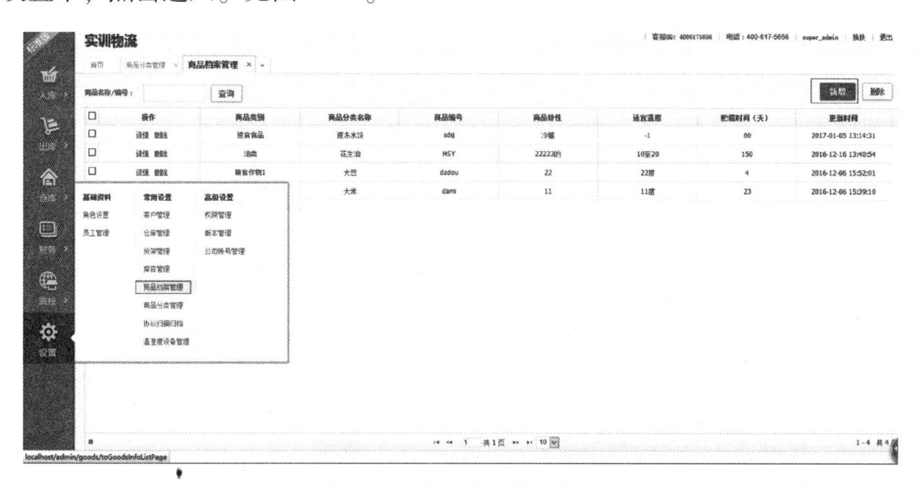

图 7-21　新建商品档案界面

点击【新增】，新建商品档案，选择商品分类，然后填写信息，保存。见图7-22。

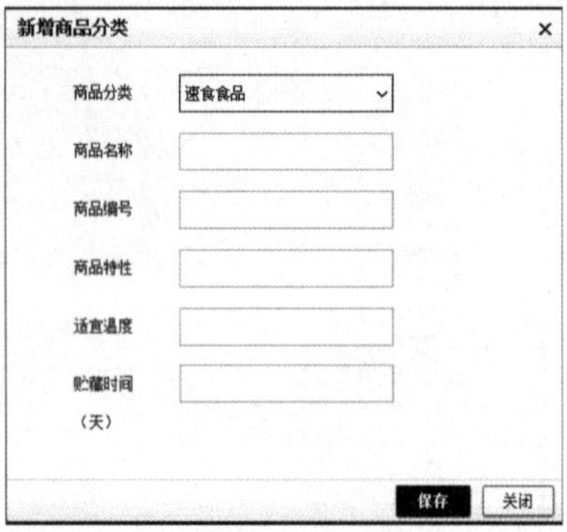

新增商品分类

商品分类 速食食品

商品名称

商品编号

商品特性

适宜温度

贮藏时间（天）

保存 关闭

图7-22　新建商品档案——商品分类

4. 建立仓库

在设置中点击【仓库管理】，进入仓库管理界面，可点击【新增】，建立仓库。见图7-23。

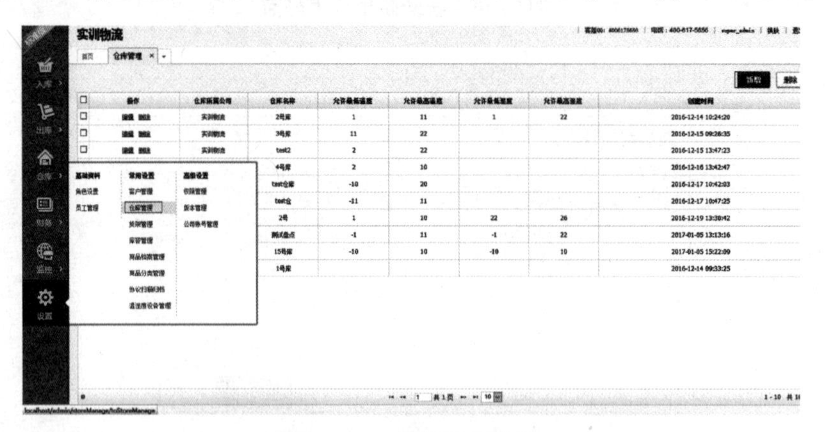

图7-23　仓库管理界面

在建立仓库中，填入对应信息，选择该仓库可存储的货品种类，也可选择对应的温、湿度设备进行监控（可选）。见图7-24。

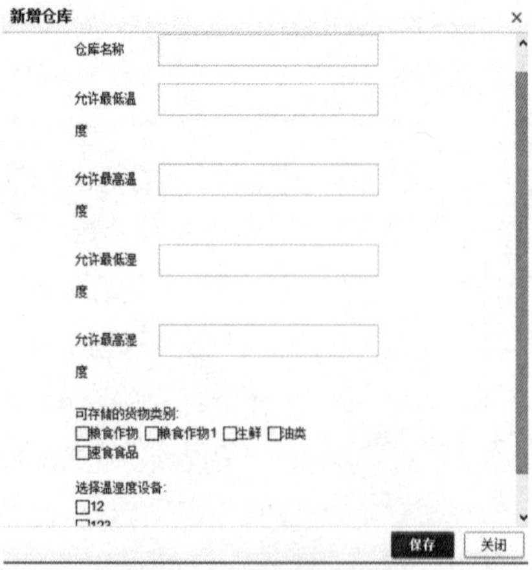

新增仓库

仓库名称

允许最低温度

允许最高温度

允许最低湿度

允许最高湿度

可存储的货物类别：
□粮食作物 □粮食作物1 □生鲜 □油类
□速食食品

选择温湿度设备：
□12

保存 关闭

图7-24　新增仓库界面

5．货架管理

在设置中点击进入。见图 7–25。

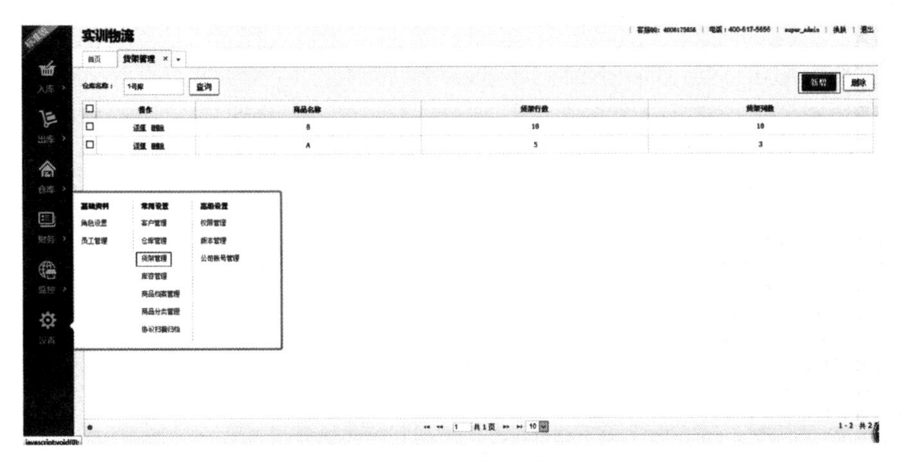

图 7–25　货架管理界面

选择对应的仓库，点击【新增】即可增加对应仓库的货架，填写信息保存即可。见图 7–26。

新增货架　×

货架名称

行数

列数

保存　关闭

图 7–26　新增货架界面

6．仓库与商品设置完毕

在设置中点击【库容管理】，即可看见刚刚设置好的仓库，绿色的百分比数字代表已使用的库容量。见图 7–27。

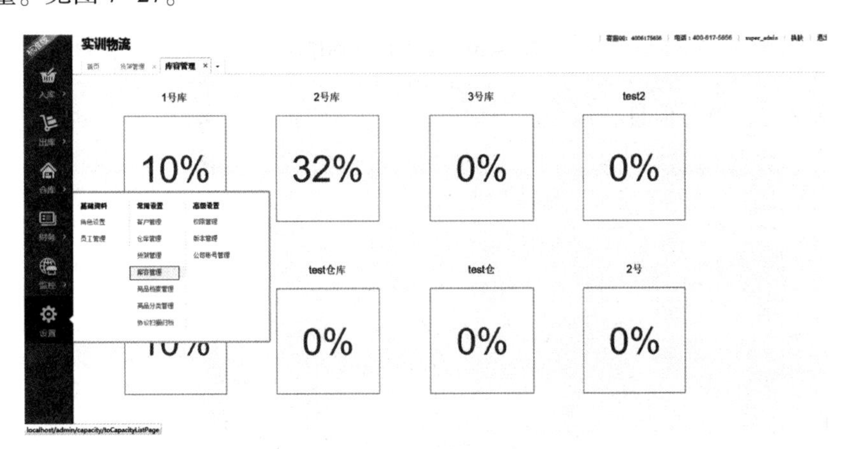

图 7–27　库容管理界面

点击【仓库】，可进入详情查看。见图 7-28。

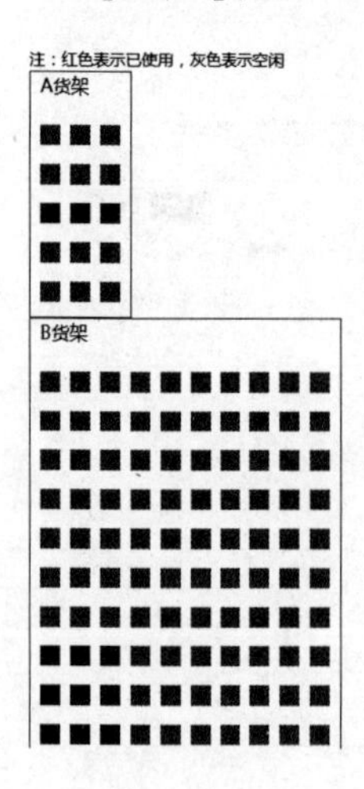

图 7-28 查看货架

7. 客户设置

在设置中进行客户设置，保存客户信息。见图 7-29、图 7-30。

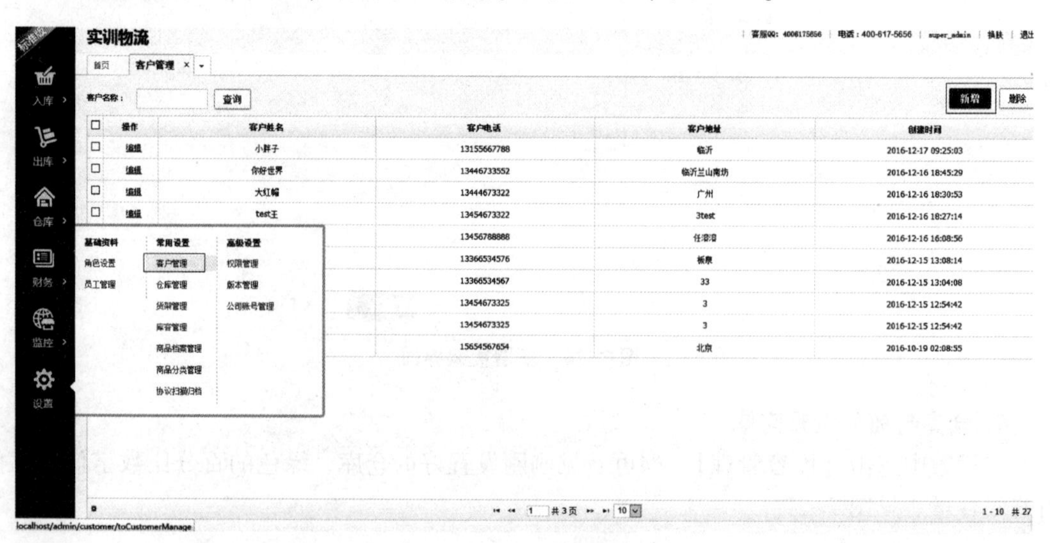

图 7-29 客户设置界面

点击【新增】，填写信息，保存。

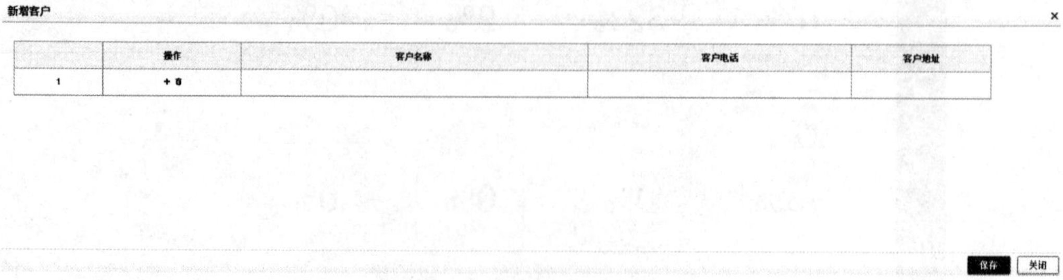

新增客户

	操作	客户名称	客户电话	客户地址
1	+ 🗑			

保存 关闭

图 7-30 填写、保存客户信息

8. 角色设置

在“基础资料”设置中，可进行角色设置。见图 7-31。

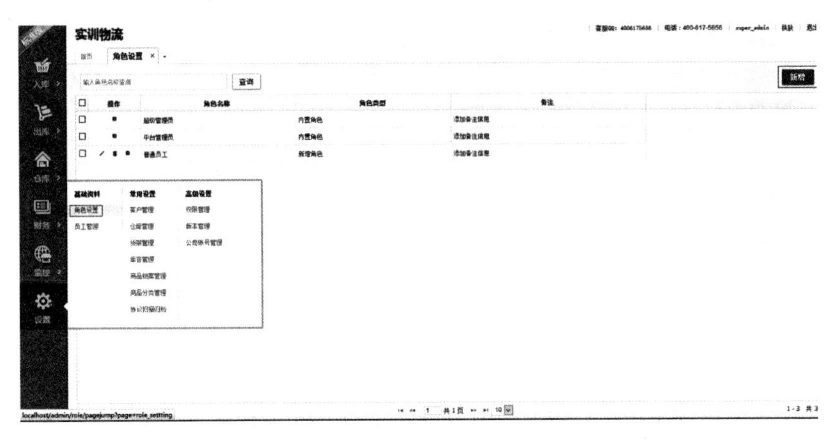

图 7-31　角色设置界面

点击【新增】，可新增角色，设置角色权限。见图 7-32。

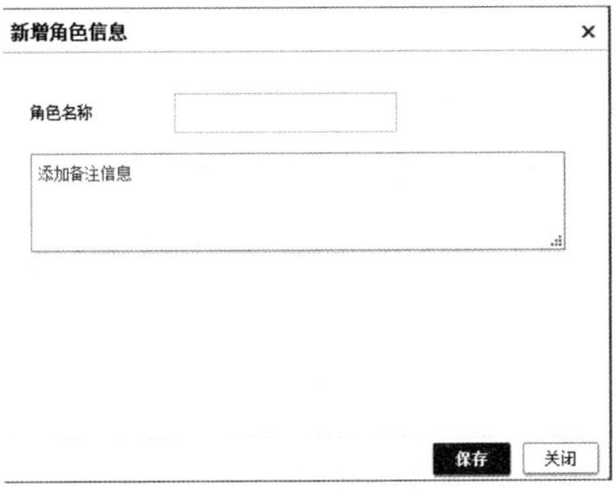

新增角色信息 ×

角色名称

添加备注信息

保存　关闭

图 7-32　填写新增角色信息

也可在列表中点击齿轮图标，进行权限设置，进行角色授权。见图 7-33。

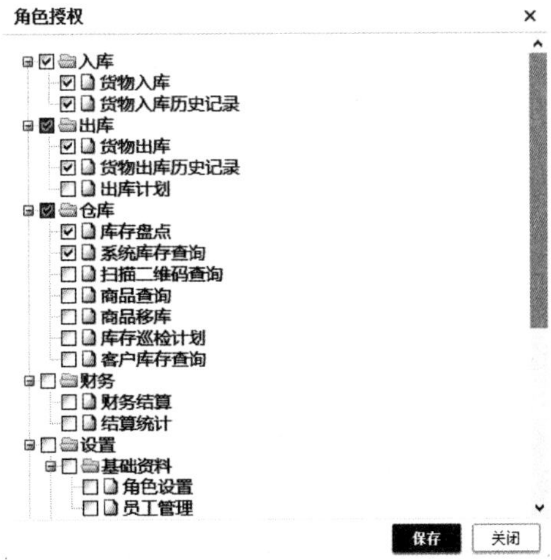

角色授权 ×

- 入库
  - 货物入库
  - 货物入库历史记录
- 出库
  - 货物出库
  - 货物出库历史记录
  - 出库计划
- 仓库
  - 库存盘点
  - 系统库存查询
  - 扫描二维码查询
  - 商品查询
  - 商品移库
  - 库存巡检计划
  - 客户库存查询
- 财务
  - 财务结算
  - 结算统计
- 设置
  - 基础资料
    - 角色设置
    - 员工管理

保存　关闭

图 7-33　角色授权设置

9. 新增员工

在“基础资料”设置中，可新增员工，分配角色。见图 7-34。

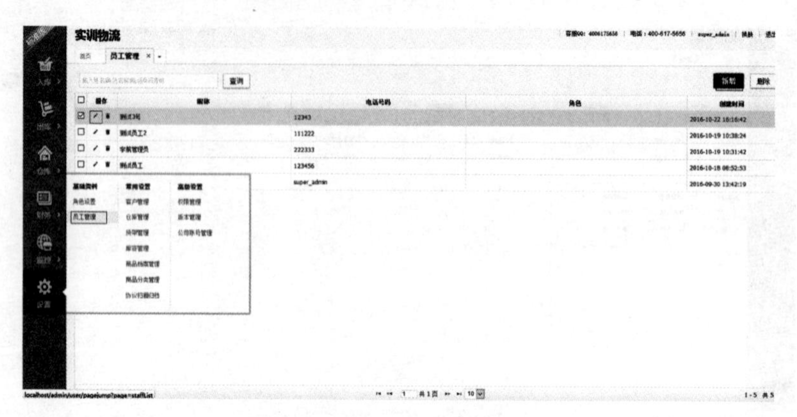

图 7-34　员工管理界面

点击【新增】，填写信息，指定角色，也可在列表中修改。见图 7-35。

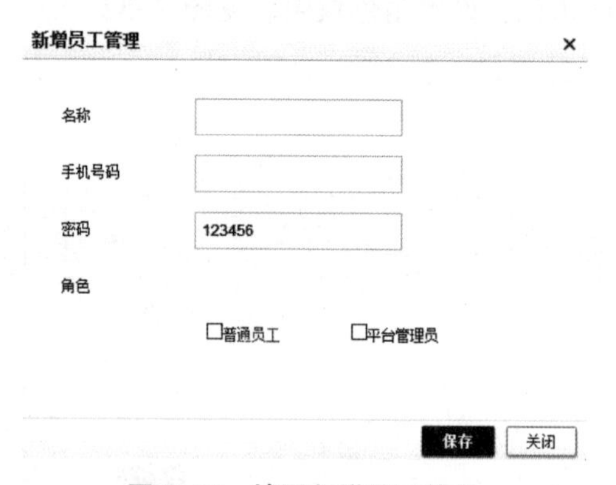

图 7-35　填写新增员工信息

10. 公司账号管理

只有超级管理员权限才可操作，可给学生新增公司机构，以便每个学生的学习系统相对独立。见图 7-36。

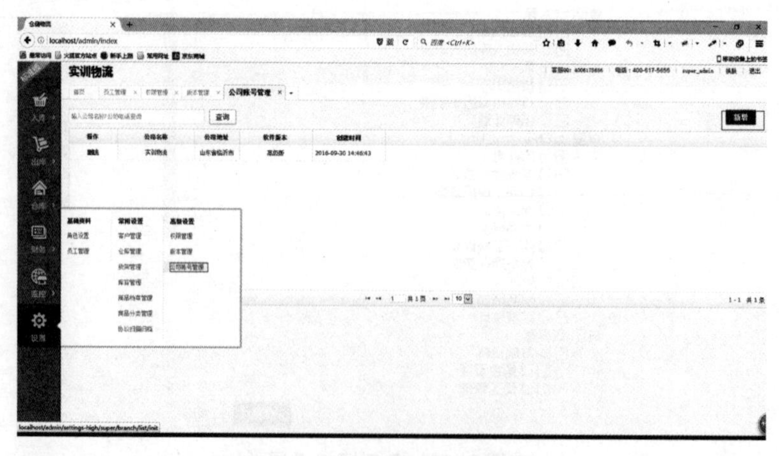

图 7-36　公司账号管理界面

点击【新增】，即可新增机构。见图 7-37。

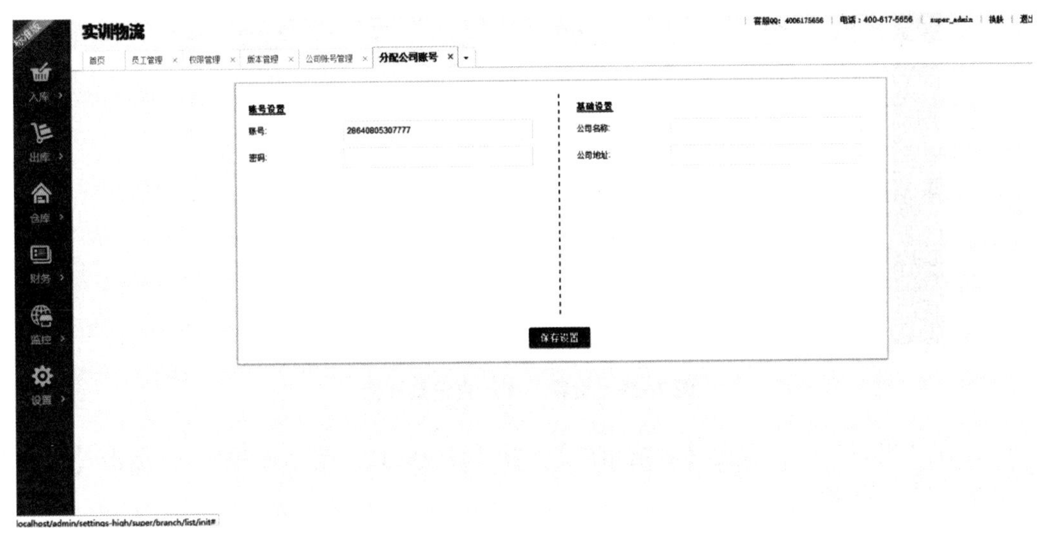

图 7-37　新增机构设置

二、进行出入库流程操作

(1) 在“入库”中，点击【货物入库】，选择客户，选择对应仓库，然后填写货物名称（有联想功能，输入商品档案的第一个字或者编号的第一位，即可查询，选中即可），选择库容，然后保存即可入库。若需打印二维码，可连接打印机打印。见图 7-38。

标准版　实训物流
货物入库
货物入库历史记录
入库保存　打印二维码
客户名称：　仓库：1号库　入库编号：YI201701071034130307　入库日期：

	操作	货物名称	货物编号	货物数量	选择库容位置	备注
1	+				请选择>>>	无
2	+				请选择>>>	无
3	+				请选择>>>	无
4	+				请选择>>>	无
5	+				请选择>>>	无
6	+				请选择>>>	无
7	+				请选择>>>	无
8	+				请选择>>>	无
	合计：			0	重置库容位置>>>	

localhost/admin/instore/toInStoreForm

图 7-38　货物入库界面

(2) 点击【入库历史记录】，可查看入库的历史记录，也可根据条件精确查询，点击【详情】也可查看详情，若此单未出过库，也可进行修改。见图 7-39。

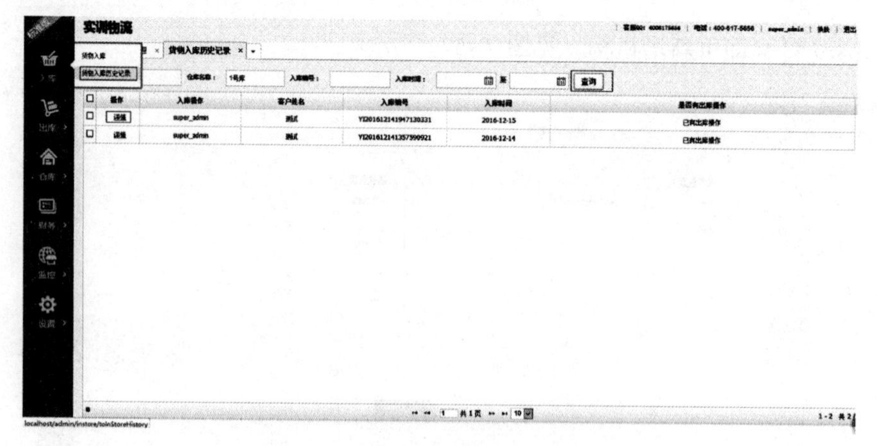

图 7-39　货物入库历史记录界面

（3）在“出库”中，点击【货物出库】，填写对应信息（与入库相似），点击【保存】，即可出库。见图 7-40。

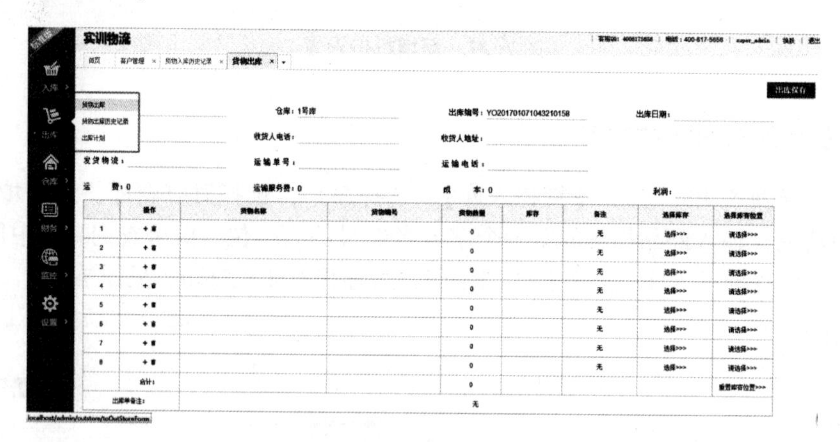

图 7-40　货物出库界面

（4）在“出库”中，点击【货物出库历史记录】，可查看出库历史记录，也可根据条件精确查询，也可点击【详情】查看详情，也可删除（删除后数据回滚），也可进行导出 Excel 表格操作。见图 7-41。

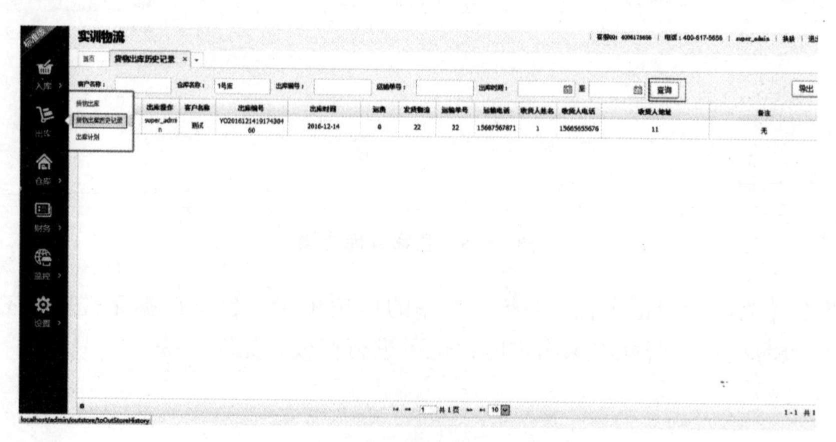

图 7-41　货物出库历史记录界面

（5）可设置出库计划，按计划出库。见图 7-42。

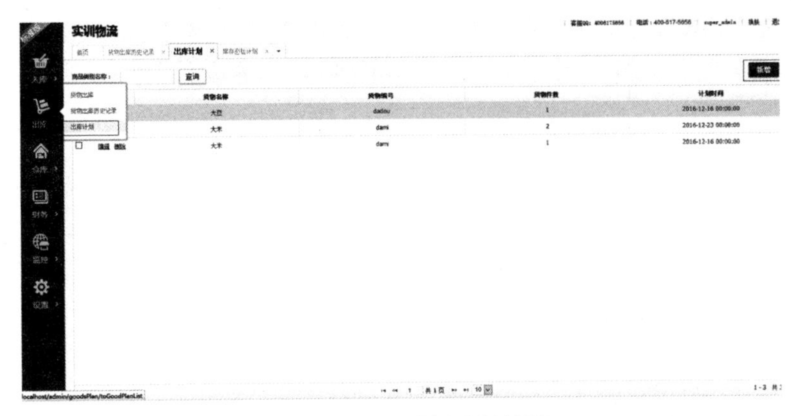

图 7-42　出库计划设置界面

点击【新增】，即可新增商品。见图 7-43。

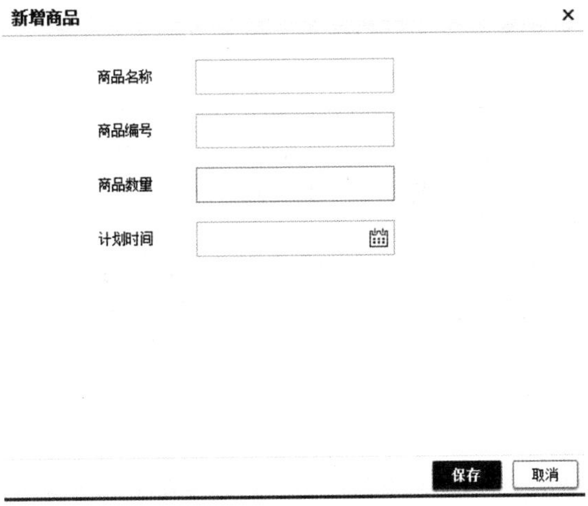

新增商品

商品名称

商品编号

商品数量

计划时间

保存　取消

图 7-43　新增商品设置界面

（6）商品出库完成，需在“财务”结算，方可完成一个流程，点击“财务”中的【结算】，进入结算界面，根据客户选择结算哪一单，点击【结算】。见图 7-44。

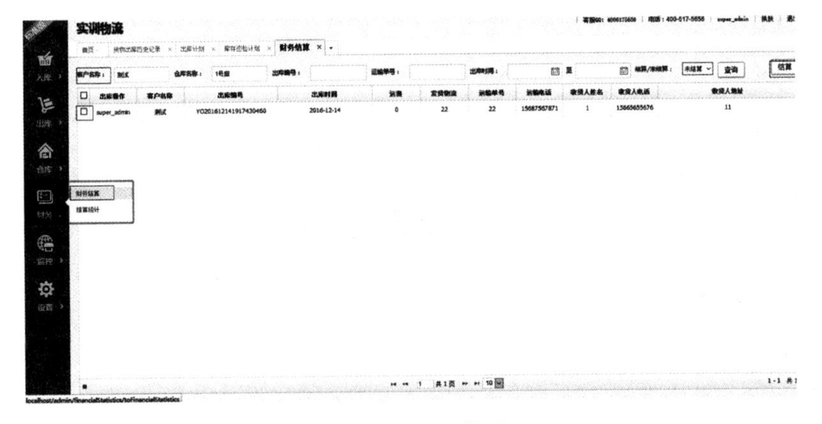

图 7-44　财务结算界面

点击【结算】后，填写对应信息，保存即可。见图 7-45。

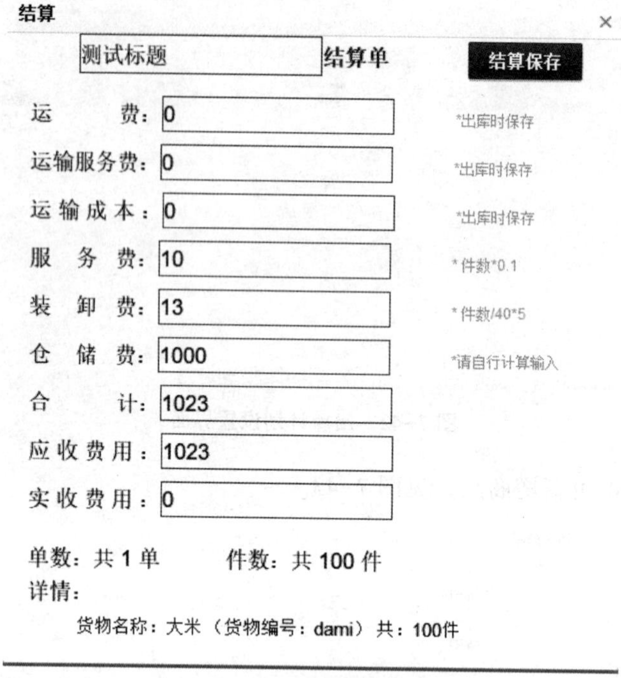

结算 ×

测试标题 结算单 结算保存

运　　费：0　　*出库时保存

运输服务费：0　　*出库时保存

运 输 成 本：0　　*出库时保存

服　务　费：10　　* 件数*0.1

装　卸　费：13　　* 件数/40*5

仓　储　费：1000　　*请自行计算输入

合　　计：1023

应 收 费 用：1023

实 收 费 用：0

单数：共 1 单　　件数：共 100 件

详情：

货物名称：大米（货物编号：dami）共：100件

图 7-45　填写结算信息

（7）结算单完成后，还需审核，在“财务”中，点击【结算统计】，可进行审核（管理员才有审核权限），导出对应报表。至此，一个完整的流程结束。见图 7-46。

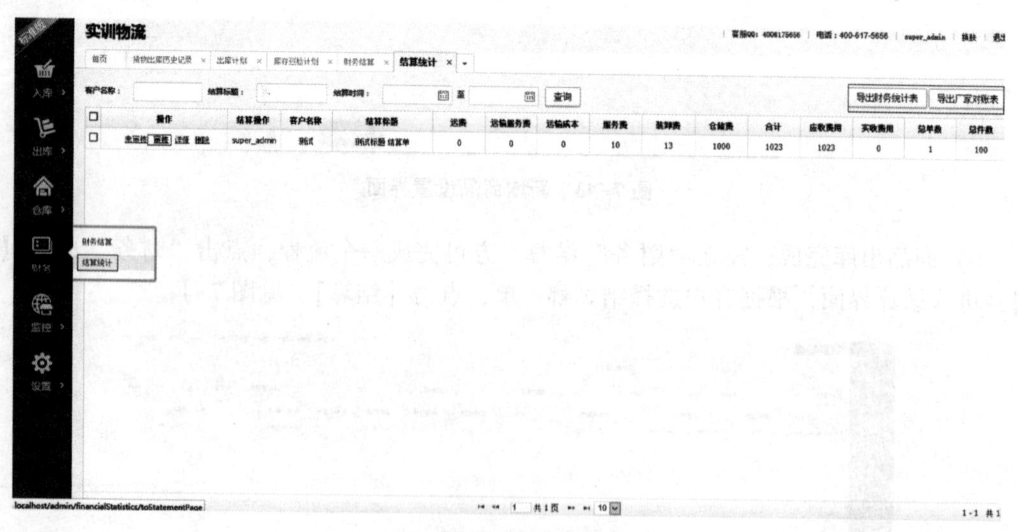

图 7-46　结算统计界面

三、仓库日常管理

(1) 在“仓库”中，点击【库存盘点】，可进行盘点的新增与查询。见图 7-47。

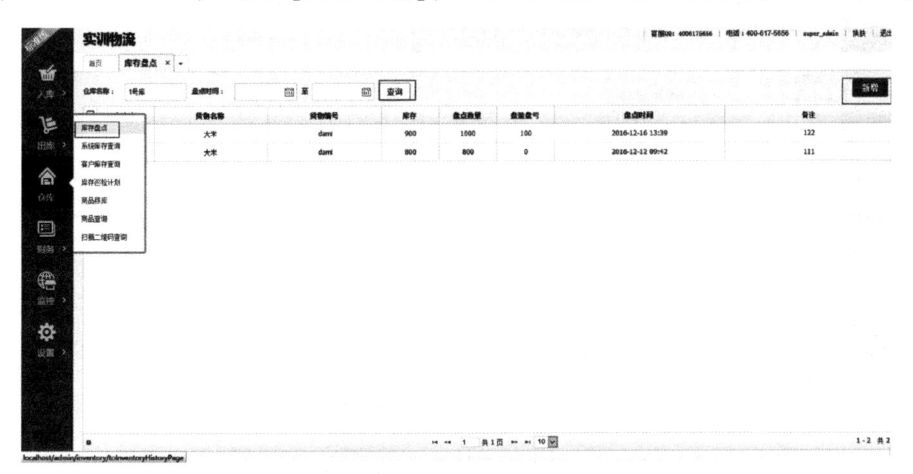

图 7-47　库存盘点界面

点击【新增】，进入新增盘点界面，进行盘点。见图 7-48。

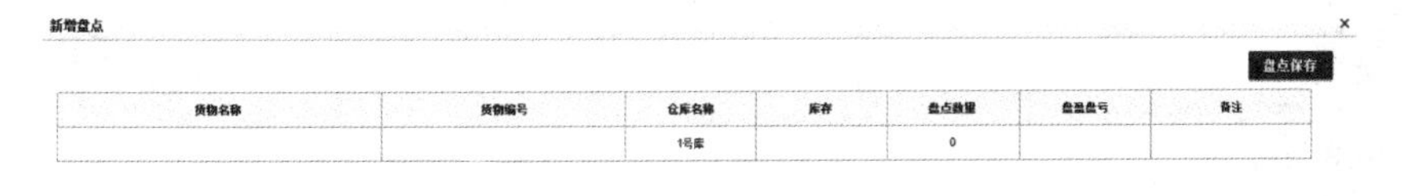

图 7-48　新增盘点界面

(2) 在“仓库”中，点击【系统库存查询】，可查询系统中的所有货物。见图 7-49。

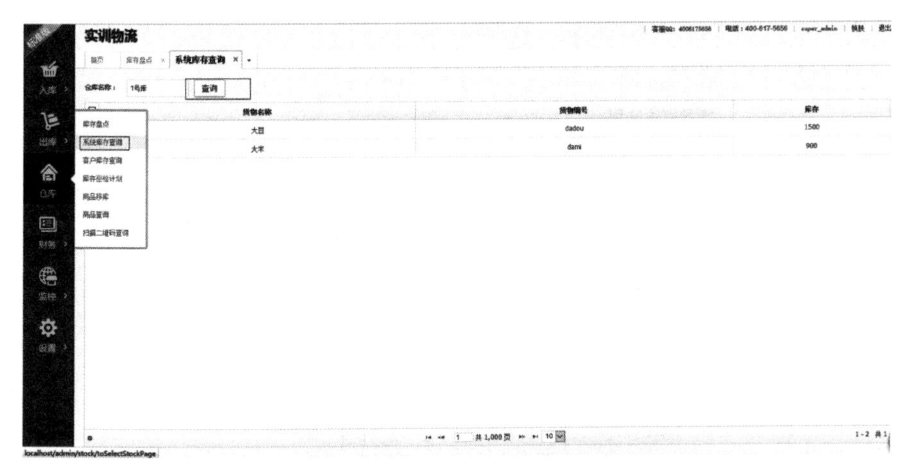

图 7-49　系统库存查询界面

（3）在“仓库”中，点击【客户系统查询】，可查询对应客户下的货物。见图 7–50。

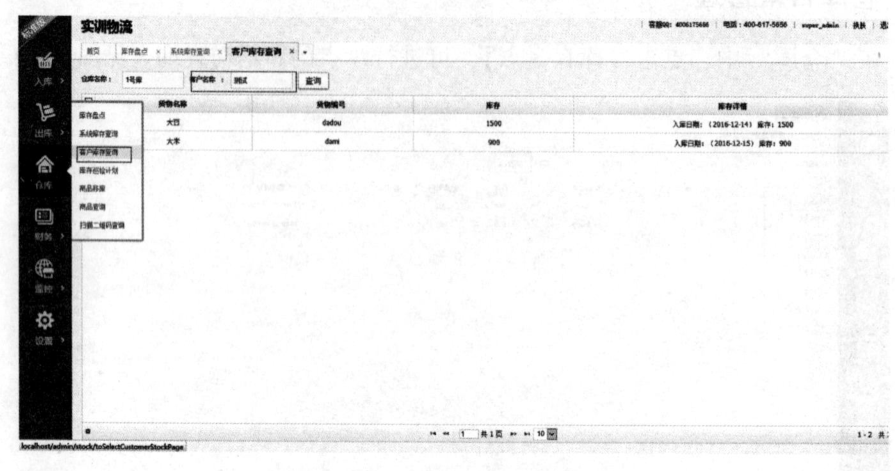

图 7–50　客户系统查询界面

（4）在“仓库”中，点击【库存巡检计划】，可进行巡检计划的新增与查询，也可标记已巡检和未巡检。见图 7–51。

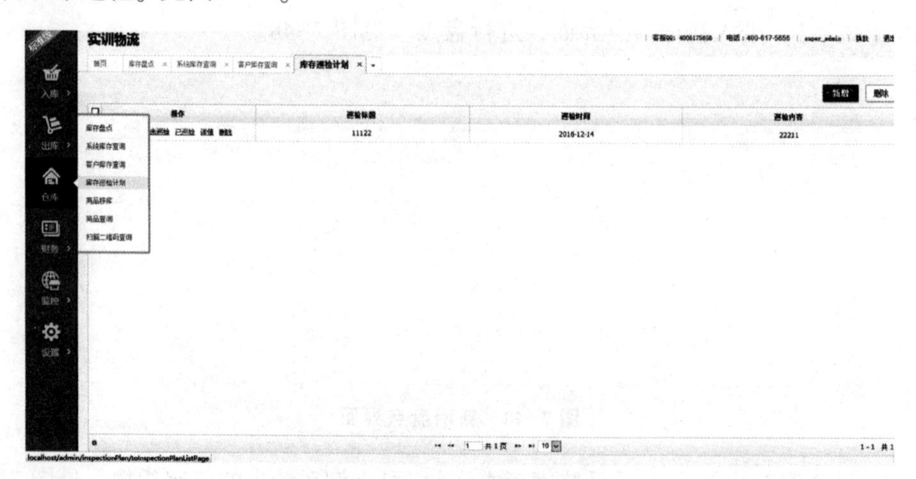

图 7–51　库存巡检计划界面

点击【新增】，填写信息，保存。见图 7–52。

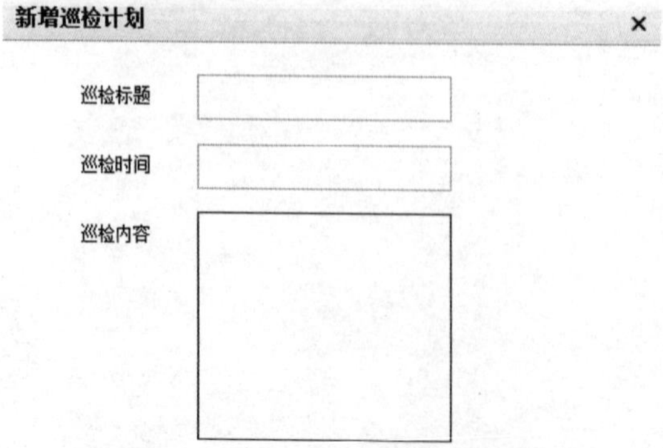

新增巡检计划 ×

巡检标题

巡检时间

巡检内容

图 7–52　填写新增巡检计划信息

（5）在“仓库”中，点击【商品移库】，可进行商品的库区转移，操作与出入库类似，只是需选择移出仓库的库容和移入仓库的库容。见图 7-53。

图 7-53　商品移库界面

（6）在“仓库”中，点击【商品查询】，即可查询对应商品的库存详情。见图 7-54。

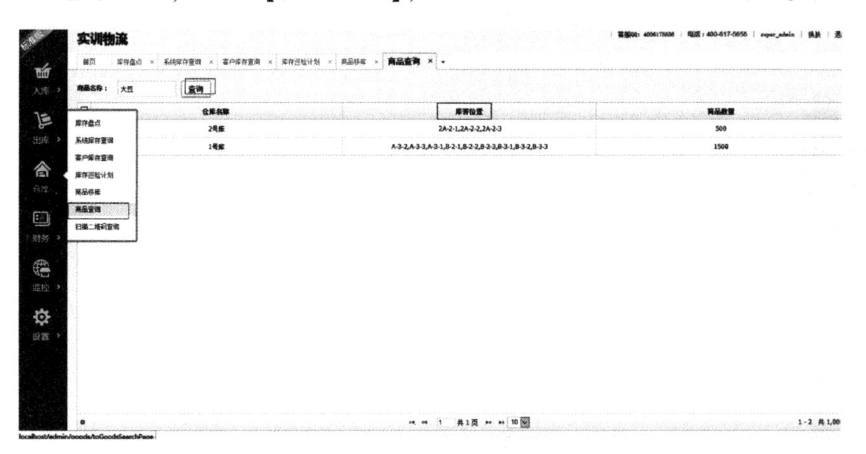

图 7-54　商品查询界面

（7）在“仓库”中，点击【扫描二维码】，即可进行商品的查询。见图 7-55。

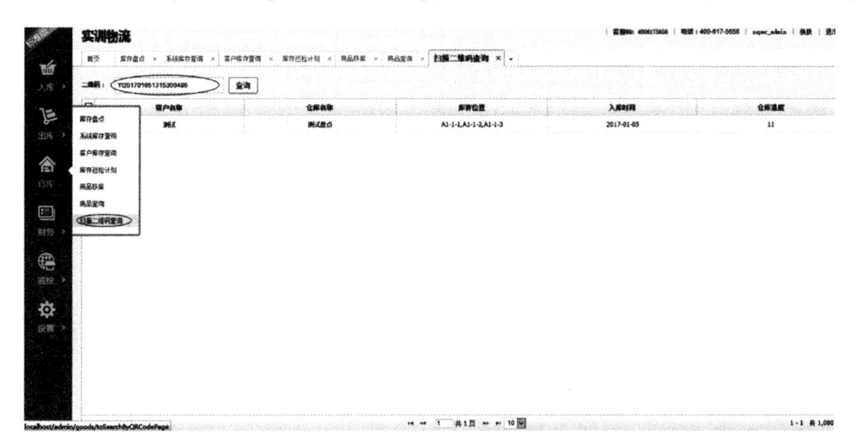

图 7-55　扫描二维码查询界面

（8）在“监控”中，点击【仓库环境图示】，即可查询对应仓库的温度曲线图。见图7-56。

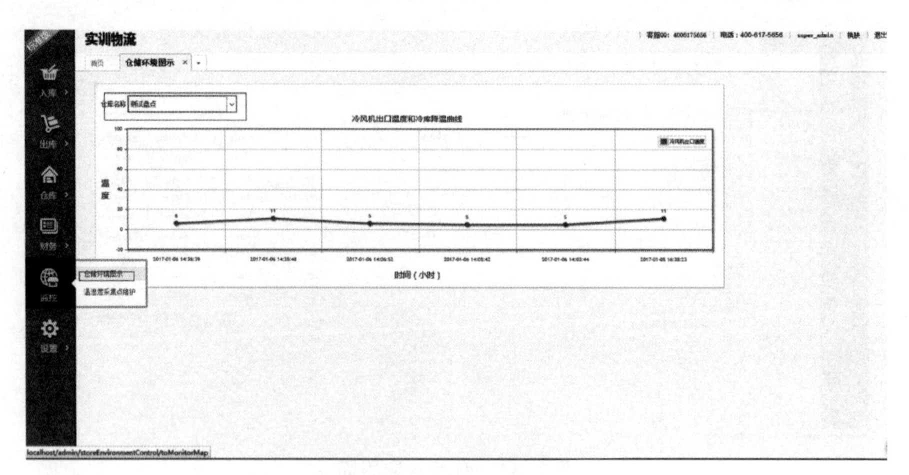

图7-56　仓库环境图示

（9）在“监控”中，点击【温湿度采集维护】，可查看仓库的温湿度信息，若异常，则变红。见图7-57。

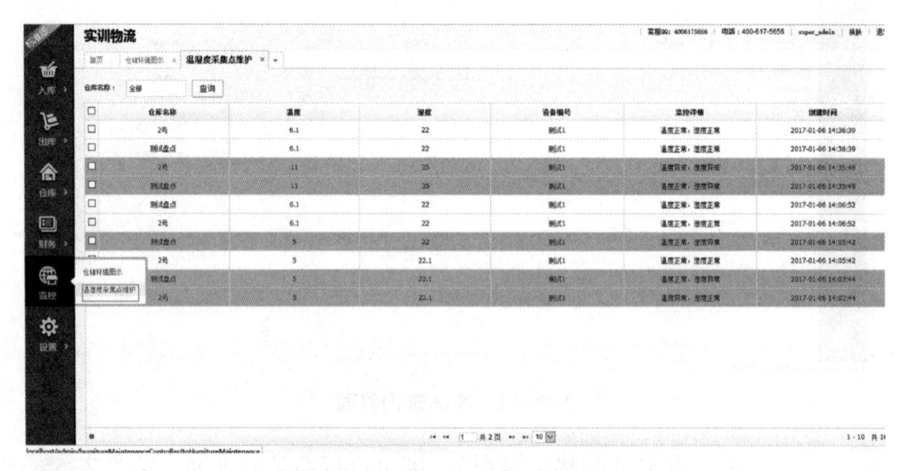

图7-57　温湿度采集维护界面

课后练习

一、选择题

1. 下列关于通风库的说法正确的是（　　）。

   A. 通风库是利用空气对流的原理，引入外界的冷空气而达到调节贮藏环境的温度、湿度和气体组成，以提高产品贮藏效果的贮藏方法

   B. 通风库宜建在交通方便、接近作物产地或供销地的地方，要求地势高，地质条件良好，并有足够的场地来设置晒场等附属建筑物

   C. 通风库有地上式、半地下式和地下式3种

   D. 通风库具有良好的隔热保温性能

2. (　　) 的定义为：在具有良好隔热性能的库房中借助于机械冷凝系统的作用，将库内的热量传递到库外，使库内的温度降低并保持在有利于水果和蔬菜长期贮藏的范围内的农产品保鲜贮藏方法。

A. 沟藏　　B. 窖藏　　C. 低温贮藏　　D. 堆藏

3. 真空预冷机空气管路上的阀有 (　　)。

A. 真空阀　　B. 充气阀　　C. 供水阀　　D. 渗气阀

4. 根据各种无生命的质量安全的农产品的特点，(　　) 是无生命的质量安全的农产品贮藏的基本原理。

A. 采用适宜的措施　　B. 使食品和环境隔离

C. 降低微生物活动能力　　D. 降低温度

5. 作为短期贮藏的净菜产品，一般冷库内的温度应控制在 (　　)。

A. 2~4℃　　B. 5~7℃

C. 0℃　　D. 2~5℃

二、思考题

1. 使用冷库进行低温贮藏时应注意的事项有哪些？
2. 贮藏条件对农产品质量安全有哪些影响？
3. 有生命的质量安全的农产品贮藏的基本原理是什么？
4. 通风库的建设有何要求？
5. 真空预冷的基本原理是什么？

案例分析

2017 年 6 月 30 日，在全国食品安全宣传周农业部主题日活动中，农业部向社会公布了九个农产品质量安全执法监管典型案例，供各地农业部门学习借鉴，以推动加大农产品质量安全执法监管力度，切实保障人民群众“舌尖上的安全”。

新疆维吾尔自治区特克斯县农业局查处毛某生产、销售含有限用农药芹菜案

2016 年，新疆维吾尔自治区农业厅在农产品质量安全例行监测中，发现特克斯县一蔬菜生产基地的芹菜样品含有限用农药甲基异柳磷。案发后，特克斯县农业局追回未销售芹菜并销毁，将案件移送公安机关查处。2016 年 12 月，基地负责人毛某以生产、销售有毒、有害食品罪被判处有期徒刑三个月。

甘肃省金昌市金川区农牧局查处李某等四人生产含有限用农药洋葱案

2015 年，甘肃省金昌市金川区农牧局在对全区洋葱种植区域进行日常巡查时发现，李某等四人在洋葱地冲释国家限用农药甲拌磷，洋葱、土壤等现场提取的样品均被检出甲拌磷成分。随后案件移交公安机关处理。2016 年 4 月，李某等四人以生产有毒、有害食品罪被判处六个月至一年不等的有期徒刑，缓刑一年并处罚金。

江西省高安市畜牧水产局查处艾某违法使用“瘦肉精”饲养肉牛案

2017 年 1 月，江西省高安市畜牧水产局对该市某肉类食品有限公司屠宰车间进行日常执法检查时，通过快速检测发现待宰栏中的一头肉牛尿液盐酸克伦特罗呈阳性。根据有关规定，高安市畜牧水产局将案件移送公安机关查处。经查，该牛为艾某饲养，喂养饲料中掺入“瘦肉精”。2017 年 5 月，艾某以生产、销售有毒、有害食品罪被判处有期徒刑六个月，并处罚金 6 000 元。

四川省梓潼县动物卫生监督机构查处康某屠宰、加工、贮藏病变猪（肉）案

2016年7月，四川省梓潼县农业执法人员在监督检查中发现，康某居住的院子中的冻库内存放有病变症状的猪肉和猪头约250 kg，执法人员随即对这批猪肉和猪头进行查封并移送公安机关进行查处。2016年8月，动物卫生监督机构对康某处以9 961元罚款，公安机关对康某行政拘留五日。

山东省利津县畜牧局查处王某违法使用“瘦肉精”饲养肉牛案

2015年1月，山东省利津县畜牧局汀罗防控所接到王某电话报检，执法人员在其养殖场内对33头肉牛进行现场检疫和违禁物质的抽样检测，发现盐酸克伦特罗呈阳性。利津县畜牧局随即对牛场进行查封，并依法将案件移送公安机关查处。2017年2月，王某以生产、销售有毒、有害食品罪被判处有期徒刑一年六个月，并处罚金2万元。

重庆市农委查处魏某向待宰牛注水案

2014年5月，重庆市农委与重庆市公安局联合开展专项执法检查时发现，魏某及其工人在租赁的屠宰场地向待宰的牛注水。经检测，17个样品水分含量全部超标。2016年，重庆市农委依据相关规定，对魏某作出没收涉案物品，并处170万元罚款的处罚决定。魏某不服行政处罚决定，先后申请了行政复议和行政诉讼，北碚区人民法院一审判决维持了行政处罚决定。随后，魏某提出上诉，2017年5月，重庆市第一中级人民法院终审维持了重庆市农委对魏某作出的行政处罚决定。

广东省广州市从化区渔政局查处某鱼苗场生产、销售含有违禁药物鱼苗案

2016年5月，从化渔政大队执法人员根据广州市农产品质量安全监督所的检验检测报告，对辖区某鱼苗场进行监督抽查，经检验，该场的胡子鲶鱼苗检出硝基呋喃类代谢物。根据相关司法解释，案件被移交公安机关处理。2017年3月，渔场负责人梁某以生产、销售有毒、有害食品罪，被判处有期徒刑六个月，缓刑一年，并处罚金2 000元。

福建省东山县海洋与渔业局查处欧某等生产、销售含有违禁物质水产品案

2015年11月，福建省东山县海洋与渔业执法大队执法人员联合县公安部门对辖区某养殖场进行现场检查，发现养殖场疑似使用禁用渔药。经检测，送检的石斑鱼、虎斑鱼和养殖场水样品检出呋喃西林、孔雀石绿。东山县海洋与渔业执法大队将该案件移送东山县公安局，并对涉案的石斑鱼进行无害化处理。2016年8月，欧某等二人以生产、销售有毒、有害食品罪被分别判处有期徒刑十个月和六个月，并分别处罚金4万元和2万元。

浙江省台州市黄岩区农业局查处林某等人生产、销售含有违禁药物牛蛙案

2015年4月，浙江省台州市黄岩区农业局对辖区内牛蛙养殖户进行上市前监督抽样，在3户农户的牛蛙样品中检出氯霉素药品成分。随后，农业执法人员和公安民警组织联合查处，对涉案的三家养殖场共计10.7 t未上市牛蛙进行了集中填埋、监督销毁。2015年11月，林某等三人以生产、销售有毒、有害食品罪分别被判处六至八个月的有期徒刑，并分别处罚金4万~6万元。

案例思考：

1. 农业部为什么要公布这些涉及农产品质量安全方面的典型案例？
2. 信息管理在农产品质量安全管理中有何作用？

第8章

农产品质量安全追溯

第一节　农产品质量安全追溯概述

加快推进农产品质量安全追溯体系建设，是落实党中央、国务院重要部署，创新农产品质量安全监管方式，确保食品安全的重要举措，对进一步提高我国农产品质量安全监管能力，保障人民身体健康和生命安全具有十分重要的意义。

一、农产品质量安全追溯的含义

农产品质量安全追溯是指农产品出现危害人类健康的安全性问题时，可按照农产品原料生产、加工上市至成品最终消费过程中各个环节所必须记录的信息，追踪产品流向，召回问题食品，切断源头，消除危害的过程。农产品质量安全可追溯性为消费者提供了透明的产品信息，使消费者有权知情并作出选择。

二、农产品质量安全追溯产生的背景

“追溯”最早被应用于汽车制造业，农产品质量安全管理实行追溯是从20世纪80年代“疯牛病”事件后逐渐发展起来的，最早由法国等部分欧盟国家提出。2000年7月欧洲议会、欧盟理事会共同推出（EC）No 1760/2000法令《关于建立牛科动物检验和登记系统、牛肉及牛肉制品标签问题》，第一次从法律的角度提出牛肉产品可追溯性要求，旨在作为食品安全管理的措施，帮助识别食品的身份、流通环节和来源，按照从原料生产至成品最终消费过程中各个环节所必须记载的信息，确认和跟踪食品生产链相关产品的来源和去向，在发生食品质量问题时，可以查找问题原因，迅速召回问题产品。

2001年7月上海市颁发了《上海市食用农产品安全监管暂行办法》，提出在流通环节建立市场档案的可追溯体制，正式将可追溯制度应用于我国农产品质量安全领域。

《国务院办公厅关于加快推进重要产品追溯体系建设的意见》是为了加快应用现代信息技术建设重要产品追溯体系而发布的文件，自2015年12月30日起实行。

三、农产品质量安全追溯实现途径

实现农产品质量安全可追溯性有两条途径：一是按食品链从前往后进行追踪(Tracking)，即从农场（生产基地）、批发商、运输商（加工商）到销售商。这种方法主要用于查找质量安全问题的原因，确定产品的原产地和特征；另一种是按食品链从后往前进行追溯（Tracing），也就是消费者在销售点购买的农产品发现了质量安全问题，可以向前进行追溯，最终确定问题所在。这种方法主要用于问题农产品召回和责任的追溯。

四、农产品质量安全追溯相关制度建设

（一）相关法规

2006年6月，农业部发布《畜禽标识和养殖档案管理办法》（农业部令第67号），为"国家实施畜禽标识及养殖档案信息化管理，实现畜禽及畜禽产品可追溯"提供技术支撑。

2012年3月，农业部发布《关于进一步加强农产品质量安全监管工作的意见》（农质发〔2012〕3号），提出"加快制定农产品质量安全可追溯相关规范，统一农产品产地质量安全合格证明和追溯模式，探索开展农产品质量安全产地追溯管理试点"。

2014年1月，农业部发布《关于加强农产品质量安全全程监管的意见》（农质发〔2014〕1号），提出"加快建立覆盖各层级的农产品质量追溯公共信息平台，制定和完善质量追溯管理制度规范，以点带面，逐步实现农产品生产、收购、贮藏、运输全环节可追溯"。

2014年11月，农业部发布《关于加强食用农产品质量安全监督管理工作的意见》（农质发〔2014〕14号），提出"农业部门要按照职责分工，加快建立食用农产品质量安全追溯体系，逐步实现食用农产品生产、收购、销售、消费全链条可追溯"。

2011年10月，商务部发布《关于"十二五"期间加快肉类蔬菜流通追溯体系建设的指导意见》（商务部发〔2011〕376号），要求"加快建设完善的肉类蔬菜流通追溯体系"。

各地根据工作实践也出台了一些地方性法规，如上海市2001年发布《上海市食用农产品安全监管暂行办法》（2004年修订），要求"生产基地在生产活动中，应当建立质量记录规程，保证产品的可追溯性"；甘肃省2014年1月发布《甘肃省农产品质量安全追溯管理办法（试行）》等。

（二）相关技术标准

2007年9月，农业部发布《农产品产地编码规则》和《农产品追溯编码导则》。

2009年4月，农业部发布《农产品质量安全追溯操作规程通则》（NY/T 1761—2009）以及水果、茶叶、畜肉、谷物四大类产品操作规程，2011年9月又补充发布了蔬菜等产品的操作规程。

2004年6月，国家质检总局发布《出境水产品追溯规程（试行）》《出境养殖水产品检验检疫和监管要求（试行）》，以应对欧盟从2005年开始实施的水产品贸易可追溯制度。

2009年9月，国家质量监督检验检疫总局、国家标准化管理委员会发布《饲料和食品链的可追溯性体系设计与实施的通用原则和基本要求》（GB/T 22005—2009/ISO 22005：2007）。

2004年6月，中国物品编码中心发布《牛肉产品跟踪与追溯指南》《水果、蔬菜跟踪与追溯指南》等。

第二节　农产品质量安全监管与追溯信息系统

一、系统简介

农产品质量安全监管与追溯信息系统主要以二维条码为载体（如图 8-1 所示），对农产品质量安全进行全程追溯。

图 8-1　农产品追溯系统的二维码

该系统主要由运行软硬件环境和应用软件组成，其中应用软件包括检测数据采集助手、追溯终端管理软件、农产品质量安全监管软件、标准化生产管理软件、追溯查询与审批、门户网站和手机 APP 等。见图 8-2。

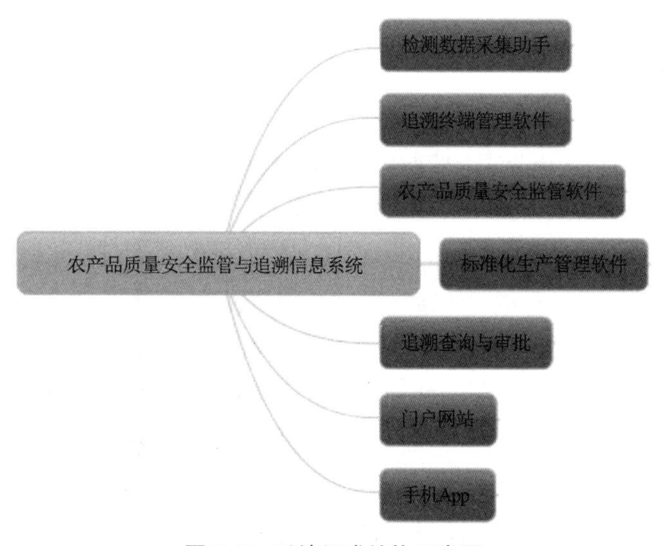

图 8-2　系统组成结构示意图

二、系统的业务逻辑架构图

见图 8-3。

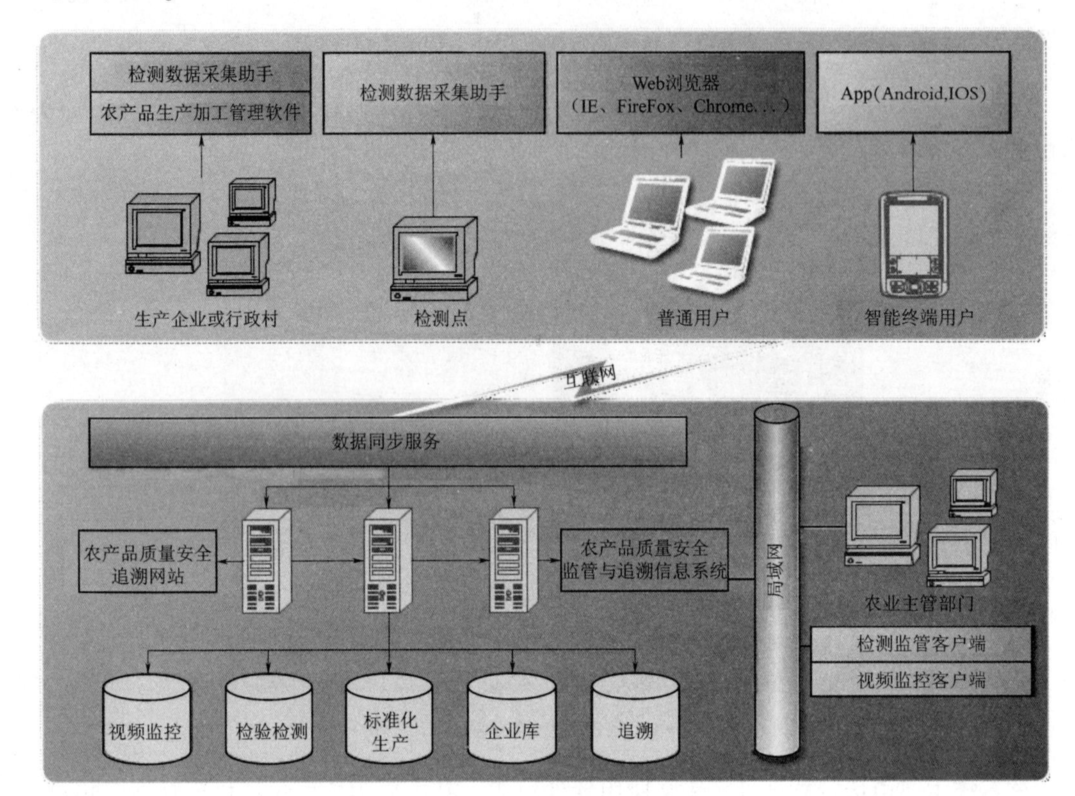

图 8-3 系统的业务逻辑架构图

三、系统功能介绍

（一）企业信息

主要包括企业名称、所在辖区、邮政编码、法人代表、联系人、联系方式、通信地址、企业产品商标、认证标识以及企业法人营业执照、产品认证标识和产品检测报告等电子版信息。

（二）生产基地资料

生产基地包括种植业、畜禽养殖业和水产养殖业基地。种植业生产基地信息应涵盖地形、地貌、土壤状况（成土母质、土壤类型、环境背景值）、经纬度、水文（地面水系、地下水资源）、气象（年均气温、无霜期）、主要病虫害等资料；畜禽养殖业基地包括场房建筑结构和面积、经纬度、饲养方式、畜禽用水来源等资料；水产养殖业基地包括水面积、水深、经纬度、养殖方式、水库（湖、塘）淤泥深度等资料，以及产地环境监测与评估报告。

（三）种子种苗

种子是指种植业所需的粮食、油料、棉花、蔬菜、水果、经济作物、中药材等种子，包括品种（果树为嫁接品种）、名称、商标、是否转基因、产地等信息；种苗是指畜禽养殖业和水产养殖业所需的畜禽苗和水产苗，包括名称、品种、免疫情况、日龄、重量、供苗单位等信息。

（四）生产投入品

生产投入品是指在农产品生产过程中使用或添加的物质，包括肥料、农药、兽药、饲料及饲料添加剂等农用生产资料产品和农膜、农机、农业工程设施设备等农用工程物资产品。

（五）种（养）植（殖）过程管理

1. 种植业生产过程管理

种植业生产应有针对性地加强生产过程中各阶段的组织管理工作。每种作物都要有耕地、播种、施肥、田间管理和收获等记录。

2. 畜牧业的生产过程管理

畜牧业生产具有明显的周期性，而且不同种类牲畜的生产周期不同，如鸡半年、猪一年、羊两年、牛三年、马四年等。畜禽饲养防疫须严格执行《绿色食品　畜禽卫生防疫准则》（NY/T 473—2016）。

3. 渔业生产管理

渔业生产一般包括种苗繁殖、成鱼饲养管理和成鱼捕捞等过程的组织管理，尤其要注重成鱼的饲养管理，严格按照《绿色食品　渔业饲料及饲料添加剂使用准则》（NY/T2112—2011）执行。

4. 收、储、运信息

主要包括产品名称、商标、生产企业、认证标识及标识编号、规格型号、包装情况、生产（收获）日期、产品批号、联系人、联系电话、车牌号、外运方式（有氧、冷链、常规）、外运量、产品流向、流向路径、出发时间、到达时间、途中发生意外情况等信息。

第三节　冷链温度 GPS 追溯子系统

冷藏品在运输、装卸和储存保管过程中需要特别防护，货主普遍关心车厢内的温度，以保障货物的品质，降低经营风险。因此，及时地把车厢内温度传给车主、司机和货主非常必要。同时冷链运输属于物流运输的细分行业，由于该行业的特殊性，对运输过程的控制、订单流程化的管理要求更高、更严格。

针对冷藏运输行业特点，GPS 车辆监控系统主要对置于车内的温度传感器（如图 8-4 所示）、检测车门开起状态的电子开关等传感器进行监测，从而保证产品安全，特别是在温度异常时，系统将及时发出报警信息。

图 8-4　冷藏车内的温度传感器

一、系统的功能与特点

（一）温度实时监控

通过登录 GPS 监控平台，得到冷藏车内准确的温度信息。所有温度信息在 GPS 软件上直接显示，还可以生成温度曲线和数据列表显示。如图 8-5 所示，系统左下角直观显示车厢内的温度。

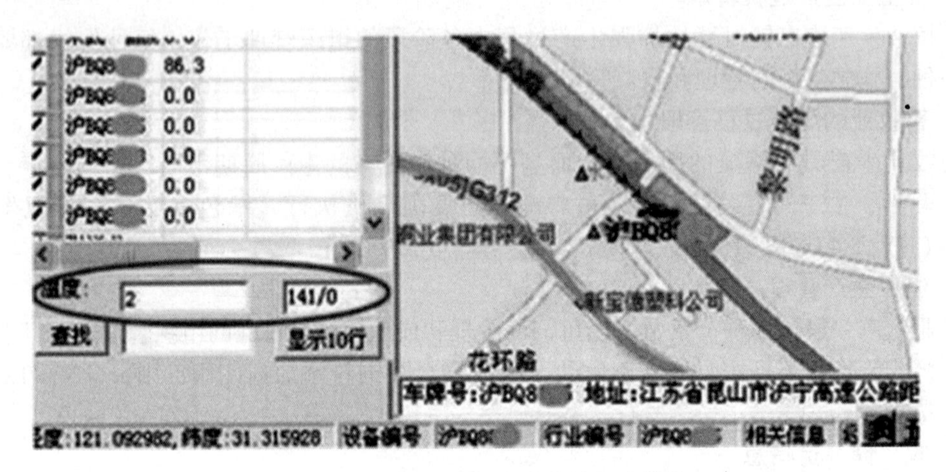

图 8-5　GPS 软件上显示的车厢内温度等信息

历史记录可以以温度曲线显示（如图 8-6 所示），也可以以温度数据列表显示（如图 8-7 所示）。

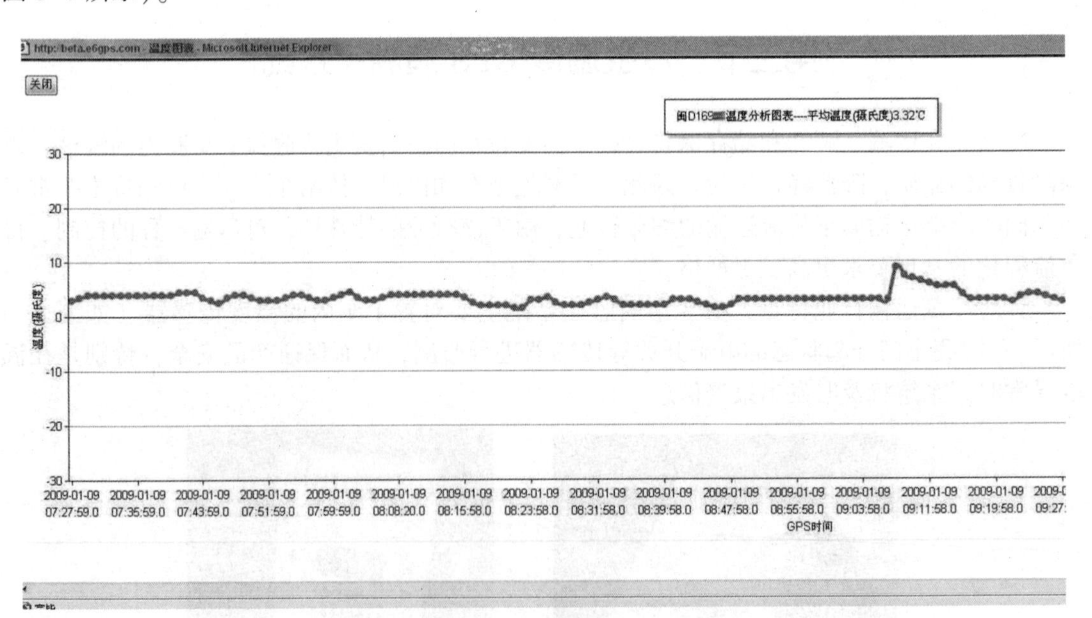

图 8-6　GPS 软件上显示的温度曲线

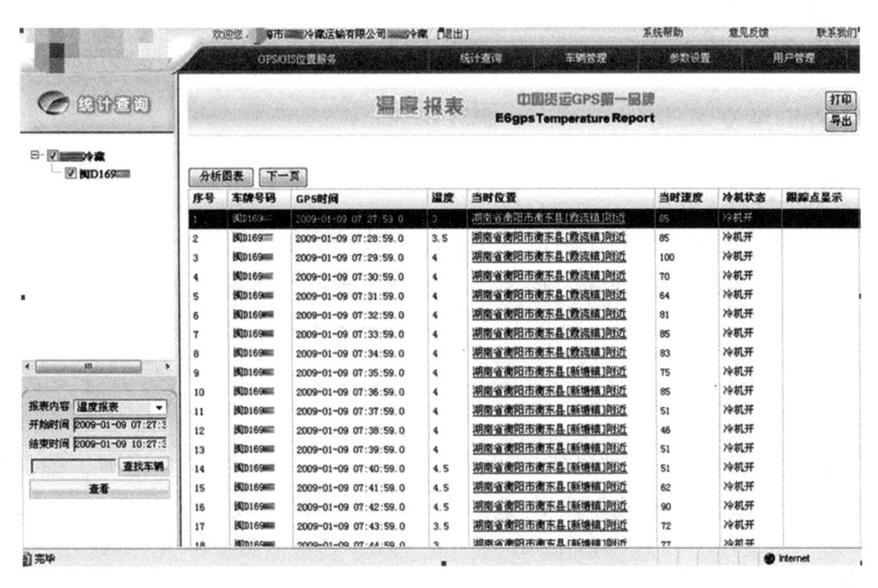

图 8-7　GPS 软件上显示的温度数据列表

该系统真正实现了冷藏品物流配送的全程“冷链”，保证了产品质量，维护了消费者利益，维护了品牌声誉。

（二）实时监控、定位跟踪

监控中心 24 小时实时监控所有被控车辆的具体位置、行驶方向、行驶速度、停车记录等信息，最直接地以地图显示和文字描述车辆所在位置，软件所见车辆位置与实际同步（如图 8-8 所示），能及时看到车辆实时状态，如车辆行驶轨迹线、实时位置、速度、状态等，可及时掌握车辆的状况。

（1）操作方便。打开软件，车辆分布一览无遗，电子地图直观显示车辆实时位置与实时信息列表。

（2）快速显示车辆位置。能随时掌握车辆状态，查看附近的车辆并迅速进行调度。

（3）重点监控。锁定目标，可设置多辆车，同时重点监控跟踪。重要车辆能随时掌握。

（4）行车轨迹线记录。自动记录车辆行驶轨迹线，直行或转弯行驶一目了然。

（三）历史轨迹回放

监控中心可对车辆历史行驶轨迹进行查看，查询或核对车辆在该段时间是否按照实际派车要求的线路正常行驶。可有效杜绝公车私用，从而提高工作效率。

（1）监控中心能随时回放 60 天内的自定义时段的车辆历史行程、轨迹记录。

（2）能进行线路稽查及核对高速公路收费、加油票据等。

（3）无须时刻守在电脑旁，过去时段数据可随时调

图 8-8　显示车辆实时位置

看，可连续多天多车轨迹回放。

（4）回放可显示里程、状态、速度、报警等记录，能全面了解该回放时段情况。

二、目的与意义

（一）控制成本

对车辆进行实时跟踪定位与车辆运行状态监督，对油量消耗的合理性与非合理性以及加油量情况进行监管；通过历史线路、状态、油耗、里程以及各种费用与实际情况进行比较，控制公车私用，谎报过桥过路费、加油费用等，为完善车管制度提供重要依据，节制公有资源的浪费与流失。

（二）提高效率

车辆位置、状态等信息实时更新，可使监控中心建立最快的信息通道，确保公司管理层制定周详的工作方案以及减轻工作量，实现科学管理，大大提高资源的利用率及周转率。

（三）增强安全

能对车辆行驶速度、线路，司机疲劳驾驶，以及紧急求助等各种安全问题进行严格把关，确保人身与财产安全。

（四）统计与决策

对车辆的里程、油耗、行驶时间和速度、方位、报警等各种大量数据进行科学统计，为更高水平的决策提供强有力的支持。

（五）提高客户满意度

确保车队人员行为规范，做到管理精准、细化，进一步提升用户满意度，提升企业形象。

三、冷链温度 GPS 追溯子系统实训

（1）登录：输入用户名和密码，登录系统。见图 8-9。

图 8-9 系统登录

(2) 进入首页，首页主要显示车辆位置。见图 8-10。

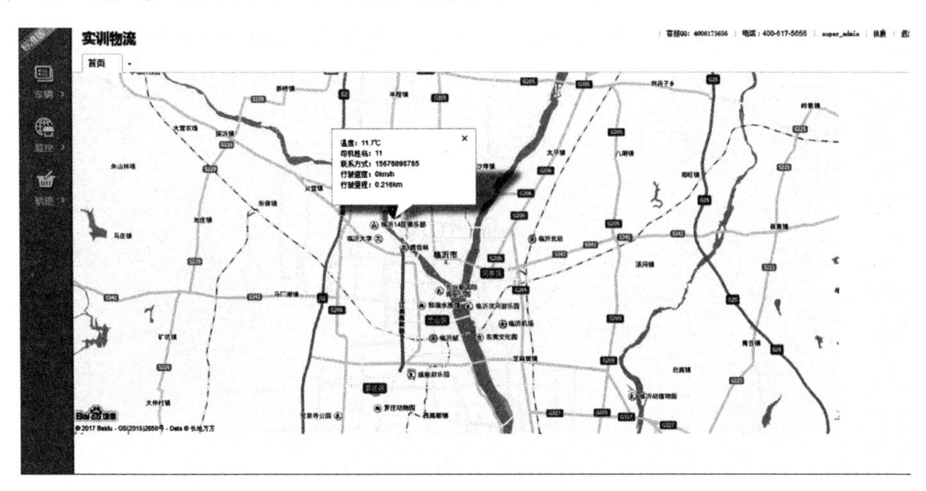

图 8-10　系统首页

(3) 点击【车辆管理】，可进行车辆信息的增加和查询。见图 8-11。

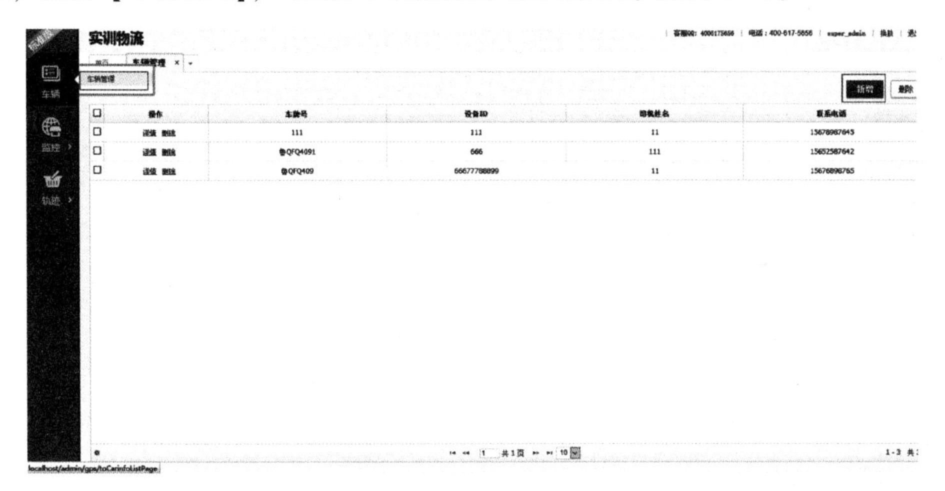

图 8-11　车辆管理界面

点击【新增】，填写信息，保存。见图 8-12。

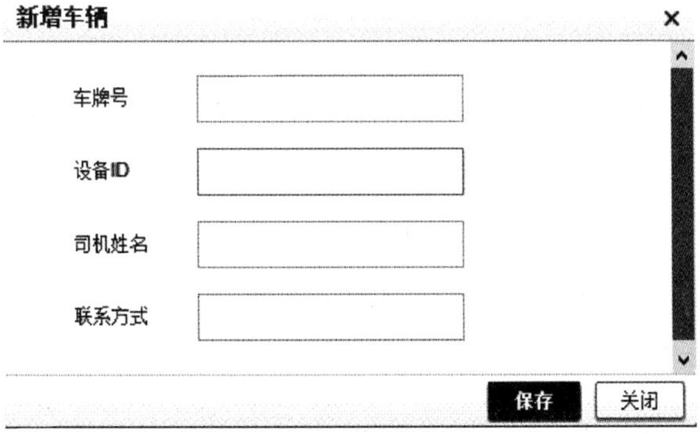

新增车辆 ×

车牌号

设备ID

司机姓名

联系方式

保存　关闭

图 8-12　填写新增车辆信息

（4）点击【车辆监控】，显示车辆位置。见图 8-13。

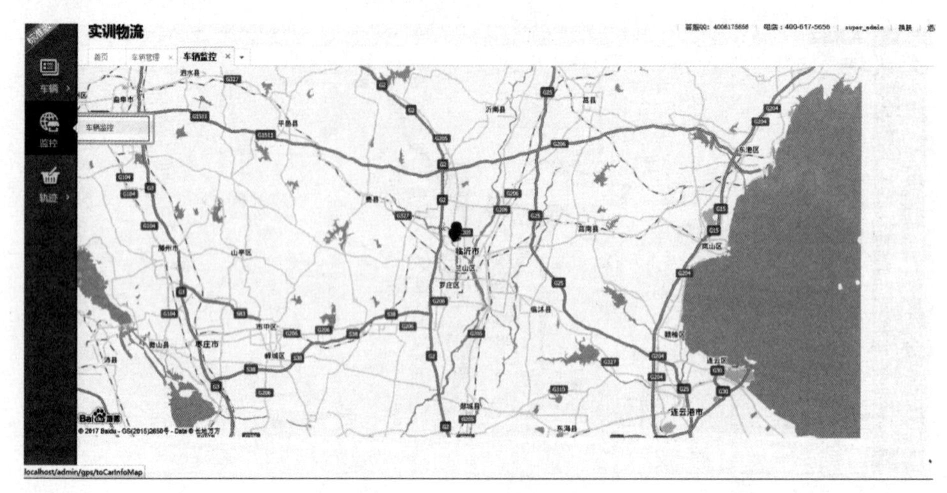

图 8-13　车辆监控界面

（5）点击【车辆轨迹】，选中车牌号，选中起始时间，可查看车辆轨迹。见图 8-14。

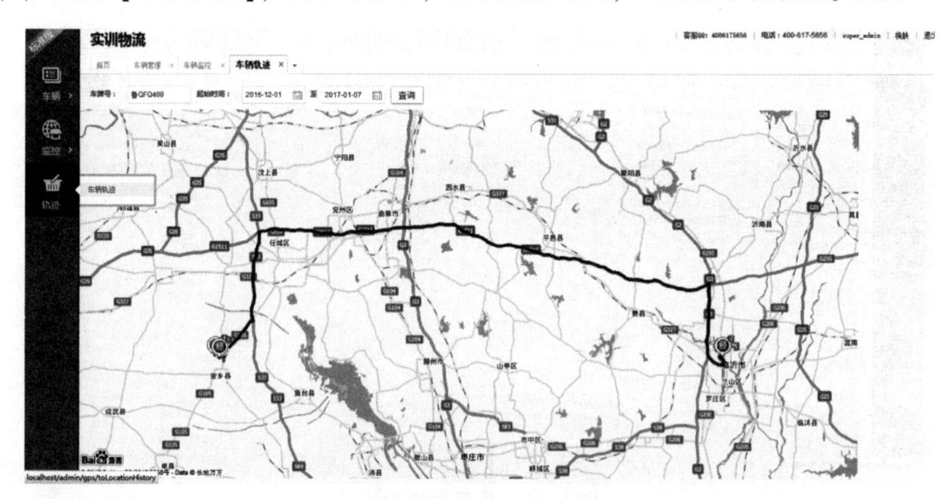

图 8-14　车辆轨迹界面

课后练习

一、选择题

1. 农产品生产记录应当保存（　　）年。

   A. 1　　B. 2　　C. 3　　D. 5

2. 畜禽出栏时应进行（　　）检疫。

   A. 集市　　B. 运输　　C. 产地　　D. 宰前

3. 消费者在消费食品的过程中其合法权益受到侵害时，可以拨打（　　）全国消费者申诉举报统一电话。

   A. 315　　B. 12348　　C. 12315　　D. 110

4. 农产品质量安全追溯的法规有（　　）。

   A.《畜禽标识和养殖档案管理办法》

B.《关于进一步加强农产品质量安全监管工作的意见》
C.《关于加强农产品质量安全全程监管的意见》
D.《关于加强食用农产品质量安全监督管理工作的意见》

5. 农产品生产者对监督抽查检测结果有异议的，可自收到检测结果之日起（　　）日内申请复检。
A. 5　　B. 10　　C. 15　　D. 20

二、思考题

1. 为什么要建立农产品质量安全追溯制度？
2. 实现农产品质量安全追溯的途径有哪些？
3. 国外有哪些农产品质量安全追溯的经验可以借鉴？
4. 我们日常生活中容易引起中毒的蔬菜有哪些？
5. 如何打造农产品质量安全供应链？

案例分析

食品追溯让百姓吃得安心

长期以来，食品安全问题一直困扰着人们。如何通过技术革新实现从土地到餐桌全过程的质量监控？北京市农林科学院北京农业信息技术研究中心副主任杨信廷一直在“可追溯”这条路上不懈探索。

“可追溯体系是国际公认的质量安全保障手段。”杨信廷介绍说，运用农产品质量安全管理与追溯系统，消费者可以按照产品标签上的追溯码，查出产地、营养成分、安全性等信息，做到生产、流通、管理和消费全程可追溯，确保餐桌上的食品安全。

技术突破，确保农产品安全可追溯

近 5 年，围绕农产品质量安全追溯与物流技术研究，杨信廷先后主持了国家“863”、国家科技支撑计划，北京市自然科学基金项目等，在农产品标识与供应链信息快速采集、质量安全智能决策与预警、追溯系统集成等各方面进行了技术攻关：针对农产品追溯编码防伪性差的问题，提出了“基于 GS1 的农产品三段式追溯编码方法”等，实现了农产品追溯码的在线赋码和防伪；针对生产过程质量安全控制能力弱的问题，开发了面向生产企业的产地环境评价系统，以实现生产过程质量安全监测与预警；针对流通过程责任主体跟踪能力弱的问题，开发了物流配送过程、交易过程质量安全监控系统等，实现了流通过程信息采集与管理……

这一系列研究工作得到国内外同行认可。2013 年杨信廷联合德国波恩大学、意大利比萨大学、中国农业大学等机构，申请并承担了欧盟第七框架协议（FP7）项目“农产品供应链中的溯源和预警系统：欧盟和中国的互补性”的研究工作。此外，杨信廷联合优势单位，成功获批“农产品质量安全追溯技术及应用国家工程实验室”。“希望能够落实国家‘互联网+’行动，建立农产品质量安全追溯技术及应用创新平台，为实现农产品/食品的‘来源可追溯、去向可查询、责任可追究’提供科技支撑。”杨信廷说。

应用推广，产业化市场前景可期

经过 13 年的研发和示范应用，杨信廷带领团队研发的技术成果已经成功应用到农产品各品类、供应链各环节以及农产品质量安全各相关主体，并在 11 个省市的 425 个单位开展了示范应用，在应用模式上不断推陈出新。

“通过农民专业合作组织，对分散农户实行统一生产标准、操作规程、产品质量标准等，强化生产过程管理，全面落实农业标准化生产；通过技术支撑形式与天津市无公害（种植业）管理中心、天津农业信息中心等单位开展合作，进行‘放心菜’质量安全追溯系统的推广应用。”

此外还以重大活动为契机开展推广应用活动。2010年第16届亚运会期间，通过与承担亚运会农产品质量安全检测任务的广州市农业标准与监测中心合作，他们在广州市15家供亚运会生产基地和质量安全主管单位应用了果蔬类农产品安全生产管理系统、供亚运会企业追溯标签打印系统及广州市农产品质量安全监管平台，为保障亚运会食品质量安全奠定了坚实的基础。

“《新一代人工智能发展规划》的发布，标志着我国吹响了人工智能领域创新研究和产业化应用的号角。”在杨信廷看来，农业生产、经营、管理、服务等领域也将迎来天翻地覆的变化。机器人田间作业、无人物流配送、无人超市售货等正在走向现实，未来消费者对农产品/食品的关注将会由质量安全问题转向营养健康需求，他们的研究方向也将会由农产品/食品质量安全追溯技术转向农产品/食品智能追随技术。

问题思考：

1. 食品追溯为什么越来越受到重视？
2. 《新一代人工智能发展规划》的发布对我国食品追溯有何影响？

第9章

农产品质量安全法律法规

民以食为天，食以安为先。我们不但要保证老百姓吃得饱，还要保证老百姓吃得安全、吃得放心，这是坚持以人为本、对人民高度负责的体现。为了从源头上保障农产品质量安全，维护公众的身体健康，促进农业和农村经济的发展，早在2006年4月29日全国人大常委会就已通过《中华人民共和国农产品质量安全法》，并于2006年11月1日起施行。

农业部随后出台并与《中华人民共和国农产品质量安全法》同时实施的相关配套规章制度有：《农产品产地安全管理办法》《农产品包装与标识管理办法》《农产品质量安全检测机构资格认定管理办法》和《农产品质量安全监测管理办法》等。同时，各级地方人民政府和农业主管部门也按要求积极做好相关配套规章制度的建设。

2015年5月29日，习近平总书记在中央政治局第二十三次集体学习时发表重要讲话，指出要切实加强食品药品安全监管，用最严谨的标准、最严格的监管、最严厉的处罚、最严肃的问责，加快建立科学完善的食品药品安全治理体系，坚持产管并重，严把从土地到餐桌、从实验室到医院的每一道防线。

为了贯彻落实好“四个最严”的要求，新修订并通过的“史上最严”的《中华人民共和国食品安全法》自2015年10月1日开始施行。《食品安全法实施条例》《食品生产经营许可管理办法》《食品生产经营监督检查管理办法》等配套规章制度也陆续完成制定和修订，力求从制度建设上堵塞监管漏洞，体现了“四个最严”要求，强化了企业、政府、社会各方责任。

第一节 《中华人民共和国农产品质量安全法》解读

《中华人民共和国农产品质量安全法》（以下简称《农产品质量安全法》）于2005年10月22日由国务院审议通过并提请全国人大常委会审议，经过短短半年时间，全国人大常务委员会经过三次审议，于2006年4月29日第十届全国人民代表大会常务委员会第二十一次会议通过，胡锦涛于同日以第四十九号主席令颁布，自2006年11月1日起施行。

一、《农产品质量安全法》的重要意义

农产品质量安全直接关系到人民群众的日常生活、身体健康和生命安全，关系到社会的

和谐稳定和民族发展，关系到农业对外开放和农产品在国内外市场的竞争。《农产品质量安全法》的颁布施行，是关系“三农”乃至整个社会经济长远发展的一件大事，具有十分重大而深远的影响和划时代的意义。颁布《农产品质量安全法》，是坚持科学发展观，推动农业生产方式转变，为发展高产、优质、高效、生态、安全的现代农业和社会主义新农村建设提供坚实支撑的现实要求；是构建和谐社会，规范农产品产销秩序，保障公众农产品消费安全，维护最广大人民群众根本利益的可靠保障；是推进农业标准化，提高农产品质量安全水平，全面提升我国农产品竞争力，应对农业对外开放和参与国际竞争的重大举措；是填补法律空白，推进依法行政，转变政府职能，促进体制创新、机制创新和管理创新的客观要求。

二、《农产品质量安全法》的调整范围和主要内容

《农产品质量安全法》调整的范围包括三个方面。一是产品范围。该法所指农产品是指来源于农业的初级产品，即在农业活动中获得的植物、动物、微生物及其产品。二是行为主体。既包括农产品的生产者和销售者，也包括农产品质量安全管理者和相应的检测技术机构和人员等。三是管理环节。既包括产地环境、农业投入品的科学合理使用、农产品生产和产后处理的标准化管理，也包括农产品的包装、标识、标志和市场准入管理。可以说，《农产品质量安全法》对涉及农产品质量安全的方方面面都进行了相应的规范，调整的对象全面、具体，符合中国的国情和农情。

《农产品质量安全法》共分八章五十六条，内涵相当丰富。

第一章是“总则”。对农产品的定义，农产品质量安全的内涵，法律的实施主体，经费投入，农产品质量安全风险评估、风险管理和风险交流，农产品质量安全信息发布，安全优质农产品生产，公众质量安全教育等方面作出了规定。

第二章是“安全标准”。对农产品质量安全标准体系的建立，农产品质量安全标准的性质，农产品质量安全标准的制定、发布、实施的程序和要求等作出了规定。

第三章是“农产品产地”。对农产品禁止生产区域的确定、农产品标准化生产基地的建设、农业投入品的合理使用等方面作出了规定。

第四章是“农产品生产”。对农产品生产技术规范的制定、农业投入品的生产许可与监督抽查、农产品质量安全技术培训与推广、农产品生产档案记录、农产品生产者自检、农产品行业协会自律等方面作出了规定。

第五章是“农产品包装和标识”。对农产品分类包装、包装标识、包装材质、转基因标识、动植物检疫标志、无公害农产品标志和优质农产品质量标志作出了规定。

第六章是“监督检查”。对农产品质量安全市场准入条件、监测和监督检查制度、检验机构资质、社会监督、现场检查、事故报告、责任追溯、进口农产品质量安全要求等作出了规定。

第七章是“法律责任”。对各种违法行为的处理、处罚作出了规定。

第八章是附则。

三、《农产品质量安全法》确立的基本制度

整个法律主要包括以下十项基本制度：

一是政府统一领导、农业主管部门为主体、相关部门分工协作配合的农产品质量安全管

理体制。这一管理体制明确了农业主管部门在农产品质量安全监管中的主体地位（《农产品质量安全法》总则第三条至第五条）。

二是农产品质量安全标准的强制实施制度。政府有关部门应按照保障农产品质量安全的要求，依法制定和发布农产品质量安全标准并监督实施，不符合农产品质量安全标准的农产品禁止销售（《农产品质量安全法》总则第八条和第二章全部）。

三是防止因农产品产地污染而危及农产品质量安全的农产品产地管理制度（《农产品质量安全法》第三章全部）。

四是农产品生产记录制度和农业投入品生产、销售、使用制度（《农产品质量安全法》第四章第二十条至二十五条）。

五是农产品质量安全市场准入制度（《农产品质量安全法》第六章第三十三条、三十七条）。

六是农产品的包装和标识管理制度（《农产品质量安全法》第五章全部）。

七是农产品质量安全监测制度（《农产品质量安全法》第二十六条、第三十四条至三十六条）。

八是农产品质量安全监督检查制度（《农产品质量安全法》第三十九条）。

九是农产品质量安全风险分析、评估和信息发布制度（《农产品质量安全法》第六条、第七条）。

十是对农产品质量安全违法行为的责任追究制度（《农产品质量安全法》第四十条、四十一条和第七章全部）。

同时，法律还明确了各级政府要将农产品质量安全管理工作纳入本级国民经济和社会发展规划，并安排农产品质量安全经费，用于开展农产品质量安全工作。

四、《农产品质量安全法》对农产品生产者在生产过程中保证农产品质量安全的基本义务的规定

生产过程是影响农产品质量安全的关键环节。《农产品质量安全法》对农产品生产者在生产过程中保证农产品质量安全的基本义务作了规定，主要包括：

(1) 依照规定合理使用农业投入品。农产品生产者应当按照法律、行政法规和国务院农业主管部门的规定，合理使用化肥、农药、兽药、饲料和饲料添加剂等农业投入品，严格执行农业投入品使用安全间隔期或者休药期的规定，禁止使用国家明令禁止使用的农业投入品，防止因违反规定使用农业投入品危及农产品质量安全。

(2) 依照规定建立农产品生产记录。农产品生产企业和农民专业合作经济组织应当建立农产品生产记录，如实记载使用农业投入品的有关情况、动物疫病和植物病虫草害的发生和防治情况，以及农产品收获、屠宰、捕捞的日期等情况。

(3) 对其生产的农产品的质量安全状况进行检测。农产品生产企业和农民专业合作经济组织应当自行或者委托检测机构对其生产的农产品的质量安全状况进行检测，经检测不符合农产品质量安全标准的不得销售。

五、《农产品质量安全法》对农产品包装和标识的规定

逐步建立农产品的包装和标识制度，对于方便消费者识别农产品质量安全状况，对于逐步建立农产品质量安全追溯制度，都具有重要意义。《农产品质量安全法》对于农产品包装

和标识的规定主要包括：

（1）对国务院农业主管部门规定的在销售时应当包装和附加标识的农产品，农产品生产企业、农民专业合作经济组织以及从事农产品收购的单位或者个人，应当按照规定包装或者附加标识后方可销售；属于农业转基因生物的农产品，应当按照农业转基因生物安全管理的规定进行标识。依法需要实施检疫的动植物及其产品，应当附具检疫合格的标志、证明。

（2）农产品在包装、保鲜、贮存、运输中使用的保鲜剂、防腐剂和添加剂等材料，应当符合国家有关强制性的技术规范。

（3）销售的农产品符合农产品质量安全标准的，生产者可以申请使用无公害农产品标识；农产品质量符合国家规定的有关优质农产品标准的，生产者可以申请使用相应的农产品质量标志。

为贯彻实施好《农产品质量安全法》中关于农产品包装和标识的规定，农业部进一步制定了《农产品产地安全管理办法》。

六、《农产品质量安全法》对农产品质量安全实施监督检查的规定

依法实施对农产品质量安全状况的监督检查，是防止不符合农产品质量安全标准的产品流入市场、进入消费、危害人民群众健康的必要措施，是农产品质量安全监管部门必须履行的法定职责。《农产品质量安全法》规定的农产品质量安全监督检查制度的主要内容包括：

（1）县级以上政府农业主管部门应当制定并组织实施农产品质量安全监测计划，对生产中或者市场上销售的农产品进行监督抽查，监督抽查结果由省级以上政府农业主管部门予以公告，以保证公众对农产品质量安全状况的知情权。

（2）监督抽查检测应当委托具有相应的检测条件和能力的检测机构承担，并不得向被抽查人收取费用。被抽查人对监督抽查结果有异议的，可以申请复检。

（3）县级以上农业主管部门可以对生产、销售的农产品进行现场检查，查阅、复制与农产品质量安全有关的记录和其他资料，调查了解有关情况。对经检测不符合农产品质量安全标准的农产品，有权查封、扣押。

（4）对检查发现的不符合农产品质量安全标准的产品，责令停止销售、进行无害化处理或者予以监督销毁；对责任者依法给予没收违法所得、罚款等行政处罚；对构成犯罪的，由司法机关依法追究刑事责任。

七、《农产品质量安全法》对国家建立农产品质量安全监测制度的规定

建立农产品质量安全监测制度是为了全面、及时、准确地掌握和了解农产品质量安全状况，根据农产品质量安全风险评估结果，对风险较大的危害进行例行监测，既能为政府管理提供决策依据，又能使有关团体和公众及时了解相关信息，最大限度地减少影响农产品质量安全的因素对人民身体的危害。

农产品质量安全监测制度的具体规定主要包括：监测计划的制订依据、监测的区域、监测的品种和数量、监测的时间、产品抽样的地点和方法、监测的项目和执行标准、判定的依据和原则、承担的单位和组织方式、呈送监测结果和分析报告的格式、结果公告的时间和方式等。

为贯彻实施好《农产品质量安全法》中关于实施农产品质量安全监测制度的规定，农

业部进一步制定了《农产品质量安全监测管理办法》。

八、《农产品质量安全法》对检测机构的规定

《农产品质量安全法》规定，监督抽查检测应当委托相关的农产品质量安全检测机构进行，检测机构必须具备相应的检测条件和能力，由省级以上人民政府农业行政主管部门或者其授权的部门考核合格，同时应当依法经计量认证合格。同时规定，应当充分利用现有的符合条件的检测机构，这主要是为了避免重复建设和资源浪费。建立农产品质量安全检测机构，开展农产品生产环节和市场流通等环节质量安全监测工作，是实施农产品质量安全监管的重要手段，也是世界各国尤其是发达国家的普遍做法。在《农产品质量安全法》中作这样的规定，对于政府依法开展农产品质量安全监管，确保农产品质量安全，保证人民群众的身体健康和生命安全，具有十分重要的意义。

为贯彻实施好《农产品质量安全法》中关于农产品质量安全检测机构的有关规定，农业部进一步制定了《农产品质量安全检测机构资格认定管理办法》。

九、《农产品质量安全法》对批发市场的规定

《农产品质量安全法》明确规定了禁止销售的农产品范围，同时规定农产品批发市场应当设立或者委托农产品质量安全检测机构，对进场销售的农产品质量安全状况进行抽查检测；发现不符合农产品质量安全标准的，应当要求销售者立即停止销售，并向农业行政主管部门报告；应当建立进货检查验收制度。还规定了批发市场相应的民事赔偿责任和法律责任。农产品批发市场主要是由国家投资的公益性机构，作这样的规定既参照了国际通行惯例，又充分考虑了我国农产品市场流通的现状。一方面，农产品批发市场作为提供农产品交易场所的独立法人单位，应当承担进入市场的农产品的质量安全责任，并有义务保证市场上农产品的质量安全；另一方面，目前我国大中城市的农产品主要通过批发市场流通，农产品批发市场是联系农产品生产、运输、消费等链条的关键环节，批发市场承担起相关的把关责任，就意味着向前可以追溯生产者的责任，向后可以保护消费者的消费安全。

十、《农产品质量安全法》对县级以上地方人民政府履行农产品质量安全监管责任的规定

农产品种类繁多，生产周期长，从生产到供应环节多，影响质量安全的因素多，农产品质量安全控制难度较大，加强农产品质量安全管理是一项长期艰巨的任务。从世界范围来看，政府作为公共安全的管理者，有义务履行农产品质量安全监管责任。从我国来看，全面提高农产品质量安全水平，建立健全农产品质量安全监管制度和长效机制，离不开政府的组织领导和统筹规划。为此，《农产品质量安全法》强化了地方人民政府对农产品质量安全监管的责任，对县级以上地方人民政府的职责和义务进行了专门规定：

第一，县级以上地方人民政府应当将农产品质量安全管理工作纳入本级国民经济和社会发展规划，并安排农产品质量安全经费，用于开展农产品质量安全工作。

第二，县级以上地方人民政府统一领导、协调本行政区域内的农产品质量安全工作，并采取措施，建立健全农产品质量安全服务体系，提高农产品质量安全水平。

第三，各级人民政府及有关部门应当加强对农产品质量安全知识的宣传，提高公众的农

产品质量安全意识，引导农产品生产者、销售者加强质量安全管理，保障农产品消费安全。

第四，县级以上人民政府应当加强农产品基地建设，建设农产品标准生产示范区和无规定动植物疫病区，改善农产品生产条件，加强对农产品生产的指导。

第二节　新修订的《中华人民共和国食品安全法》解读

修订后被称为“史上最严”的《中华人民共和国食品安全法》（以下简称《食品安全法》）于2015年10月1日起正式施行。新修订的《食品安全法》包含总则、食品安全风险监测和评估、标准、食品生产经营等十章内容，共一百五十四条，比修订前的《食品安全法》增加了五十条。它的颁布实施，对于完善统一权威的食品安全监管机构，建立覆盖全过程的监管机制，依法保障人民群众“舌尖上的安全”必将发挥重要作用。

新版《食品安全法》对原法70%的条文进行了实质性的修订，新增了一些重要的理念、制度、机制和方式，仅涉及监管制度的就增加了食品安全风险自查制度、食品安全全程追溯制度、食品安全有奖举报制度等20多项。现对其部分重点条文予以解读。

一、部分概念和调整范围变化

在概念上，新修订的《食品安全法》取消了“食品流通”概念，以“食品销售”取而代之；去掉了生长调节剂的概念；将食物中毒纳入食源性疾病范畴。

在调整范围上，将食品贮存和运输以及食用农产品的市场销售、农业投入品纳入调整范围。对网上食品经营、转基因食品、保健食品等均进行了严格规范。

二、从事食品生产经营须取得行政许可

第三十五条：“国家对食品生产经营实行许可制度。从事食品生产、食品销售、餐饮服务，应当依法取得许可。但是销售食用农产品，不需要取得许可。”

第三十九条：“国家对食品添加剂生产实行许可制度。”

根据《中华人民共和国行政许可法》相关规定，对直接关系公共安全、人身健康、生命财产安全的重要设备、设施、产品、物品，需要按照技术标准、技术规范，通过检验、检测等方式进行审定的事项，国家可以设立行政许可。食品生产经营活动事关公众身体健康，国家有必要对从事食品生产经营活动设定许可。县级以上地方人民政府食品药品监督管理部门依法受理并审批食品生产经营许可申请。

三、食品药品监管部门对食品进行抽检并公布抽检结果

第八十七条：“县级以上人民政府食品药品监督管理部门应当对食品进行定期或者不定期的抽样检验，并依据有关规定公布检验结果，不得免检。进行抽样检验，应当购买抽取的样品，委托符合本法规定的食品检验机构进行检验，并支付相关费用；不得向食品生产经营者收取检验费和其他费用。”

抽样检验是食品药品监管部门对食品安全进行监督检查的一种重要方式。为适应食品安全监管体制改革的变化，新修订的《食品安全法》赋予了县级以上地方人民政府食品药品监管部门对食品进行抽样检验的权力，包括对食品生产、食品销售、餐饮服务环节的食品进

行抽样检验。

四、明确要求转基因食品须显著标示

第六十九条："生产经营转基因食品应当按照规定显著标示。"

根据《农业转基因生物安全管理条例》《农业转基因生物标识管理办法》的相关规定，转基因食品的生产经营者应当对转基因食品进行显著标示。第一批实施标识管理的农业转基因生物共 5 类 17 种转基因产品，包括：

① 大豆种子、大豆、大豆粉、大豆油、豆粕；

② 玉米种子、玉米、玉米油、玉米粉；

③ 油菜种子、油菜籽、油菜籽油、油菜籽粕；

④ 棉花种子；

⑤ 番茄种子、鲜番茄、番茄酱。

五、严格管控农药等农业投入品的使用

第四十九条："食用农产品生产者应当按照食品安全标准和国家有关规定使用农药、肥料、兽药、饲料和饲料添加剂等农业投入品，严格执行农业投入品使用安全间隔期或者休药期的规定，不得使用国家明令禁止的农业投入品。禁止将剧毒、高毒农药用于蔬菜、瓜果、茶叶和中草药材等国家规定的农作物。"

第一百二十三条第二款："违法使用剧毒、高毒农药的，除依照有关法律、法规给予处罚外，可以由公安机关依照第一款规定给予拘留。"

农业投入品是指在食用农产品生产过程中使用或添加的物质，包括农药、肥料、兽药、饲料和饲料添加剂等农用生产资料。农业投入品的质量安全水平和使用是否合理，直接关系到食用农产品的质量安全。因此，为了保证从土地到餐桌的食品安全，新《食品安全法》在《中华人民共和国农产品质量安全法》和《农药管理条例》的基础上，进一步强化了对农业投入品使用的严格监管，确保源头安全。

六、确立了消费者损失赔偿首负责任制

第一百四十八条第一款："消费者因不符合食品安全标准的食品受到损害的，可以向经营者要求赔偿损失，也可以向生产者要求赔偿损失。接到消费者赔偿要求的生产经营者，应当实行首负责任制，先行赔付，不得推诿；属于生产者责任的，经营者赔偿后有权向生产者追偿；属于经营者责任的，生产者赔偿后有权向经营者追偿。"

首负责任制，就是消费者在合法权益受到损害，向生产者或者经营者要求赔偿时，由首先接到赔偿要求的生产者或者经营者负责先行赔付，再由先行赔付的生产者或者经营者依法向相关责任人追偿。《中华人民共和国产品质量法》和《中华人民共和国消费者权益保护法》均对此作出了明确规定，有利于防止生产者、经营者相互推诿，维护消费者合法权益。

七、规定了 1 000 元的最低惩罚性赔偿金

第一百四十八条第二款："生产不符合食品安全标准的食品或者经营明知是不符合食品安全标准的食品，消费者除要求赔偿损失外，还可以向生产者或者经营者要求支付价款十倍

或者损失三倍的赔偿金；增加赔偿的金额不足一千元的，为一千元。但是，食品的标签、说明书存在不影响食品安全且不会对消费者造成误导的瑕疵的除外。”

惩罚性赔偿是指在赔偿受害人的实际损失之外额外增加的赔偿。其设立目的在于惩罚生产不符合食品安全标准的食品或者经营明知是不符合食品安全标准的食品这一性质比较严重的违法行为，从而更好地保护消费者合法权益。例如，消费者购买一瓶价格为 3 元的饮料，如果该饮料不符合食品安全标准，除了获赔 3 元价款外，还可向生产经营者主张 1 000 元赔偿金。此外，本条还规定了不适用惩罚性赔偿的情形，以避免消费者权利滥用。

八、明确了刑事责任优先原则

第一百四十九条：“违反本法规定，构成犯罪的，依法追究刑事责任。”

第一百二十一条第一款：“县级以上人民政府食品药品监督管理、质量监督等部门发现涉嫌食品安全犯罪的，应当按照有关规定及时将案件移送公安机关。对移送的案件，公安机关应当及时审查；认为有犯罪事实需要追究刑事责任的，应当立案侦查。”

第一百二十三条和一百二十四条第一款：“违反本法规定，有下列情形之一，尚不构成犯罪的，由县级以上人民政府食品药品监督管理部门没收违法所得和违法生产经营的食品、食品添加剂。”

各类食品安全违法行为，若情节严重构成犯罪的，应依法追究刑事责任。新修订的《食品安全法》在原法基础上进一步明确了刑事责任优先原则，加大了对食品生产经营违法犯罪行为的打击力度。实践中，各监管部门面对食品安全违法行为，首先要进行责任判断，如构成犯罪，应及时移送公安机关，未构成犯罪，则由监管执法部门给予行政处罚。

九、一年内累计三次违法，责令停产停业直至吊销许可证

第一百三十四条：“食品生产经营者在一年内累计三次因违反本法规定受到责令停产停业、吊销许可证以外处罚的，由食品药品监督管理部门责令停产停业，直至吊销许可证。”

针对部分食品企业食品安全意识淡薄，生产经营中往往大错不犯，小错不断，新修订的《食品安全法》对此类屡次违法的食品生产经营者予以加重处罚。“一年内累计三次”是指食品生产经营者在一年之内有三次违反《食品安全法》规定且受到处罚的违法行为。“累计的处罚”是因违反《食品安全法》规定而受到责令停产停业、吊销许可证以外的处罚，包括警告、罚款、没收违法所得和没收工具、设备、物品等。

十、资格处罚力度加大，限制行业准入

第一百三十五条：“被吊销许可证的食品生产经营者及其法定代表人、直接负责的主管人员和其他直接责任人员自处罚决定作出之日起五年内不得申请食品生产经营许可，或者从事食品生产经营管理工作、担任食品生产经营企业食品安全管理人员。因食品安全犯罪被判处有期徒刑以上刑罚的，终身不得从事食品生产经营管理工作，也不得担任食品生产经营企业食品安全管理人员。”

修订后的《食品安全法》本着“重典治乱”的立法理念，增加了对食品安全严重违法犯罪者一定期限或终身禁止其从事食品生产经营相关活动的条款，极大增强了对食品安全违法犯罪分子的震慑力。

十一、增设食品经营者免于行政处罚条款

第一百三十六条："食品经营者履行了本法规定的进货查验等义务，有充分证据证明其不知道所采购的食品不符合食品安全标准，并能如实说明进货来源的，可以免予处罚，但应当依法没收其不符合食品安全标准的食品；造成人身、财产或者其他损害的，依法承担赔偿责任。"

根据本条规定，食品经营者经营的食品虽不符合食品安全标准，但若同时符合以下三个条件的，可以免予处罚。一是履行了进货查验等义务；二是有充分证据证明其不知道所采购的食品不符合食品安全标准；三是能如实说明其进货来源。食品药品监管部门可以对符合上述条件的食品经营者免于处罚，但应当依法没收其不符合食品安全标准的食品。因不合格食品造成消费者人身、财产或者其他损害的，食品经营者仍应依法承担损害赔偿责任。

十二、明确网络食品交易第三方平台提供者的食品安全管理责任

第六十二条："网络食品交易第三方平台提供者应当对入网食品经营者进行实名登记，明确其食品安全管理责任；依法应当取得许可证的，还应当审查其许可证。

"网络食品交易第三方平台提供者发现入网食品经营者有违反本法规定行为的，应当及时制止并立即报告所在地县级人民政府食品药品监督管理部门；发现严重违法行为的，应当立即停止提供网络交易平台服务。"

近年来，网购已成为一种新兴的食品经营业态，在方便居民生活的同时，也带来了一些新情况、新问题，亟须通过立法规范网络食品交易行为。新修订的《食品安全法》增设了网络食品交易第三方平台提供者的食品安全法定义务和责任，如其未尽相关义务，食品药品监督管理部门可以根据《食品安全法》第一百三十一条规定给予行政处罚，致使消费者合法权益受到损害的，网络食品交易第三方平台还应当与食品经营者承担连带责任。

十三、建立并公布食品生产经营者信用档案

第一百一十三条："县级以上人民政府食品药品监督管理部门应当建立食品生产经营者食品安全信用档案，记录许可颁发、日常监督检查结果、违法行为查处等情况，依法向社会公布并实时更新；对有不良信用记录的食品生产经营者增加监督检查频次，对违法行为情节严重的食品生产经营者，可以通报投资主管部门、证券监督管理机构和有关的金融机构。"

建设信用体系，是完善社会主义市场经济体制的客观需要，是整顿和规范市场经济秩序的治本之策。近年来，我国大力推动食品安全信用体系建设，根据信用等级对食品生产经营者实施分类监管。新修订的《食品安全法》建立了信用信息共享和通报机制，及时向社会发布违法违规企业和个人"黑名单"，对失信行为予以惩戒，增强了食品安全信用监管的执行力。

十四、编造、散布虚假食品安全信息应承担法律责任

第一百四十一条："违反本法规定，编造、散布虚假食品安全信息，构成违反治安管理行为的，由公安机关依法给予治安管理处罚。媒体编造、散布虚假食品安全信息的，由有关主管部门依法给予处罚，并对直接负责的主管人员和其他直接责任人员给予处分；使公民、

法人或者其他组织的合法权益受到损害的，依法承担消除影响、恢复名誉、赔偿损失、赔礼道歉等民事责任。”

民以食为天，食品安全是关系国计民生的重大问题。食品安全信息的真实、客观、公正与否，直接影响国家经济发展和社会稳定。近年来，一些无良失德的个人和媒体肆意编造、失实报道食品安全信息事件层出不穷。为维护社会公共秩序，防止由虚假信息、失实宣传报道给人们正常生产生活秩序造成干扰或冲击，新修订的《食品安全法》加大了对编造、散布虚假食品安全信息行为的惩处力度。

十五、食用农产品销售者要建立进货查验记录制度

第六十五条：“食用农产品销售者应当建立食用农产品进货查验记录制度，如实记录食用农产品的名称、数量、进货日期以及供货者名称、地址、联系方式等内容，并保存相关凭证。记录和凭证保存期限不得少于六个月。”

食品经营者建立进货查验记录制度，是实现食品安全可追溯的需要，通过进货查验记录，可以追查相关责任人，确保食品安全的全链条监管。考虑到食用农产品区别于一般加工食品的特殊性，新修订的《食品安全法》专门对销售食用农产品的进货查验记录制度作出了上述特别规定，对违反该规定的，要根据《食品安全法》第一百二十六条规定，承担相应的法律责任。

十六、非食品生产经营者应依法贮存、运输食品

第三十三条第一款第（六）项：“贮存、运输和装卸食品的容器、工具和设备应当安全、无害，保持清洁，防止食品污染，并符合保证食品安全所需的温度、湿度等特殊要求，不得将食品与有毒、有害物品一同贮存、运输。”

本条第二款：“非食品生产经营者从事食品贮存、运输和装卸的，应当符合前款第六项的规定。”

食品生产经营者是指食品生产者、食品销售者和餐饮服务提供者，专业的仓储公司、物流公司等不属于食品生产经营者，但食品的贮存、运输和装卸行为直接关系到食品安全。按落实企业全程管理责任的要求，修订后的《食品安全法》对非食品生产经营者从事食品贮存、运输和装卸，也提出了与食品生产经营者同等的要求。

第三节　农产品流通的法律制度

在深入推进农业供给侧结构性改革的大背景下，提高农业综合效益和竞争力，是当前和今后一个时期我国农业政策改革和完善的主要方向。

农产品流通制度的法制化是稳定农产品价格的先决条件，否则就谈不上农产品流通的现代化。长期以来，我国水产品、蔬果和肉类的冷链应用率较低，绝大部分易腐农产品都在常温下流通，因腐损导致的经济损失成为最大的隐形成本，由此也推高了农产品价格。究其原因，就在于农产品流通法律制度滞后，严重阻碍了现代农产品流通体系的建设，对发展现代农业、稳定农产品市场产生了不利影响，必须引起高度重视。

一、我国关于农产品流通的法律现状

当前我国尚未形成农产品流通的法律法规体系，与农产品流通相关的法律法规散见于各个部门法中。

新修订并于 2013 年 1 月 1 日起施行的《中华人民共和国农业法》，在第四章“农产品流通与加工”中对农产品的购销、农产品市场体系、农产品流通、农产品加工业和食品工业、农产品进出口贸易等方面做出了总体性的规定。

新修订并于 2015 年 10 月 1 日起正式施行的《中华人民共和国食品安全法》制定了农产品质量安全标准，规范了农产品的包装和标识，从农产品的生产、监督及法律责任等方面构建了农产品质量安全的保障体系。

2006 年 10 月 31 日通过的《中华人民共和国农民专业合作社法》确立了农民专业合作社的合法地位，从而保证了农民的合法权益，促进了农产品的流通和农村经济的发展。

在行政法规方面，自 2011 年 7 月 1 日起施行的《公路安全保护条例》、修订后自 2005 年 12 月 11 日施行的《外商投资国际货物运输代理企业管理办法》、自 2005 年 10 月 1 日施行的《商品条码管理办法》及一些国际条约和地方性法规中，也有零星的关于农产品流通的条款。

有的是适用于流通各个环节的一般性法律法规，如《中华人民共和国民法总则》《中华人民共和国合同法》等，更多的是适用于流通活动某一环节的法律法规，如《铁路货物运输管理规则》《中华人民共和国海商法》《中华人民共和国民用航空法》等。

总的来看，目前我国关于农产品流通和市场交易的法律法规不仅数量少，而且效力层次低，其他相关的法律法规基本上是空白，严重阻碍了农产品流通的发展。

二、国外关于农产品流通的法律制度建设的经验

建立中国现代农产品流通法律体系，既要总结自身经验，也要参考其他国家的经验。美、日、法三国的农产品流通业都很发达，关于农产品流通的法律制度完善，值得我们学习和借鉴。

（一）美国

美国关于农产品流通的法律法规非常完备，涉及农产品流通的全过程。美国《商品交易法案》对包括农产品在内的商品的生产、加工、流通等环节作出了详细的规定，并不断修订，以适应美国农产品流通业发展的新形势，保证交易的公平性。美国冷链协会 2004 年颁布的《冷链质量标准》，对从事储存、运输、处理易腐农产品的物流企业的资质标准作了规定，目前该标准已成为美国监督指导农产品冷链物流企业的基础。此外，美国政府还非常注重农产品卫生与安全，在农业环境保护方面有着非常严格的标准。美国法律规定，转基因农产品必须向联邦政府申报，必须定期或不定期地对河流土壤中的有害物质进行检测，严格控制养殖场废料的排放。

（二）日本

日本是一个农业耕地资源十分有限，农产品高度依赖进口的国家。这一基本国情使日本成为世界上少数农业保护程度最高、保护时间最长的国家之一。目前，在日本的经济法律中，专门针对农业、农村、农民的法律大约有 130 部，而其中关于农用物资、农产品流通与

价格的法律就有 15 部，如《农协法》《生协法》《批发交易法》《批发市场法》《粮食法》《食品卫生法》《蔬菜生产销售安定法》《大规模零售店铺法》《零售商业调整特别措施法》《中小企业基本法》《中小企业指导法》和《中小零售商业振兴法》等。这些法律对日本农村商品流通过程中可能涉及的各方面作了详尽的规范，使各经营主体有法可依，流通活动能依法开展，对于保障国内农产品及其他农村商品合理顺畅地流通具有积极意义。

（三）法国

法国政府认为，农业不只是提供食品和工业原料的部门，农产品流通体系是促进农业现代化、维护农民利益、保证市场供给的重要因素。因此法国政府颁布了一系列法律指导农产品流通，主要有《农业法》《农业指导法》《法国商法》《合作社调整法》《农业现代化法》等。

三、关于我国建立农产品现代流通体系法律法规的对策

为贯彻落实《国务院关于深化流通体制改革加快流通产业发展的意见》等文件，积极推进农产品流通，特别是农产品市场的立法刻不容缓。

借鉴国外的经验，一是法律先行。这是现在我国比较欠缺的，应积极推进农产品流通，特别是农产品市场的立法。

二是政策倾斜，政府支持。政府应对农产品批发市场、流通环节进行全方位的保障和支持，包括相关的税收优惠、土地方面的措施。这几年我国在这方面已做了很多研究。

三是要有专业化农户主导的合作营销。通过实现农户相互合作共同营销，解决“卖难”的问题。

四是要有先进的装备和设施。这里面包括匹配社会信息化和环境条件的功能。

五是决策有依据，实现信息共享。批发市场形成的交易量和交易价格同时同步发布，实现共享，为政府决策、引导市场、指导农户生产发挥作用。

课后练习

一、选择题

1.《中华人民共和国农产品质量安全法》规定，（　　）负责农产品质量安全的监督管理工作。

A. 国务院农业行政主管部门

B. 省级以上人民政府农业行政主管部门

C. 县级以上人民政府农业行政主管部门

D. 县级以上人民政府有关部门

2. 供食用的源于农业的初级产品的质量安全管理，须遵守（　　）的规定。

A.《中华人民共和国食品安全法》

B.《中华人民共和国农产品质量安全法》

C.《中华人民共和国食品卫生法》

D.《中华人民共和国产品质量法》

3.《中华人民共和国农产品质量安全法》规定，农产品生产企业和农民专业合作经济组织应当建立农产品生产记录。农产品生产记录应当保存（　　）年，禁止伪造农产

品生产记录。

A. 1　　B. 2

C. 3　　D. 4

4. 违反《中华人民共和国农产品质量安全法》的规定，冒用农产品质量标志的，不适用下列哪一项处罚？(　　)

A. 责令改正　　B. 没收违法所得

C. 并处 2 000 元以上 2 万元以下罚款　　D. 并处 5 000 元以上 5 万元以下罚款

5. 自 2007 年 1 月 1 日起，全面禁止在农业上使用的五种高毒有机磷农药是（　　）。

A. 乙酰甲胺磷、对硫磷、甲基对硫磷、久效磷和磷胺

B. 甲胺磷、对硫磷、甲基毒死蜱、久效磷和磷胺

C. 甲胺磷、对硫磷、甲基对硫磷、久效磷和磷胺

D. 甲胺磷、对硫磷、甲基对硫磷、三唑磷和磷胺

二、思考题

1. 简述农产品质量安全立法的目的。
2. 我国与农产品质量安全相关的法律法规有哪些？
3. 什么是农产品产地监管？
4. 如何防治农产品产地被污染？
5. 为什么要实施农产品产地保护？

案例分析

西瓜会被打针吗 ——农业部澄清农产品质量安全十大谣言

农业部在京举办的全国食品安全宣传周主题日活动，曝光了农产品质量安全十个谣言。专家指出，2015 年 4 月，“草莓残留乙草胺超标”事件，让北京市昌平区观光采摘游客骤降 21 万人次，辽宁东港市“五一”期间供应量暴跌至零。谣言不仅引发消费者恐慌，更导致销量骤降，价格下跌，影响相关产业健康发展。

谣言止于真相。对于所谓“香蕉浸泡不明液体，吃了有毒”，农业部专家证实，不明液体实为低毒杀菌剂，是为了抑制香蕉有氧呼吸，有利于远距离运输。专家对农产品质量安全其他九个谣言逐一进行了澄清。

对于所谓“又红又甜的西瓜被打了针”，专家指出，给西瓜打针，一难注射，二难扩散，三难食用，费时费工还易腐烂。实验证明，西瓜打针后，口感酸涩，谁愿意费时费力地去给西瓜打针还不讨消费者的好呢？对于所谓“草莓空心是因为使用了激素”，专家指出，品种、水分、肥料供应、过度成熟、使用膨大剂都会造成草莓空心，仅以空心判断是不是“激素草莓”并不科学。对于所谓“无籽葡萄都是沾了避孕药的”，专家表示，无籽葡萄分两种，一种是天然无种子葡萄，一种是对天然有种子的品种进行无核化栽培获得的葡萄。对于所谓“顶花带刺的黄瓜是沾了避孕药的”，农业部门全面排查，其实，黄瓜“沾花”药水是允许使用的植物生长调节剂。对于所谓“蘑菇富含重金属”，专家说，食用蘑菇多是人工无土栽培，不会吸附到土壤里的重金属，市场上常见的大宗食用菌并不存在富集重金属的情况。对于所谓“猪肉里有钩虫、水煮不烂、油炸不熟”，专家澄清，没有高温煮不死的寄生虫，猪肉里的“钩虫”实为肌肉组织。

针对“45天出笼的白羽鸡是激素催大的”谣传，专家说，白羽鸡长得快，是得益于现代化的养殖方式和科学的遗传选种技术。对于网传“市面上无良商贩为了增重将注过水的螃蟹出售”，专家说，实验证明，给螃蟹注水极易造成螃蟹死亡，赔本的买卖谁做？对于所谓“养殖黄鳝是用避孕药喂大的”，专家表示，用避孕药喂黄鳝，不仅不能促进生长，而且会造成高达50%的死亡率。

案例思考：

1. 本案例中的事件对你有什么启示？
2. 怎样从法律的角度提高农产品质量安全？

第10章

农产品质量安全的标准

农产品质量安全标准是农业标准化的组成部分。可以说，实现了农业标准化，也就实现了农产品质量安全。农产品质量安全实行“全程质量控制”，必须执行“从土地到餐桌”各个环节一整套标准。从事农产品质量安全工作的所有人员都必须了解农产品质量安全标准体系的结构和内容。目前，我国质量安全的农产品包括无公害农产品、绿色食品、有机食品三大类，其标准也必然分为三个层次。为了发展质量安全的农产品，必须了解农产品质量安全标准的概念、作用和农产品质量安全标准体系，还必须了解无公害农产品、绿色食品、有机食品的主要标准。

第一节　农产品质量安全标准概述

质量安全的农产品与其他农产品、食品的根本区别，就在于质量安全的农产品除了必须符合原来各种农产品、食品的质量标准外，在生产、流通的全过程中，即从产地环境质量、生产资料、生产技术、加工原料、加工技术、产品质量、包装材料、包装技术、贮藏技术、运输技术、营销方式，到消费者餐桌之前，还必须严格执行一系列农产品质量安全标准。无公害农产品、绿色食品、有机食品的生产就是农业的标准化生产。没有农业生产的标准化，就不可能有名副其实的农产品质量安全。

一、农产品质量安全标准常识

实现农业标准化是实现农产品质量安全的前提。必须了解标准、标准化、农产品质量安全标准等常识。

（一）农产品质量安全标准的相关概念

标准是人们对科学、技术和经济领域中重复出现的事物和概念，结合生产实践，经过论证、优化，由有关各方充分协调后，对活动或其结果规定的共同的和重复使用的规则、导则或特性的文件。

该文件经协商一致制定并经一个公认机构批准。标准随着科学技术的发展和生产经验的总结而产生和发展。标准应以科学、技术和经验的综合成果为基础，以促进最佳社会效益为目的。

标准化是为在一定的范围内获得最佳秩序，对实际的或潜在的问题制定共同的和重复使用的规则、导则或特性的文件的活动。

标准化的实质是通过制定、发布和实施标准，达到统一。标准化的目的是获得最佳秩序和社会效益。标准化包括制定、发布及实施标准的过程。标准化的重要意义是改进产品、过程和服务的适用性，防止贸易壁垒，促进技术合作。

农业标准化是指以农业为对象的标准化活动；是运用“统一、简化、协调、优选”的原则，对农业产前、产中、产后全过程，通过制定标准和实施标准，促进先进的农业科技成果和经验较快地得到推广应用。

农业标准化让农业的科技成果和丰富的实践经验浓缩在一张“放心卡”和“明白图”中，浓缩在简明的操作规程、工艺流程中，变成简单易行、便于操作的东西，农民按图操作，就可以收到预期的结果。它是产前、产中和产后全过程的标准化，在关键的生产环节有了保障后，再辅以完善的种苗供应、技术服务和产品销售网络，农产品的产量和质量就有了保证，农业生产和经营的现代化和产业化就有了基础，效益也就有了保证。其中包括种植业标准化、林业标准化、畜牧业标准化、水产业标准化和农业综合标准化。农业标准化的对象主要有农产品及种子的品种、规格、质量、等级、安全、卫生要求，试验、检验、包装、储存、运输、使用方法，生产技术，管理技术，术语，符号，代号等。实现农产品质量安全的活动是农业标准化的核心内容。

随着贸易的国际化，标准也日趋国际化。标准国际化，是指为了适应世界经济发展潮流，更有利于参与国际竞争，各国在制定标准时都尽可能采用国际标准，或大多数国家认可的发达国家标准。以国际标准为基础制定本国标准，已成为 WTO 对各成员的要求，也是发展中国家改变落后状况的内在要求。国际标准化是在国际范围内由众多国家、团体共同参与开展的标准化活动。国际标准化已成为世界经济发展中的一种不可逆转的潮流和趋势。农产品、食品是全人类生存的第一需要，农产品质量安全已逐步成为全人类的共识，各国努力实现农产品、食品质量安全标准国际化，在农产品质量安全方面，国际标准化活动正在兴起。

农产品质量安全标准是应用科学技术原理，结合农产品质量安全生产实践，借鉴国内外相关标准所制定的在质量安全的农产品基地建设，生物产品生产、加工、包装、贮藏、运输、销售中必须遵循，在认证质量安全的农产品时必须依据，在农产品质量安全监管执法中必须遵循的技术文件。

由于我国质量安全的农产品包括无公害农产品、绿色食品和有机食品，因此我国农产品质量安全标准由低到高由三个不同层次的标准体系组成。

（二）农产品质量安全标准内涵

农产品质量安全标准包括：

（1）农业方面的名词术语、符号、代号（含代码）、图例、图标等基础标准。

（2）农业产地环境、农村能源及农业生态的评价、监测和保护等技术要求。

（3）农业种质、耕地、草原、种植养殖用水分级和评价，野生动植物保护与利用等技术要求。

（4）农业种子种苗（苗种）、畜禽水产品种、农药、兽药、饲料及饲料添加剂、肥料、生物制剂的产品质量、分析方法、合理使用、登记管理等技术要求。

（5）农业机械及中小农具、兽医器械、渔具及渔具材料、渔业仪器设备、渔船等的作业质量、检验、维修保养等技术要求。

（6）农产品种植、养殖、采收、分级、加工、保鲜、贮运、包装、标志等标准。

（7）农药、兽药等有毒、有害物质残留限量触及分析实验方法。

（8）动植物检疫与防疫（治）、病虫害测报与防治、植物新品种保护与测试以及农业转基因生物安全评价、检测、鉴定技术要求。

（9）农产品质量安全监管体制程序，监管技术、方法，认定认证程序、方法等。

（10）其他需要统一的农业技术要求。

（三）标准的国际类别与采标

进入21世纪以来，中国在农产品、食品质量安全标准体系的研究和制定方面有了极大的发展，参照国际标准，结合本国国情，正在建立健全中国农产品、食品质量安全标准体系，为了深入了解中国农产品、食品质量安全标准体系，必须了解标准分类的常识，了解我国标准与国际标准的关系。

在当今世界科技迅猛发展的时代，一切事物都趋于国际化、全球化。中国为了加速发展，实行改革开放，特别是加入WTO以后，标准首先要与国际接轨，逐步实现我国标准的国际化。在农产品质量安全工作中实施的标准，从标准发生作用的范围和审批标准级别，可分为国际标准、国外先进标准和国内标准。

国际标准是指国际标准化组织（ISO）、国际电工委员会（IEC）和国际电信联盟制定的标准，以及国际标准化组织确认并公布的其他国际组织制定的标准。国际标准在世界范围内统一使用。被ISO认可，收入KWIC Index（国际标准题内关键词索引）中的其他25个国际组织制定的标准，也视为国际标准。被国际标准化组织确认并公布的与食品质量安全有关的其他国际组织是：国际计量局（BIPM）、食品法典委员会（CAC）、国际信息与文献联合会（FID）、国际谷类加工食品科学技术协会（ICC）、国际排灌研究委员会（ICID）、国际制酪业联合会（IDF）、国际有机农业运动联合会（IFOAM）、国际种子检验协会（ISTA）、国际葡萄与葡萄酒局（OIV）、贸易信息交流促进委员会（TarFIX）、国际卫生组织（WHO）、世界知识产权组织（WIPO）、世界气象组织（WMO）等。国外先进标准是指未经国际标准化组织（ISO）确认并公布的其他国际组织的标准、发达国家的国家标准、区域性组织的标准和国际上有权威的团体标准与企业（公司）标准中的先进标准。例如美国标准（ANSI）、德国标准（DIN）、英国标准（BS）、日本工业标准（JIS）、法国标准（NF）以及苏联国家标准（GUST）等。

国内标准是指我国各级政府部门和企业制定的各种标准。

我国标准与国际标准的对应关系有等同采用、修改采用和非等效三种。非等效不属于采用国际标准，只表明我国标准与相应国际标准有对应关系。

采标是采用国际标准和国外先进标准的简称，是指将国际标准或国外先进标准的内容，经过分析研究，不同程度地转化为我国标准。我国标准采用国际标准或国外先进标准的程度，分为等同采用、修改采用两种。

等同采用，指与国际标准在技术内容和文本结构上相同，或者与国际标准在技术内容上相同，只存在少量编辑性修改。

修改采用，指与国际标准之间存在技术性差异，并清楚地标明这些差异以及解释其产生的原因，允许包含编辑性修改。修改采用不包括只保留国际标准中少量或者不重要的条款的情况。修改采用时，我国标准与国际标准在文本结构上应该对应，只有在不影响与国际标准的内容和文本结构进行比较的情况下才允许改变文本结构。

采标的原则是：

（1）应当符合我国有关法律法规，保障国家安全，保护人体健康和人身、财产安全，保护动植物的生命和健康，保护环境，做到技术先进、经济合理、安全可靠。

（2）凡已有国际标准（包括即将制定完成的国际标准），应当以其为基础制定我国标准。凡尚无国际标准或国际标准不能适应需要，应当积极采用国外先进标准。

（3）对国际标准中的安全标准、卫生标准、环境保护标准和贸易需要的标准应当先行采用，并与相关标准相协调。

（4）采用国际标准和国外先进标准，应当同我国的技术引进、技术改造、新产品开发相结合。在技术引进中，要优先引进有利于产品质量和性能达到国际标准和国外先进标准的技术设备和有关的技术文件。技术改造、新产品开发应积极采用国际标准和国外先进标准。

农产品、食品是关系人体健康、人身安全的大问题，必须尽早采用国际标准和国外先进标准。我国农产品、食品质量安全标准很多是等同采用和修改采用国际标准。

（四）国内标准分类

1. 按标准发生作用的范围和审批标准的级别分类

根据《中华人民共和国标准化法》，我国标准按发生作用的范围和审批标准的级别分为国家标准、行业标准、地方标准、企业标准四级。

国家标准是产品或服务需要在全国范围内统一的质量标准，代表了国内生产技术在某等级上的最高水平。由国务院标准化行政主管部门组织制定、颁发和实施。对需要在全国范围内统一的技术要求，应当制定国家标准。国家标准的代号为“GB”（“国”和“标”拼音的第一个字母）。

行业标准是对没有国家标准，又需要在全国某一行业范围内统一的技术标准。由国务院有关的行政主管部门制定、颁发和实施，并报国家标准化行政主管部门备案。行业标准的代号也为两个拼音字母，如农业行业标准为 NY、环保行业标准为 HJ、卫生行业标准为 WS、旅游行业标准为 LB。

地方标准是在没有国家和行业标准，而又需要在省、自治区、直辖市范围内统一的技术标准。由省、自治区、直辖市标准化行政主管部门组织制定、颁发和实施，并报国务院标准化行政主管部门或国务院有关行业行政主管部门备案。对没有国家标准和行业标准而又需要在省、自治区、直辖市范围内统一的工业产品的安全、卫生要求，可以制定地方标准。“DB ××”为中华人民共和国强制性地方标准代号，其中“××”表示省级行政区划代码前两位。

企业标准是没有国家标准、行业标准、地方标准的产品的技术标准，由企业自行制定，作为企业生产的技术依据，在企业内部适用，并报上一级主管部门备案。企业法人代表对企业标准负责。目前我国企业标准还包括地方制定的区域性标准。企业生产的产品没有国家标准、行业标准和地方标准的，鼓励企业制定严于国家标准、行业标准或地方标准要求的企业标准。对已有国家标准、行业标准或地方标准的，鼓励企业制定严于国家标准、行业标准或地方标准要求的企业标准，企业标准的代号为“Q/××”，其中“××”为企业代码。

由于国家标准、行业标准尚未健全，也由于部分农产品、食品具有区域性特点，省、自治区、直辖市标准化行政主管部门和部分企业，为很多地方特产、生物产品生产及加工操作规程制定了地方标准和企业标准。

根据各类质量安全的农产品、食品不同的质量安全要求，各类质量安全的农产品、食品均有国家标准、行业标准、地方标准、企业标准。

另外，对于技术尚在发展中，需要有相应的标准文件引导其发展，或具有标准化价值，尚不能制定为标准的项目，以及采用国际标准化组织、国际电工委员会及其他国际组织的技术报告的项目，可以制定国家标准化指导性技术文件。中华人民共和国国家标准化指导性技术文件代号为“GB/Z”。

2. 按标准的约束性分类

根据《中华人民共和国标准化法》，按标准的约束性可分为强制性标准和推荐性标准两类。

强制性标准是具有法律属性，在一定范围内通过法律、行政法规等手段强制执行的标准。强制性标准是保障人体健康、人身和财产安全的国家标准或行业标准，和法律及行政法规规定强制执行的标准。《中华人民共和国标准化法》规定强制性标准必须执行，不符合强制性标准的产品，禁止生产、销售和进口。

推荐性标准又称非强制性标准或自愿性标准，是指生产、交换、使用等方面，通过经济手段或市场调节而自愿采用的一类标准。对于推荐性标准，国家鼓励企业自愿采用，任何单位均有权决定是否采用。推荐性标准一经接受并采用，或各方商定同意纳入经济合同中，就成为各方必须共同遵守的技术依据，具有法律上的约束性。推荐性标准的代号，是在强制性标准代号后加上“/T”，“T”是“推荐”的“推”字拼音的第一个字母。

国家强制性标准，如 GB14881—2013《食品生产通用卫生标准》、GB18406. 1—2001《农产品安全质量无公害蔬菜安全要求》。

国家推荐性标准，如 GB/T19630. 1—2011《有机产品　第 1 部分：生产》、GB/T18407. 2—2001《农产品安全质量　无公害水果产地环境要求》。

农业行业强制性标准，如 NY5029—2008《无公害食品　猪肉》。

农业行业推荐性标准，如 NY/T5018—2015《无公害食品　茶叶生产技术规程》、NY/T1052—2014《绿色食品　豆制品》。

3. 按标准的性质分类

按照标准的性质可分为技术标准、管理标准和工作标准。

技术标准是对标准化领域中需要协调统一的技术事项所制定的标准。主要包括基础技术标准，产品标准，工艺标准，检测试验方法标准，安全、卫生及环境保护标准，如 GB18406. 1—2001《农产品安全质量　无公害蔬菜安全要求》，NY5034—2001《无公害食品　鸡肉》、NY/T 392—2000《绿色食品　食品添加剂使用准则》等。

管理标准是对标准化领域中需要协调统一的管理事项所制定的标准。制定管理标准的目的是合理组织、利用和发展生产力，正确处理生产、交换、分配和消费的相互关系及科学地行使计划、监督、指挥、调整、控制等行政与管理机构的职能。管理标准按其对象可分为技术管理标准、生产管理标准、质量管理标准、经济管理标准、行政管理标准和业务管理标准等。如 ISO 9000《质量管理和质量保证系列标准》、ISO 22000《食品安全管理体系——对整个食品链中组织的要求》等。

工作标准是针对工作的内容、方法、程序和质量要求所制定的标准。工作标准的内容包括各岗位的职责和任务，每项任务的数量、质量要求及完成期限，完成各项任务的程序和方法，与相关岗位的协调、信息传递方式，工作人员的考核与奖罚方法等。可分为通用工作标准、专用工作标准和工作程序标准，如《无公害农产品产地认定程序》《绿色食品申报企业确认审批程序》等。

4. 按标准化对象在生产过程中的作用分类

按标准化对象在生产过程中的作用可分为产品标准，原材料标准，零部件标准，工艺和工艺装备标准，设备维修标准，检验和试验方法标准，检验、测量和试验设备标准，搬运、贮存、包装、标识标准等。

5. 按质量安全的农产品等级层次分类

我国质量安全的农产品分有机食品、绿色食品、无公害农产品三个层次，质量安全的农产品标准也可分为三个层次：

有机食品标准是和国际接轨的、质量安全水平最高的食品标准。

绿色食品标准是根据我国国情，向国际标准水平过渡的食品标准。绿色食品分为 AA 级和 A 级，绿色食品标准也相应分为 AA 级和 A 级。我国 AA 级绿色食品标准与国际有机食品接轨，并强调全程质量控制，要求高于国际有机食品标准。

无公害农产品标准是我国为了保障食品基本安全，实行食品质量安全市场准入制度，必须达到的、水平最低的质量安全的农产品标准。

农产品质量安全标准体系是以各层次质量安全的农产品的一整套国家标准和行业标准为主，以相关的地方标准、企业标准为辅，从产地环境认证，产品生产、加工、贮藏、运输、销售的各个环节，从质量体系认证到最终产品质量论证，保证农产品质量安全的一系列严格的标准和程序。农产品质量安全标准体系主要包括环境质量标准、生产技术标准、产品质量标准和包装、标志、贮藏、运输、销售等技术标准，还包括各层次管理标准和工作标准。其中，根据我国国情，应特别加强、完善在农产品质量安全监管方面的一系列标准，从而保证质量安全的农产品监管工作能公平、公正、行之有效。

（五）农产品质量安全标准的作用

农产品质量安全标准作为农产品生产经验的总结和科技发展的结果，对农业发展所起的作用表现在以下几个方面：

1. 农产品质量安全标准是进行农产品质量认证和质量体系认证的依据

质量认证，指由可以充分信任的第三方证实某一经鉴定的产品或服务符合特定标准或技术规范的活动。

质量体系认证，指由可以充分信任的第三方证实某一经鉴定的产品的生产企业，其生产技术和管理水平符合特定的标准的活动。

由于农产品质量安全认证实行产前、产中、产后全过程质量控制，同时包含了质量认证和质量体系认证，因此，无论是农产品质量认证，还是质量体系认证，都必须有适合的标准为依据，否则就不具备开展认证活动的基本条件。

2. 农产品质量安全标准是进行农产品质量安全生产活动的技术、行为规范

农产品质量安全标准不仅是对质量安全的农产品的质量、产地环境质量、生产资料毒副效应的指标规定，更重要的是对质量安全的农产品生产者、管理者行为的规范，是评价、监督和纠正质量安全的农产品生产者、管理者技术行为的尺度，具有规范农产品质量安全生产活动的功能。

3. 农产品质量安全标准是推广先进生产技术、提高农产品质量安全生产水平的指导性文件

农产品质量安全标准不仅要求产品质量达到质量安全的产品标准，而且为产品达标提供了先进的生产方式和生产技术指标，实质上在提供标准的同时，也是在提供科学的优质高产技术。宣传、培训、执行农产品质量安全各项标准的过程，就是推广先进生产技术的过程、提高生产技术水平的过程。执行农产品质量安全生产技术标准，将成为农业技术推广的重要途径。

4. 农产品质量安全标准是维护质量安全的农产品生产者和消费者利益的技术和法律依据

农产品质量安全标准作为质量认证依据，对接受认证的生产企业来说，属强制执行标准，企业采用的生产技术和生产的质量安全的农产品都必须符合农产品质量安全标准要求。当消费者对某企业生产的质量安全的农产品提出异议或依法起诉时，农产品质量安全标准就成为裁决的合法技术依据。同时，国家工商行政管理部门，也将依据农产品质量安全标准打击假冒质量安全的农产品的行为，保护质量安全的农产品生产者和消费者利益。

5. 农产品质量安全标准是提高我国食品质量，增强我国食品在国际市场竞争力，促进产品出口创汇的技术目标依据

农产品质量安全标准是根据我国农业实际情况，参照国际标准和国外先进标准制定的国家标准、行业标准，既符合我国国情，又具有国际先进水平。对我国大多数食品生产者和企业来说，要达到国际标准和国外先进标准，目前有一定难度。但根据我国目前不同层次的农产品质量安全标准，只要不断改善生产环境，改进生产技术，提高企业素质，提高全体生产者、经营者素质，改善经营管理，实现农工商“一体化”，从严格执行无公害农产品标准起步，逐步提高农产品质量安全水平，就能达到绿色食品、有机食品的标准，食品质量也能够符合国际市场的要求。而且目前国际市场对质量安全农产品的需求远远大于生产，这就为达到农产品质量安全标准的产品提供了广阔的市场。我国广大农业生产者和农产品加工企业必须加快达到农产品质量安全的标准。

6. 农产品质量安全标准是进行农产品质量安全监督、执法的法律依据

《中华人民共和国农产品质量安全法》已公布实施，不执行农产品质量安全要求已成为违法行为。目前，我国食品中毒事件在各地频频发生。为了迅速扭转我国农产品市场质量安全的被动局面，加快推进农产品质量安全进程，必须加大执法力度。农业、质检、工商、卫生和食品药品监督管理各部门分工协作，联合行动，抓好“从土地到餐桌”的农产品质量安全的每个环节的执法工作，严厉打击一切违反《农产品质量安全法》和食品质量安全市场准入制度的违规行为和违法犯罪分子。农产品质量安全标准体系，就是各行业执法部门进行行政执法的依据，也是司法部门对违法犯罪分子认定犯罪事实的依据。

二、农产品质量安全标准体系概述

我国农产品质量安全标准体系是一个多层次的标准系统。系统的第一层次，按标准的性质分为技术标准、管理标准和工作标准三个子系统。

（一）技术标准系统

我国农产品质量安全技术标准系统的组成结构有四个层次。第一个层次包括三种质量安全的农产品：无公害农产品、绿色食品、有机食品。三种质量安全的农产品存在标准水平高低的层次性。第二个层次是各种质量安全的农产品的标准，包括六类标准。第三、四个层次是各类标准，分别包括多个具体标准。从全程质量控制的目的出发，各质量层次的农产品质量安全标准都必须包括产地环境质量、生产技术、产品、包装、标识、贮藏、运输等一系列标准。

（二）管理标准系统

我国农产品质量安全管理标准系统还很不完善，虽然在引用国际先进的管理标准方面已开始行动，但是还很不普及。管理标准系统一般包括两个层次。第一个层次可分为环境管理、经济管理、行政管理三个子系统。第二个层次是各子系统包含的若干具体标准，如经济管理标准又包括技术管理标准、质量管理标准和生产管理标准等。而且我国有机食品、绿色食品、无公害农产品，由于质量标准不同、管理主体不同，其管理标准也有差异。

（三）工作标准系统

我国农产品质量安全工作标准系统也很不完善，这也是目前农产品质量安全问题多、监督管理困难的根本原因。建立完善的工作标准，有利于提高农产品质量安全工作的质量，有利于提高有关工作人员的整体素质。工作标准系统一般有两个层次。第一个层次可分为通用工作标准、专用工作标准和工作程序标准三个子系统。第二个层次则是具体工作标准。同样，我国对三类质量安全的农产品分别制定并实施了部分工作标准，如 NY/T 896—2015《绿色食品　产品抽样准则》等。

第二节　农产品质量安全的技术标准

一、农产品质量安全的产地环境质量标准

制定这项标准的目的，一是强调质量安全的农产品必须产自有良好生态环境的地域，以保证最终产品无污染和安全性，保障人的健康、安全；二是促进对农产品质量安全的产地环境的保护和改善，保障农产品生产者的人身安全、生产安全和农业生产可持续发展。

质量安全的农产品或食品原料产地必须符合相关层次农产品质量安全的产地环境质量标准。农产品质量安全的产地的生态环境主要包括大气、水、土壤等因子。农产品质量安全的产地环境质量标准是生产各层次质量安全的农产品的首要标准。

（一）农产品质量安全的产地环境质量总体标准

质量安全的农产品生产一定要选择好基地，基地的环境质量必须达到相关标准。农产品质量安全的产地环境质量标准，一般要求为空气清新、水质纯净、土壤安全或污染程度在相关标准允许指标范围内，具有良好的农业生态环境的地区。生产基地应避开繁华都市、工矿企业，并远离公路、机场、车站、码头等交通要道的中心，以避免有害物质的污染，要对基地的大气、土壤、水源进行监测，符合标准的才能确定为农产品质量安全生产基地。这是生

产质量安全的农产品的基础条件。

承担产地环境检测的机构，根据相关层次的质量安全的农产品检测标准对产地大气、土壤、水源等环境资源取样检测，再根据相关环境因素数据指标和检测数据结果，出具产地环境检测报告。

（二）农产品质量安全的产地环境质量分项标准

农产品质量安全的产地环境质量的具体标准，主要是大气、水、土壤中各种有关物质的含量指标。

1. 农产品质量安全对大气环境的要求

农产品质量安全对大气环境的总体要求是：产地周围不得有大气污染源，特别是上风口没有污染源；不得有有害气体排放；生产、生活用的燃煤锅炉需有除尘除硫装置。大气质量要求稳定，符合农产品质量安全的大气环境质量标准。大气环境质量国家标准共分三级。主要评价因子包括：总悬浮微粒（TSP）、氧化硫（SO_2）、氮氧化物（NO_x）、氟化物、一氧化碳、飘尘、光化学氧化剂等。

2. 农产品质量安全对水环境的要求

农产品质量安全对水环境的总体要求是：产地的地表水、地下水水质必须清洁、无污染；水域、水域上游没有对该产地构成威胁的污染源。不同类型的生物产品生产需执行不同的标准，如农田灌溉用水、渔业用水、畜禽饮用水及加工用水标准等。各标准包括的因素：常规化学性质（pH、溶解氧）、重金属及类重金属（汞、镉、铅、砷、铬、氟等）、有机污染物和细菌学指标（大肠杆菌、细菌）等。

3. 农产品质量安全对土壤环境的要求

农产品质量安全对土壤环境的总体要求是：土壤有机质丰富，肥力较高，有毒、有害的污染物和重金属不超过相关指标；土壤元素位于背景值正常区域，周围没有金属或非金属矿山；没有农药残留污染。土壤评价方法为：该土壤类型背景值的算术平均值加 2 倍的标准差。主要评价因子包括：重金属及类重金属（汞、镉、铅、砷、铬、氟等）、有机污染物（六六六、DDT）、细菌学和生物学指标（大肠杆菌、细菌、寄生虫）等。土壤不仅应满足质量安全的农产品生长发育的要求，而且还应达到允许生产质量安全的农产品的标准。

（1）以轻壤土或砂壤土为佳，要求熟土厚度不低于 30 cm。土壤应质地疏松，有机质含量高，腐殖质含量应在 3%以上，蓄肥保肥能力强，能及时供给植物不同阶段所需养分。

（2）土壤保水、供水、供氧能力强。由于农产品根系需氧量高，当土壤含氧量在 10%以下时，根系呼吸受阻，生长不良。适于生产质量安全的农产品的土壤“三相”比为：固相 40%、气相 28%、液相 32%。

（3）土壤应具有稳温性。温室土壤应有较大的热容量和导热率，温度变化比较平衡。

二、农产品质量安全的生产技术标准

质量安全的农产品生产过程的控制是农产品质量安全控制的关键环节。农产品质量安全生产技术标准是农产品质量安全标准体系的核心。农产品质量安全生产技术标准是指在种植、养殖、培养和食品加工各个环节必须遵循的技术规范。该标准的核心内容是在总结各地作物种植、畜禽饲养、水产养殖和食品加工等生产技术和经验的基础上，按照质量安全的农产品生产资料的使用准则要求，指导质量安全的农产品生产者进行生物生产和加工活动。我国正在制定和逐步健全各种生物质量安全生产及加工技术相应的行业标准，各省技术监督局参照国家相关的行业标准，制定农产品质量安全的地方标准，供质量安全的农产品、食品生产及加工企业参照执行和作为有关部门监督、管理的依据。它包括质量安全的农产品生产资料使用准则和农产品质量安全生产技术操作规程两部分，是农产品质量安全生产全过程都必须时刻关注和认真实施的标准。

（一）生产资料使用准则

质量安全的农产品生产资料的使用准则是对生产质量安全的农产品过程中物质投入的一个原则性规定，是全国适用的标准。它包括农药、肥料、食品添加剂、饲料添加剂、兽药和水产养殖用药的使用准则，对允许、限制和禁止使用的生产资料及其使用方法、使用剂量、使用次数和休药期等作出了明确规定。

1. 质量安全的农产品农药使用准则

质量安全的农产品生产应从“作物—病、虫、草”等整个生态系统出发，运用综合防治措施，创造不利于病、虫、草害滋生和有利于各类天敌繁衍的环境条件，保持农业生态系统的平衡和生物多样化，减少各类病、虫、草害所造成的损失。有机食品禁用一切化学农药；无公害农产品、A 级绿色食品，在不得不使用化学农药时，可根据《绿色食品　农药使用准则》使用相关准许的农药。

《绿色食品　农药使用准则》中禁止使用的农药有如下几种原因：

（1）高毒、剧毒，使用不安全。

（2）高残留，高生物富集性。

（3）各种慢性毒性的作用，如遇发性神经毒性。

（4）二次中毒或二次药害，如氟乙酰胺的二次中毒现象。

（5）“三致”作用：致畸、致癌、致突变。

（6）含特殊杂质，如氯杀螨醇中含有 DDT。

（7）代谢产物有特殊作用，如代森类代谢产物为致癌物 ETU（乙撑硫脲）。

（8）对植物不安全、有药害。

（9）对环境、非靶标生物有害。

生产上不允许使用的农药有：有机胂类杀菌剂福美胂（高残留）；有机氯类杀虫剂六六六、滴滴涕（高残留）、氯杀螨醇（含滴滴涕）；有机磷类杀虫剂甲胺磷、甲基对硫磷、对硫磷、久效磷、磷胺、甲拌磷、甲基异硫磷、特丁硫磷、甲基硫环磷、治螟磷、氧化乐果（高毒）；氨基甲酸酯类杀虫剂克百威、涕灭威（高毒）；二甲基甲脒类杀虫杀螨剂（慢性中毒素、致癌）等。

提倡使用的农药有：微生物源杀虫、杀菌剂，如白俄菌、阿维因素、多氧霉素等；植物源杀虫剂，如烟碱、苦参碱、除虫菊、鱼藤等；昆虫生长调节剂，如灭幼脲、卡死克、扑虱灵等；矿物源杀虫、杀菌剂，如机油乳油、柴油乳油及由硫酸铜和硫黄配制的多种合剂；低毒、低残留化学农药，如吡虫啉、敌百虫、甲基托布津、多菌灵、甲霜灵、百菌清等。

有限制地使用的中等毒性农药有：乐斯本、抗蚜威、敌敌畏、功夫菊酯、杀灭菊酯、氰戊菊酯等。

2. 质量安全的农产品肥料使用准则

有机食品和 AA 级绿色食品不准使用任何化肥。无公害农产品、A 级绿色食品，以有机肥为主，允许限量使用部分化肥。

（1）施肥的具体要求：

① 禁止使用未经国家或省级农业部门登记的化学或生物肥料。

② 肥料使用总量（尤其是氮肥总量）必须控制在土壤地下水硝酸盐含量在 40 mg/ L 以下。

③ 必须按照平衡施肥技术，以优质有机肥为主。以生活垃圾、污泥、畜禽粪便等为主生产的商品有机肥或有机复合肥，每年每公顷施用量不得超过 3 000 kg，其中主要重金属含量不得超标。

④ 肥料施用结构，有机肥所占比例不得低于 50%（有效养分）。

（2）允许使用的肥料种类：

① 有机肥料：堆肥、沤肥、厩肥、沼气肥、绿肥、作物秸秆、泥肥、饼肥、骨粉、氨基酸残渣、家畜加工废料、糖厂废料等。

② 微生物肥料：腐殖酸类肥料、根瘤菌肥料、固氮菌肥料、磷细菌肥料、硅酸盐细菌肥料、复合微生物肥料、光合细菌肥料。

③ 无机肥料：矿物氮肥、矿物钾肥和硫酸钾、脱氮磷肥等。

④ 微量元素肥料：以铜、铁、硼、锌、锰等微量元素及有益元素为主配制的肥料。

⑤ 植物生长辅助肥料：用天然有机物提取液或接种有益菌类的发酵液，添加腐殖酸、藻酸、氨基酸、维生素、糖等配制的肥料。

⑥ 中量元素肥料：以钙、镁、硫、硅等中量元素肥料配制的肥料。

⑦ 复混（合）肥料：主要以氮、磷、钾三种元素或两种以上的肥料按科学配方配制而成的有机和无机复混（合）肥料。

限制施用化肥。如生产上确实需要，可有限度地施用部分化肥（包括微量元素肥料），必须控制化肥用量，并与有机肥配合施用，标准氮素化肥用量控制在 375 kg/km^2 左右，禁止施用硝态氮肥。最后一次追肥必须在收获前 30 天以前进行。

慎用城市垃圾肥料。城市垃圾成分复杂，必须清除金属、橡胶、塑料及砖瓦、石块等杂物，并不得含重金属和有害毒物，经无害化处理达到国家标准后方可使用。

3. 质量安全的农产品其他生产资料及使用准则

质量安全的农产品其他生产资料，如畜禽饲料、水产养殖饲料、兽药、水产养殖用药、饲料添加剂、食品添加剂等，它们的正确合理使用与否，直接影响到无公害畜禽产品、水产品、加工品的质量。为了防止上述生产资料的使用影响人们身体健康及生命安全，必须执行国家农业行业相关标准和省级技术监督部门参照国家相关的行业标准制定的地方标准；相关标准对这些生产资料的允许使用品种、使用剂量、最高残留量和最后一次休药期天数作出了详细的规定，以确保绿色食品的质量。

兽药使用必须坚持：不得使用未取得批准文号的兽药，提倡使用酶制剂、中草药剂和微生物制剂，不得在饲料及饲料产品中添加未经农业部批准用于饲料的兽药，不得使用高铜添加剂，饲料中铜含量应不大于 50 mg/kg。

动物养殖不得使用影响生殖的激素（如性激素、促性腺激素及同化激素等）、具有雌激素样作用的物质（如玉米赤霉素）、催眠镇静药（如安定，氯丙嗪、安眠酮等）、肾上腺素样药（如异丙肾上腺素、多巴胺等）。

（二）生产操作规程

农产品质量安全生产操作规程是用于指导农产品质量安全生产活动，规范农产品质量安全生产技术操作的规定。由于生物与环境之间的相关性和各区域之间环境的差异性，农产品质量安全生产操作规程不能搞全国适用标准，只能搞区域适用标准。各地区各品种农产品质量安全操作规程，应包含不影响质量安全的各种高产、优质、省工、节本配套技术。农产品质量安全生产操作规程是质量安全的农产品生产资料使用准则在一个物种上的细化和落实，以及其他各项生态农业技术措施的实施步骤。

在制定规范或规程时应注意两个问题：一是要因地制宜地采用最先进的技术，要具有较强的可操作性；二是各项技术措施要符合农产品质量安全生产要求。

农产品质量安全生产操作规程主要包括农产品种植、畜禽养殖、水产养殖、菌类培养和食品加工等方面。

1. 种植业质量安全生产操作规程

种植业的质量安全生产操作规程是指农作物的整地、播种、施肥、浇水、喷药及收获等五个环节中必须遵守的规定。其主要内容是：

（1）在植保方面：坚持综合防治、限制化学农药使用的原则。农药的使用在种类、剂量、时间和残留量方面都必须符合上述使用准则。

（2）在作物栽培方面：采用优质、高产、综合配套的生态农业技术。肥料的使用在种类、剂量、时间等方面都必须符合上述使用准则。有机肥的施用量必须达到保持或增加土壤有机质含量的程度。

（3）在品种选育方面：选育尽可能适应当地土壤和气候条件，并对病、虫、草害有较强的抵抗力的高品质优良品种。

（4）在耕作制度方面：尽可能采用生态学原理，保持物种的多样性，减少化学物质的投入。

2. 畜禽养殖业质量安全生产操作规程

畜禽养殖业的质量安全生产操作规程是指在畜禽选种、饲养、防治疫病等环节的具体操作规定。其主要内容是：

（1）选择饲养适应当地生长条件的抗逆性强的优良品种。

（2）主要饲料原料应来源于无公害区域内的草场、农区、质量安全的农产品种植基地和质量安全的农产品加工产品的副产品。

（3）饲料添加剂的使用、畜禽房舍消毒用药及畜禽疾病防治用药必须符合兽药使用准则。

（4）采用综合防治及其他无公害技术保护生物。

（5）采用优质、高产、综合配套的生态农业技术。

3. 水产养殖业质量安全生产操作规程

水产养殖业的质量安全生产操作规程主要内容是：

（1）养殖用水必须达到要求的水质标准。

（2）选择饲养适应当地生长条件的抗逆性强的优良品种。

（3）鲜活饵料和人工配合饲料的原料应来源于无公害生产区域。

（4）人工配合饲料的添加剂使用和疾病防治用药，必须符合相关的水产养殖用药的规定。

（5）采用生态防病技术及其他无公害技术。

（6）采用优质、高产、综合配套的生态农业技术。

4. 菌类培养质量安全生产操作规程

菌类培养的质量安全生产操作规程的主要内容是：

（1）选择培养适应当地生长条件的抗逆性强的优良品种。

（2）主要培养基原料应来源于质量安全的农产品生产基地区域内的农副产品和加工产品的副产品。

（3）饲料添加剂的使用、菌房（棚）消毒用药及菌类病虫防治用药必须符合相关的标准。

（4）采用优质、高产、综合配套的生态培养技术。

5. 食品加工质量安全生产操作规程

食品加工的质量安全生产操作规程的主要内容是：

（1）加工区环境卫生必须达到质量安全的食品生产要求。

（2）加工用水必须符合质量安全的食品加工用水标准。

（3）加工原料主要来源于质量安全的农产品产地。

（4）加工所用设备、加工过程、包装材料、产品流通媒介都要具备安全无污染条件。

（5）食品添加剂的使用必须符合相关使用准则，允许使用的要严格控制用量，不能使用国家明令禁用的色素、防腐剂、品质改良剂等添加剂，如禁用糖精及人工合成添加剂。

（6）食品在加工工艺流程中所产生的一切变化，均不会产生对人体和环境有毒、有害的物质。

目前，各物种的生产操作规程正分区域制定，将逐步完成。国家分区域委托制定的生产操作规程是一个技术指导性文件。由于区域范围较大，也由于生产技术在实践中总会不断发展，各质量安全的农产品生产企业可以在不影响产品质量安全和环境质量的前提下，经过试验和比较，结合本地的环境条件和高产技术，对上述生产操作规程进行必要的修改，但修改的生产技术操作规程必须经过有关农产品质量安全主管部门的审查、论证并认可。

三、质量安全的农产品标准

质量安全的农产品标准是衡量质量安全的农产品最终产品质量的指标尺度，是树立质量安全的农产品形象的主要标志，也反映出农产品质量安全生产、管理及质量控制的水平。质量安全的农产品标准与其他产品标准相比，主要特点表现为对农药残留和重金属的检测项目种类多、指标严。加工生产的质量安全的食品，与普通食品相比，主要特点在于使用的主要原料必须是来自质量安全的农产品产地的、按农产品质量安全生产操作规程生产出来的产品，其卫生品质要求高于国家现行标准。质量安全的农产品标准反映了农产品质量安全生产、管理和质量控制的先进水平，突出了产品无污染、安全的卫生品质。

质量安全的农产品标准是全国适用的标准。质量安全的农产品的最终产品必须由定点的食品监测机构依据农产品质量安全相关层次产品标准检测合格。

国家对质量安全的农产品的安全质量和商品质量制定了一系列相应的国家标准和行业标准。各省级技术监督部门参照国家及相关行业标准，制定了质量安全的农产品地方标准。从质量安全方面规定了质量安全的农产品标准和检测方法。安全性标准项目主要是农产品中有害重金属和农药残留量。重金属中铜、锌、汞、铅、砷和农药及六六六、DDT都是必检项目。

标准根据未加工的质量安全的农产品、不同方法和不同层次加工的农产品分别制定。

（一）初级农产品标准

这里的初级农产品是指生物产品，包括植物、动物和微生物等通过生物的繁殖、生长、发育而生产的一切未经加工的农产品，如稻谷、麦、大豆、蔬菜、苹果、鲜肉、鲜蛋、平菇等。

1. 感官要求

感官要求是消费者对食品的第一要求，良好的感官体验是农产品质量安全优质性的最直接体现，包括外形、色泽、气味、口感、质地等。质量安全的农产品标准有定性、半定量、定量标准，其要求严于非质量安全的农产品。

2. 理化要求

这是农产品质量安全的内涵要求，包括应有成分指标，如蛋白质、脂肪、糖类、维生素等，这些指标不能低于国际标准；同时还包括不应有的成分指标，如汞、铬、砷、铅、镉等重金属和六六六、DDT等国家禁用的农药，要求与国外先进标准或国际标准接轨。

3. 微生物学要求

产品的微生物学特征必须保持，如活性酵母、乳酸菌等，这也是产品质量的基础。对微生物污染指标必须加以相当或严于国标的限定，例如菌落总数、大肠菌群、致病菌（金黄色葡萄球菌、乙性链球菌、志贺氏菌、沙门氏菌）、霉菌等。

（二）加工产品标准

质量安全的农产品也包括经过初级加工（清洁、分级、整理、粗加工、包装等）的农产品，如大米、面粉、菊花茶、光鸭、松花蛋、酸奶等。一切经不同层次加工的质量安全的农产品其产品质量安全必须建立在初级农产品（生物产品）质量安全的基础上，还必须确保加工、包装、贮藏、运输、营销过程中不受污染，不变质。

1. 原料要求

质量安全的加工产品的主要原料必须是来自质量安全的农产品产地，即经过环境监测证明符合农产品质量安全环境标准，按照农产品质量安全生产操作规程生产出来的生物产品。对于某些进口原料，例如果蔬脆片所用的棕榈油、生产冰激凌所用的黄油和奶粉，无法进行原料产地环境检测的，经国家质量监督检验检疫部门按照农产品质量安全标准进行检验，符合标准的产品才能作为质量安全的加工产品的原料。

2. 产品要求

质量安全的农产品的最终产品——食品，必须符合相应的感观要求、理化要求和微生物学要求，通过有关食品检验部门的检验、认证，达到相关的食品质量安全标准。

四、农产品质量安全包装、标签标准

农产品质量安全包装、标签标准规定了进行质量安全的农产品包装时应遵循的原则，包装材料选用的范围、种类，包装上的标识内容等。要求产品包装从原料、产品制造、使用、回收和废弃的整个过程都应有利于食品安全和环境保护。包括包装材料的安全、牢固性，节省资源、能源，减少或避免废弃物产生，易回收循环利用，可降解等具体要求和内容。

质量安全的农产品的标签，除要求符合《食品标签通用标准》外，还要求符合质量安全的农产品的标志、标签方面的规定和标准。

（一）农产品质量安全的包装标准

1. 包装的概念

包装是指为了在流通过程中保护产品、方便贮运、促进销售，按照一定技术要求而采用的容器、材料及辅助物的总称，也指为了在达到上述目的而采用容器、材料和辅助物的过程中施加一定的技术方法等的操作活动。

2. 包装标准

我国的包装工业起步较晚，某些传统的包装不利于环保。包装产品从原料，包装品制造、使用、回收和废弃的整个过程都应符合环境保护的要求，它包括节省资源、能量，减少、避免废弃物产生，易回收利用，可降解等具体要求和内容，也就是世界发达国家要求的“4R”（Reduce 减量化、Reuse 重复使用、Recycle 再循环、Recover 能量物质再利用）和“1D”（Degradable 再降解）原则。我国对食品接触用金属材料及制品（GB 4806. 9—2016）、食品接触用塑料树脂（GB 4806. 6—2016）等都作了明确的规定。

3. 包装的基本要求

（1）较长的保质期（货架寿命）。

（2）不带来二次污染。

（3）少损失原有营养及风味。

（4）包装成本要低。

（5）贮藏和运输方便、安全。

（6）增加美感，引起食欲。

（二）农产品质量安全标签标准

质量安全的农产品的标签应符合 GB 7718—2011《食品安全国家标准　预包装食品标签通则》。

该标准规定食品标签上必须标注以下内容：

（1）食品名称。

（2）配料表。

（3）净含量及固形物含量。

（4）制造者、经销者的名称和地址。

（5）日期标志（生产日期、保质期或保存期）和贮藏指南。

（6）质量（品质）等级。

（7）产品标准号。

（8）特殊标注内容。

农业部和国家认证认可监督管理委员会制定并发布了《农产品质量安全标志管理办法》，获得农产品质量安全认证书的单位和个人，可以在证书规定的产品包装、标签、广告、说明书上使用农产品质量安全标志。

五、农产品质量安全贮藏、运输标准

农产品质量安全贮藏、运输标准对农产品质量安全贮运的条件、方法、时间作出规定，以保证质量安全的农产品在贮运过程中不遭受污染、不改变品质，并有利于环保、节能。

农产品质量安全贮藏、运输必须遵循以下原则：

（1）贮藏、运输环境必须洁净卫生，不能对质量安全的农产品产生污染。

（2）选择的贮藏、运输方法不能使产品品质发生变化、产生污染。

（3）在贮藏、运输中，质量安全的农产品不能与非质量安全的农产品混堆贮存，不同层次的质量安全的农产品也不能混堆贮藏。

六、绿色市场标准

经营质量安全的农产品的市场就是绿色市场，绿色市场是环境设施清洁卫生、农产品符合质量安全标准、经营管理具有较好信誉的农副产品市场。制定绿色市场标准的目的是完善我国农副产品流通环节的质量安全保障体系，提升我国农副产品市场的管理技术和设施水平，阻止非质量安全的农产品进入市场，进入市场的质量安全的农产品不受到污染、不变质，确保消费者购买到质量安全的农产品。绿色市场标准主要对市场条件、商品质量、商品管理和市场管理四个方面作出规定，关键内容如下：

（一）市场硬件条件标准

（1）场地环境清洁卫生、无污染。

（2）设施设备完备。要有保鲜陈列设备、检测设施设备等。

（二）准入市场的商品质量标准

（1）商品质量要符合相关的农产品质量安全标准。

（2）进货要符合产品质量和卫生要求。

（三）商品管理标准

为了确保进入市场的农产品质量安全，商品管理必须符合标准。商品管理的标准主要包括：

（1）商品准入规范。

（2）商品检验检测。

（3）商品分区或分柜（架）陈列。

（4）商品保存保鲜。

（5）包装管理。

（6）卫生管理。

（7）现场食品加工。

（四）市场管理标准

（1）市场管理。

（2）市场信用。

七、农产品质量安全的其他标准

除上述六类农产品质量安全标准外，还有部分辅助类标准，如：

（1）农产品质量安全推荐生产资料（肥料、农药、食品添加剂）标准。

（2）农产品质量安全生产基地标准。

以上标准对质量安全的农产品产前、产中、产后全程质量控制技术和指标作了明确规定，既保证了质量安全的农产品无污染、安全、优质、营养的品质，又保护了产地环境，并使资源得到合理利用，促进了质量安全的农产品的可持续生产，从而构成了一个完整、科学的标准体系。

课后练习

一、选择题

1. 我国标准分为（　　）。

A. 国家标准、专业标准、地方标准和企业标准

B. 国家标准、行业标准、地方标准和企业标准

C. 国际标准、国家标准、部门标准和内部标准

D. 国际标准、国家标准、地方标准和企业标准

2. 食品安全标准是（　　）的标准。

A. 自愿执行　　B. 强制执行

C. 任意执行　　D. 随便执行

3. 以下关于农产品批发市场中销售不符合农产品质量安全标准的农产品赔偿责任的表述正确的是（　　）。

A. 农产品批发市场有权拒绝赔偿

B. 消费者可以向农产品批发市场要求赔偿

C. 属于生产者、销售者责任的，农产品批发市场有权追偿

D. 消费者也可以直接向农产品生产者、销售者要求赔偿

4. 国家采用国际单位制，（　　）为国家法定计量单位。

A. 国际单位制计量单位

B. 国家选定的其他计量单位

C. 国际单位制计量单位和国家选定的其他计量单位

D. 国际单位

5. 农产品产地发生污染事故时，（　　）人民政府农业行政主管部门应当依法调查处理。

A. 中央　　B. 省级以上

C. 地市级以上　　D. 县级以上

二、思考题

1. 简述农产品质量安全包装、标签标准。
2. 简述农产品质量安全农药使用准则。
3. 什么是初级农产品？
4. 农产品质量安全标准的作用是什么？
5. 采标的原则有哪些？

案例分析

国务院印发《十三五国家食品安全规划》和《十三五国家药品安全规划》

经李克强总理签批，国务院印发《十三五国家食品安全规划》和《十三五国家药品安全规划》，明确了我国“十三五”时期食品药品安全工作的指导思想、基本原则、发展目标和主要任务，部署了保障人民群众饮食用药安全工作。

“十三五”时期是全面建成小康社会的决胜阶段，也是全面建立严密高效、社会共治的食品药品安全治理体系的关键时期。要充分尊重食品药品安全治理规律，把握现阶段工作重点，坚持最严谨的标准、最严格的监管、最严厉的处罚、最严肃的问责，坚持源头治理、标本兼治，促进食品药品产业健康发展，推进健康中国建设。

《十三五国家食品安全规划》提出，到2020年，食品安全抽检覆盖全部食品类别、品种，国家统一安排计划、各地区各有关部门每年组织实施的食品检验量达到每千人4份；农业污染源头得到有效治理，主要农产品质量安全监测总体合格率达到97%以上；食品安全现场检查全面加强，对食品生产经营者每年至少检查1次；食品安全标准更加完善，产品标准覆盖所有日常消费食品，限量标准覆盖所有批准使用的农药兽药和相关农产品；食品安全监管和技术支撑能力得到明显提升。规划明确了包括全面落实企业主体责任、加快食品安全标准与国际接轨、完善法律法规制度、严格源头治理、严格过程监管、强化抽样检验、严厉处罚违法违规行为、提升技术支撑能力、加快建立职业化检查员队伍、加快形成社会共治格局、深入开展国家食品安全示范城市创建和农产品质量安全县创建行动等11项主要任务。

《十三五国家药品安全规划》提出，“十三五”期间，要实现药品质量进一步提高，分期分批对已上市的药品进行质量和疗效一致性评价；药品医疗器械标准不断提升，制修订完成国家药品标准3 050项和医疗器械标准500项；审评审批体系逐步完善，实现按规定时限审评审批；检查能力进一步提升，使职业化检查员的数量、素质满足检查需要；监测评价水平进一步提高，药品定期安全性更新报告评价率达到100%；检验检测和监管执法能力得到增强，药品医疗器械检验检测机构达到国家相应建设标准；执业药师服务水平显著提高，每万人执业药师数超过4人，所有零售药店主要管理者具备执业药师资格，营业时有执业药师指导合理用药。规划提出了加快推进仿制药质量和疗效一致性评价、深化药品医疗器械审评审批制度改革、健全法规标准体系、加强全过程监管、全面加强能力建设等5项主要任务。

规划要求加强政策保障，合理保障经费，强化综合协调，深化国际合作。地方各级人民政府要根据确定的发展目标和主要任务，将食品药品安全工作纳入重要议事日程和本地区经济社会发展规划。各有关部门要按照职责分工，细化目标，分解任务，制定具体实施方案。

案例思考：

1. 谈谈《十三五国家食品安全规划》和《十三五国家药品安全规划》的出台对我国农产品质量安全标准的制定的影响。

2. 我国当前农产品质量安全管理面临哪些新问题？

第11章

我国冷链物流的发展与趋势

第一节　我国冷链物流发展情况介绍

冷链泛指采用一定的技术手段，使生鲜食品以及需冷藏的药品在采收、加工、包装、储存、运输及销售的整个过程中，处于一定的适宜条件下，最大限度地保持生鲜食品以及需冷藏的药品质量的一整套综合设施和管理手段。而这种由完全低温环境下的各种物流环节组成的物流体系称为冷链物流。

一、我国冷链物流行业发展的特点

（一）我国物流行业发展现状

1. 我国成为全球最大物流市场

2016 年，我国社会物流总费用超过 11 万亿元，已经超过美国，成为全球最大的物流市场。在 2017 全球智慧物流峰会上，中国物流与采购联合会（简称中物联）会长何黎明表示，2016 年，全国货运量达到 440 亿 t，其中，公路货运量、铁路货运量、港口货物吞吐量多年来居世界第一位。快递业务量突破 300 亿件，继续稳居世界第一。2016 年，物流业从业人员超过 5 000 万人，占全国就业人员的 6. 5%，其中，邮政快递业从业人员为 245 万人，同比增长 22%。物流业是吸纳就业的重要行业之一。

2. 我国物流市场的主要特征

（1）消费型物流需求增长成为亮点。统计数据显示，当前，我国人均 GDP 超过 8 800 美元，最终消费对经济增长的贡献率为 65%，消费驱动经济增长特征明显。2016 年，社会消费品零售总额 33 万亿元，增速高于同期 GDP 增速 3. 7 个百分点。其中，网上零售额占社会消费品零售总额的 15. 7%，网上零售已经成为重要的消费力量。

（2）持续扩大的消费带动消费型物流高速增长。来自中国物流与采购联合会的数据显示，2016 年，我国单位与居民物品物流总额为 7 251 亿元，同比增长 43%，有持续加快增长趋势。2016 年中物联发布的中国电商物流运行指数年均达到 156 点，反映全年电商物流业务增速超过 50%。扩大消费，特别是电商消费带动物流增长趋势明显。

（3）社会物流效率进入快速提升期。2016 年，社会物流总费用占 GDP 的比重为

14.9%，连续5年持续下降，出现较快回落趋势。何黎明认为，这既有产业结构调整优化的影响，同时也有产业降本增效的原因。其一，2016年，服务业占GDP的比重已上升为51.6%。根据测算，服务业增加值占GDP的比重每上升1%，社会物流总费用占GDP的比重就会下降0.3~0.4个百分点；其二，近年来，越来越多的企业加大技术装备升级改造力度，行业信息化、自动化、机械化、智能化趋势明显，科技创新和技术进步成为物流提质增效的驱动力。

（二）我国冷链物流市场的发展现状

根据中国物流与采购联合会编制的《中国冷链物流发展报告》（2017年），总体上，我国冷链产业开始走向成熟、趋于理性、回归本质。整个冷链行业呈现出一些新的发展特点，比如冷链物流专列发展迅速、冷链零担市场需求激增、企业自建冷链物流体系逐步走向第三方、传统物流“大鳄”跨界进入冷链物流市场、冷链相关的平台型企业陆续出现、生鲜电商物流开始发展，等等。

冷链物流比一般常温物流系统要求更专业的设备和信息系统，建设投资也要大很多，因此属于物流行业的精品及稀缺细分行业。冷链物流主要应用于生鲜食品，如果蔬、禽肉、蛋、水产品；冷冻食品，如冷冻禽肉、速冻加工食品、巧克力、冰激凌；以及化工材料和医药品。根据冷链物流应用领域的不同，需要精确调整运输过程中的温度以满足客户需求。如表11-1所示。

表11-1　各类物品需要的冷链温度

类　别	物　品	温度/℃
高附加值产品	药品	2~6
	连锁餐饮	0~5
	快消品	0~15
工业制品、加工型	乳制品	2~5
	速冻米面食品	-18
食材	禽肉、水产品	-18~-2
批发农产品	果蔬等农产品	0~5

1. 我国冷链物流增长快，需求规模大

近年来，随着消费需求的日益增长和人们生活方式的转变，以水产品、畜产品、果蔬、花卉等为代表的冷链物流日趋成熟，冷链物流产业随着市场需求的扩大而不断发展。2017年我国冷链物流需求规模可能达到19 515万t，未来5年年均复合增长率约为25.02%，2021年需求规模可能达到47 672万t。如图11-1所示。

目前冷链物流应用最广泛的是食品运输，一个合格的生鲜农产品冷链物流系统，技术覆盖需要从“最先一公里”的养殖和采摘，至“最后一公里”的运输及销售环节。

在经济新常态下，城市人口的生鲜消费习惯与农村人口大不相同，很大比例的城镇居民在超市、直营店等购买生鲜食品，而农村还是以农贸市场和产地直销为主。我国城镇化率已达到52.6%，仍在稳步上升，随着城市人口的增加，通过冷链运输的农产品，包括肉类、果蔬、水产品的数量将会大大提升。

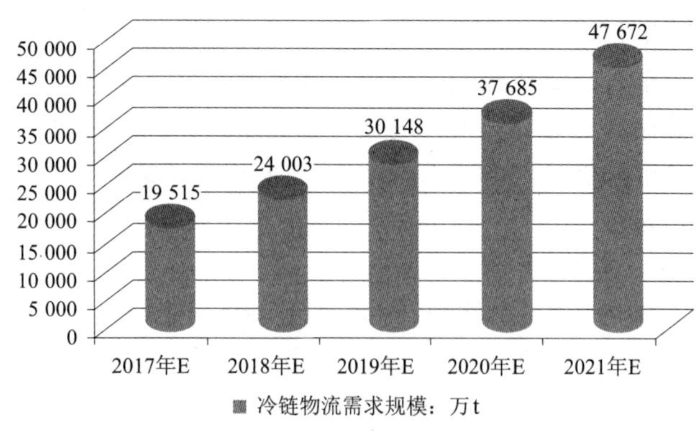

数据来源:根据公开数据整理

图 11-1　冷链物流规模预测

2. 生鲜电商崛起

作为电商市场中的最后一片“蓝海”，生鲜电商用其高回头率、高客户黏性、高毛利一直吸引着各大电商前来竞争。2012 年为生鲜电商的大元年，顺丰优选、京东生鲜、中粮我买、沱沱工社、京东、亚马逊纷纷上线，并获得大量资本支持。多数生鲜电商品牌的融资额过千万元。根据第九届中国冷链产业年会数据，生鲜电商 2014 年交易规模达 260 亿元，较 2013 年增长 100%。2015 年生鲜电商市场规模达 520 亿元，2016 年达 911 亿元，增速分别为 100%和 75%，随着电商的推进，进口水果、高档水果也逐渐被消费者接纳。而“得冷链者得天下”已成为生鲜电商行业共识。

（1）冷链物流行业已具备经济层面上的爆发基础。冷链成本居高不下，消费者不愿意为昂贵的运输费用埋单，是一直以来限制冷链物流发展的一大重要原因。根据冷链物流行业发达国家的历史数据来看，当人均 GDP 达 4 000 美元时，冷链物流行业开始爆发，进入快速增长期。我国人均 GDP 于 2010 年就已超过 4 000 美元。另一个可以借鉴的是，易腐生鲜食品的需求量与收入密切相关，目前随着人均可支配收入的迅速上升，国内冷链物流行业已具备经济层面上的爆发基础。

（2）政策支持将成为持续推动力。参照发达国家冷链物流的发展经验，政府的支持是至关重要的一环。例如加拿大政府对铁路冷链公司的补贴、改制以及政策扶持，使得国家铁路公司扭亏为盈，盈利率由 3%飙升至 30. 4%，成为目前北美地区盈利状况最佳的铁路物流运输企业。另一个例子是冷链物流大国日本，1997 年日本政府制定了《综合物流施政大纲》，并对主要物流基础设施提供强大的资金支持。历史上韩国政府也曾建立专项基金，用以资助专业性物流公司，并且对新型物流技术的研发单位削减个人和企业所得税。冷链物流大国都有一个最大的共同特点：制定严格的法律、法规和标准，保证食品在冷链所有环节中的安全。这些规定涉及农产品的生产、加工、销售、包装、运输、储存、标签、品质等级、食品添加剂和污染物、最大兽药残留物允许含量和最大杀虫剂残留物允许含量等方面。

3. 冷链物流专列发展迅速

在“一带一路”倡议下，我国冷链物流专列发展迅速，不但有国内农产品冷链物流专列，还有国际冷链物流专列。这是因为冷链物流专列的效率提高了食品的保鲜能力，不会影响到食品的营养和味道，同时大大提高了食品的存储期限，实现了不同地域之间食品的方便输送。另外，冷链物流专列为冷链产品的安全输送提供了保证，冷藏和冷冻食品需要一个完整的冷链物流对其进行全程的温度控制，以确保食品的安全，而冷链物流专列可以实现封闭环境下的货物装卸、储存和运输等；专列的运行还可以减少产品流通费用。据测算，我国果蔬流通费用占终端产品市场价格的60%以上，其中损耗果蔬成本占整个流通费用的70%左右，远高于国际50%的标准。

4. 冷链物流标准自成体系

2017年9月4日，中国物流与采购联合会冷链物流专业委员会和全国物流标准化技术委员会冷链物流分技术委员会发布了《中国冷链物流标准目录手册（2017年）》。统计显示，截止到2017年6月30日，我国与冷链物流相关的国家标准、行业标准和地方标准共计193项。按照内容分为基础性标准，冷链物流设施设备、冷链物流技术及作业与管理标准，形成了完善的冷链物流标准体系。其中第一类是以农副产品、食品冷链物流为主的基础性标准，共计12项；第二类是以农副产品、食品为主的设施设备标准，总计43项，其中冷库标准17项、冷冻冷藏设备标准22项、包装标准4项；第三类是农副产品、食品冷链物流技术、作业与管理标准，共计138项，其中综合类标准9项、食品类标准16项、水产品类标准17项、肉类标准23项、果蔬类标准69项、饮料类标准4项。从我国冷链物流具体的标准来看，基本上涵盖了各类冷链物流产品，既有农副产品的水果和蔬菜及相关制品的标准，也有各种肉类标准、基础性标准术语、各类规范等，还有冷链物流的设施设备等标准，形成了特色鲜明，又兼具普适性的冷链物流标准体系。

5. 铁路冷链运输网加速形成

我国东北地区铁路冷链运输网正在加速形成。2014年以来，沈阳铁路局先后完成大连南关岭区域级冷链物流基地、沈阳文官屯和长春米沙子地区级冷链物流基地建设。2016年，沈阳、哈尔滨两铁路局按客车运行图开行大连至哈尔滨的“铁越”号冷链特需班列，首创行李车改造冷藏、冷冻车，迈出沈阳、哈尔滨两局冷链运输联合发力的坚实一步。2017年6月，沈阳铁路局又开行延边至大连的冷藏循环班列，生鲜食品在东北和沿海口岸间完成“鲜美快递”。

铁路资源潜力巨大，路网完整，装备升级与世界同步甚至领先，尤其未来研发动车加入冷链运输，更彰显铁路在冷链运输上的后劲和动力。据介绍，大连铁越集团自2016年2月将《铁路冷链物流网络布局“十三五”发展规划》正式向社会发布以来，以大连城市物流共同配送园区为中心，以冷链特需班列为牵动，积极融入区域经济，不断优化冷链运输服务功能，有效整合铁路、港口、公路资源，建立多方协同、优势互补的多式联运机制。特别是大连铁越集团与大连港联合申报国家冷链物流多式联运示范工程获得成功，大连城市共同配送园区列入交通运输部和国家发改委冷链物流发展布局，为广泛的社会合作敞开大门，打开了更加广阔的发展空间。

作为东北地区极具影响力的铁路物流企业，大连铁越集团依托大连城市物流共同配送园区，已与顺丰冷运、亚洲渔港、伊利牛奶、沃尔玛、百利金枪鱼等10余家知名企业建立了长期合作关系。

二、我国冷链物流企业“百强”阵容庞大

2017年7月13日，“2016年中国冷链物流企业百强”名单正式公布。入围本次“百

强”的冷链物流企业中，有 75 家曾在 2015 年“百强”名单之列，有 25 家新晋企业，“百强”营收总额达到 203.76 亿元，与 2015 年相比增长 17.15%，“百强”总收入占全国冷链物流市场规模的 9.06%。其中，前 10 名总收入占到 50.54%，前 20 名总收入占到 65.61%，前 50 名总收入占到 84.95%。

从企业类型来看，有运输型企业 26 家，综合型企业 21 家，仓储型企业 14 家，配送型企业 29 家，供应链型企业 10 家。

从营收能力来看，运输型企业占 13.06%，综合型企业占 47.78%，仓储型企业占 13.42%，配送型企业占 10.75%，供应链型企业占 14.99%，说明仓储型企业营收能力相对较弱。

从企业分布区域来看，华北地区 12 家，华东地区 38 家，华中地区 18 家，华南地区 14 家，东北地区 8 家，西南地区 6 家，西北地区 4 家。这客观反映了不同地区的经济消费能力和冷链物流水平。

总体来看，2016 年我国冷链物流行业整体增长趋缓，行业集中度不高、缺乏巨头，中小规模企业“散、小”特点仍然明显，民营企业占“百强”多数；冷链物流企业分布不均，华东、华北地区相对发达，其中又以上海、北京上榜企业多；冷链物流企业服务单一，较 2015 年，业务有往综合性发展的明显趋势；形成网络的冷链物流企业少，跨区域服务的企业少；冷链物流行业信息化水平整体偏低，管理水平落后；项目运营能力参差不齐，标准差异明显；冷链物流人才梯队建设不完善；当前冷链物流企业很少涉及互联网业务，预计会有很多新模式企业加入。

三、中国冷链物流存在的问题

1. 冷链物流行业依然供给不足，发展有短板

近年来，我国冷链物流的需求迅速增长，基础设施也在不断完善，冷链物流企业成长有目共睹。根据不完全统计，2015 年全国冷藏车增长 14 000 辆左右，冷藏车保有量突破 9 万辆，同比增长 18.4%；全国冷库新增 390 万 t，冷库总保有量达到 3 710 万 t，同比增长 11.76%；果蔬、肉类、水产品的冷链流通率分别达到 22%、34%、41%，冷藏运输率分别为 35%、57%、69%，各项指标都达到并超过国家制定的目标。但就目前来看，整个行业还是存在着专业服务能力较弱、行业集中度不高、运输效率低、冷链成本高、行业制度不完善等问题，制约着冷链物流产业的发展。一段时间频频发生的食品安全事件、疫苗安全事件，凸显冷链物流环节的重要性，以及冷链物流行业当前存在的问题。

大力发展第三方冷链物流是供给侧结构改革的有效路径。面对供求失衡现状，有三大解决之道：第一，尽快制定并执行冷链物流标准化体系，提升行业规范性；第二，继续鼓励加大基础设施建设；第三，大力发展第三方冷链物流。第三方冷链物流是指生产经营企业为集中精力专注于自身核心竞争力的打造，把原来属于内部处理的冷链物流活动，以合同方式委托给专业冷链物流服务企业，同时通过信息系统与冷链物流服务企业保持密切联系，以达到对冷链物流全程管理和控制的一种运作与管理方式。据美国权威机构统计，通过第三方物流公司的服务，企业物流成本下降 11.8%，物流资产下降 24.6%，办理订单的周转时间从 7.1 天缩短为 3.9 天，存货总量下降 8.2%。在西方发达国家，第三方物流已经是现代物流产业的主体。欧洲的大型企业使用第三方物流的比例高达 76%。在欧洲，第三方物流所占物流

市场份额均在25%以上。其中，德国为23%、法国为27%、英国为34%。美国、日本等国家使用第三方物流的比例都在30%以上。在工业企业中，原材料的物流交由第三方物流完成的占18%，商品销售物流仅占16%。而我国的第三方物流在物流市场中所占的比例仅为10%。

2. 第三方冷链物流企业亟待供给侧改革

我国冷链物流刚刚起步，区域性强，市场规模不大。据第六次中国物流供给状况调查，大部分冷链物流由生产商和经销商完成，第三方冷链物流仅为5%。除中外运、中粮和双汇等外，其他中小企业，均难达到国际冷链标准要求，规模小，缺少组织和协调，仅提供冷藏运输服务，无法保证整个供应链低温控制。从中物联冷链委的统计数据来看，2014 年全国“百强”企业的收入为148. 3 亿元。其中，年收入 5 亿元以上的只有 6 家，1 亿元以上的只有 38 家，5 000 万元以上的也只有 75 家。

第二节　我国冷链物流班列的发展

一、跨国冷链物流班列的发展

1. 兰州中欧国际冷藏集装箱班列

2017 年 1 月 18 日上午 9 点 30 分，伴随着一声清脆的汽笛声，一列满载 40 个集装箱的货运班列“兰州”号缓缓驶入兰州新区中川北站。这也是新区综合保税区自封关运营以来迎来的首列中欧国际冷藏集装箱货物班列，同时标志着中欧国际货运班列正逐步实现双向常态化运营。

中欧国际货运首列冷藏集装箱班列顺利抵达新区综合保税区，这是兰州新区乃至甘肃省物流通道发展历史上的一件大事。此次的中欧国际货运班列货物是新区综合保税区进出口贸易有限公司从德国进口的50 万瓶红葡萄酒、啤酒，共 40 个 45 ft[①] 冷藏集装箱，货品总值176. 3 万欧元，折合人民币 1 300 万元。班列从德国赫恩出发，途经波兰、白俄罗斯、俄罗斯、哈萨克斯坦等国，由新疆阿拉山口入境抵达兰州新区中川北站，全程 8 000 多 km，运行时间约 16 天，相比 30 天的海运节省一半时间。班列抵达兰州新区中川北站后，将在兰州新区综合保税区通关报关、进行保税仓储，并逐步向全国分拨销售。

兰州新区作为“一带一路”上的重要节点和向西开放的重要战略平台，距新疆阿拉山口约 2 500 km，距中尼吉隆口岸约 2 900 km，距连云港约 1 600 km，是连贯亚欧大陆桥的国际物流大通道上的重要节点，是面向中西亚、南亚、中东欧国家开放的桥梁和纽带，区位优势明显。自 2015 年 7 月以来，兰州新区已先后开通了兰州至中亚、欧洲、南亚的国际货运班列和兰州至迪拜、达卡国际货运包机。现在随着“兰州”号实现双向常态化运营，新区在“一带一路”和新丝绸之路经济带上的“黄金通道”与“钻石节点”效应正在集聚凸显，同时为把兰州新区打造成为沿线重大项目的国内承接点迈出了坚实一步，也为下一步争取申请中欧国际班列编组站创造了有利条件。

据悉，兰州新区综合保税区将设立国际进口商品展销中心，借鉴上海自贸区的经验，逐步开设世界各地区、各国家展销场馆，让更多的消费者在兰州新区选购到实惠的外国商品。

① 1 ft = 30. 48 cm。

2. 美国肉类冷链班列抵达西安港

2017 年 8 月 21 日，满载 188 t 美国肉品的首趟青岛—西安肉类冷链班列抵达西安国际港务区（简称西安港）。该批肉品以海铁联运的方式，自美国加州长滩港装船、青岛港中转后直接运抵西安港，在西安港进口肉类指定口岸办理检验检疫手续后投放市场。“海铁联运+冷链运输+肉类口岸”，创新了国内冷链物流运输模式，也标志着西安港进口肉类指定口岸实现常态化运营。

此班列的开行创造了海铁联运冷链运输模式。据了解，该批肉品由西安国际港务区入区企业——海润（西安）生物科技有限责任公司（简称海润（西安））进口，该公司是国内最大的冷冻肉皮和颈骨进口商，也是西北地区最大规模的冻肉进口商。依托西安港“肉类口岸+海铁联运+冷链运输”优势，不仅有效缩短了货物在途运输和通关时间，也开创了国内冷链物流新模式。海润（西安）执行董事李六阳表示，海铁联运冷链班列的开行，打通了铁路货运冷藏的通道，比传统方式节省 20%的运费，有助于企业对西北地区国际肉类期货市场实现一条龙服务，丰富当地市场的肉类供应品类，质量更加有保证，价格也更为优惠。本次班列是青岛、西安两地海关、检疫部门、港口通力合作，探索出的冷藏箱海铁联运新模式。今后两港将加强合作，增加西安—青岛班列开行次数，为企业通关和物流便利化提供优质服务。

此班列的开行构建了进口肉品的便捷物流通道。据了解，本次进口肉品将在检验检疫合格后投放陕西及整个西北市场，价格与目前市场销售价基本持平，市民有望在 9 月吃上安全放心、质优价廉的进口肉品。西安港首次通过海铁联运+冷链运输实现肉类进口，为下一步通过“长安”号中欧班列、中亚班列进口肉品奠定了基础。

3. 中欧冷链班列（武汉）开行再创新高

2017 年一季度中欧班列（武汉）发送 31 列、返程 25 列，同比分别增长 55%和 38. 9%。此外，中欧班列（武汉）还开通了“私人定制”，让个人物品直达欧洲。班列实现了冷链运输，在武汉也能喝上俄罗斯鲜牛奶。中欧武汉班列从法国里昂返程，途径杜伊斯堡，横穿欧亚大陆 10 000 多 km 开往武汉。法国红酒、汽车、化妆品、服装、皮鞋、钟表、食品等产品通过中欧班列走进了武汉市民的日常生活。中欧班列（武汉）首次采用冷链技术，在“万里旅途”中全程使用冷藏箱，列车虽然经过高温和极寒地区仍保持恒温恒湿。班列将俄罗斯的液态牛奶、法国波尔多葡萄酒从产区直接运到武汉，首次开启了液态牛奶、葡萄酒的跨国铁路运输。

2016 年 10 月，首个来自世界奶业大国白俄罗斯的 45 ft 冷藏集装箱，满载着 21 540 盒 1 L 装萨乌斯金液态牛奶，通过中欧班列（武汉）国际货运大通道，穿越俄罗斯、哈萨克斯坦等国，从阿拉山口入境顺利抵达武汉，行程 9 261 km，用时 11 天。2017 年 2 月 23 日，从法国里昂返程的中欧班列（武汉）运载总重 200 t 的法国波尔多 18 个酒庄 30 多款葡萄酒和 LV 旗下的瑞奈尔香槟抵达武汉。铁路冷链物流是现代物流的新增长点，随着市场的扩大，需要采取冷藏运输的奶酪、黄油等关联奶制品，以及冰激凌、快餐原料类食品和药品、医疗器械等将成为中欧班列（武汉）的“常客”。

4. 农产品“赣满欧”班列

2017 年 11 月 12 日，江西的新鲜蔬菜搭乘“赣满欧”班列经中国最大陆路口岸满洲里出境，踏上开拓欧洲市场的征程。该班列共载有 42 个集装箱、货值约 150 万美元，从江西南康始发，经满洲里口岸出境开往莫斯科，12 天后俄罗斯民众即可品尝到江西新鲜蔬菜。

5. 欧洲猪肉搭火车来重庆

2017 年 10 月 10 日，从法国进口的 21 t 猪肉抵达重庆，这标志着中欧班列（重庆）进口冻肉的冷链运输已走向常态化。这批法国冷冻猪肉货值超过 3.5 万美元，自法国工厂经公路运输至德国杜伊斯堡，再搭乘中欧班列（重庆）运抵重庆铁路口岸后，再转运到位于寸滩的重庆进口肉类指定口岸进行检验检疫。这批猪肉全程采用内置式冷藏集装箱运输，原集装箱、原铅封、原证书全程不变，行程约 1.2 万 km，一共用时 15 天，相比海运、江海联运节省运输时间约 30 天。

截至 2017 年 6 月底，中欧班列（重庆）返程列车共计开行 383 班，累计货值位居所有中欧班列首位，从返程零运载到满载，集装箱不再“饿”着肚子回来。以前返程货源以汽车零部件为主，如今汽车零部件产品只占 50%，增加了汽车整车、日用品等多品类货源。

6.“龙海”号国际冷链班列开通

2017 年 9 月 25 日上午，满载着齐齐哈尔地产圆葱的“龙海”号国际冷链班列从齐齐哈尔集装箱货场起程，10 天后抵达俄罗斯首都莫斯科，标志着齐齐哈尔国际冷链班列正式开通。

齐齐哈尔至莫斯科冷链班列全程 7 154 km，首发后将每月对开 4 列。班列抵达莫斯科后，将运载俄罗斯食品、酒类等商品返回齐齐哈尔。班列采用最先进的自体供电冷藏集装箱，可根据不同货物的需要调节适合的温度，在整个运输过程中持续提供制冷保温。齐齐哈尔国际冷链物流还将陆续开通至俄罗斯叶卡捷琳堡、德国汉堡等多条铁路冷链班列，建立起以齐齐哈尔为中心的新鲜农产品集散大动脉，使齐齐哈尔成为国际生鲜产品集散中心，构建起连通俄罗斯和欧洲的绿色产业集群。

二、国内跨省冷链专列

1. 新疆全冷藏集装箱专列

2017 年 6 月 10 日，1 160 t NFC 浓缩果汁（非复原果汁，要求-18℃冷冻运输）装载在新型的冷藏集装箱内从霍尔果斯火车站始发，经过 4 500 km-18℃恒温冷链运输后直达目的地杭州北火车站。

此次冷链专列运输是由新疆牛巴贸易有限公司、中铁特货运输有限责任公司乌鲁木齐分公司、霍尔果斯车站共同组织的，采用的是中铁特货运输有限责任公司的 BX1K 型新型冷藏集装箱。该专列是目前全国最长、新疆首列冷藏集装箱专列，由 5 个车组编组，共 45 节，其中货车 40 节、工作车 5 节，装载 40 个冷藏集装箱，总长 620 m，运输总重达 1 160 t，全程 4 500 km，不解列、不编组、不断链，实行恒温冷链运输。

据了解，中铁特货运输有限责任公司为适应冷藏运输市场需求，于 2016 年年初推出了 BX1K 型新型冷藏集装箱特种车组（一般可达到-24℃）。该车组由 1 节工作车和 8 节插电平板车组成，工作车内安装大功率发电机组，可为冷藏集装箱持续不间断供电；工作车内 2 名工作人员全程跟车进行温度监控和制冷操作，可有效保障产品运输品质。此次专列运输的 NFC 浓缩果汁产自霍尔果斯经济开发区的农夫山泉浓缩果汁项目生产基地。这是农夫山泉改变以往单一依靠公路运输方式，依靠铁路长线运输与公路短驳相结合的公铁多式联运新型运输方式，将霍尔果斯农夫山泉生产基地的 NFC 浓缩果汁运至内地。

"公铁联运+冷链运输"模式的创新注入，不仅实现了运输成本和损耗的双降低，更保证了果汁的品质安全。

2. 国内第一条对冲铁路冷链班列自潍坊首发驶向昆明

2017 年 6 月 25 日上午，潍坊市举办"中国食品谷"号铁路冷链班列首发仪式。当天满载潍坊及周边地区优质生鲜农产品、深加工食品、畜禽产品的"中国食品谷"号铁路冷链班列，自潍坊西站首发驶向云南昆明。

此班列由山东中凯物流有限公司、海程邦达国际物流有限公司、中铁特货运输有限责任公司济南分公司联合组织营运，并得到了潍坊市政府和济南铁路局等单位大力支持。"中国食品谷"号铁路冷链班列使用中铁特货运输有限责任公司所属的 BX1K 型可通电式冷藏集装箱专用车组，可根据不同货物的保温需要调节适合的温度，在整个运输过程中持续提供制冷保温（全程温度控制在 15℃～-25℃）。基本列 24 个标准箱，满列满载量 600 t。潍坊至昆明计划运输时间为 3 天，全程 3 249 km。6 月 25 日开行试运列，试运成功后自 8 月份起每周开行 1 列，逐步实现每日 1 列。该班列首发自山东潍坊，终点至云南昆明，双向开行，贯穿山东、江苏、安徽、江西、河南、湖北、湖南、贵州、云南等九个省。班列从潍坊西站出发，抵达云南昆明王家营西火车站后，将运载云南及周边地区和东亚、南亚、东南亚国家的优质生鲜农产品和优势产品返回潍坊。"中国食品谷"利用完善的检测体系、严格的准入制度以及追溯等先进技术手段，对来自专业批发市场、农产品加工企业、大型生产基地等地的产品进行严格把关，聚集安全优质产品，利用多温带冷库群设施实现仓配一体化，对于需要临时冷链储存的货物，"中国食品谷"物流中心、中凯智慧冷链物流园可提供冷链多温带仓储服务。该班列以集约的产品优势、先进的硬件设备、高标准的软件配置、专业的物流团队运作和强大的电商平台为依托，实现了全程持续保温，达到了低成本、长运距、运时短、全程可视、可追溯和节能环保安全等效果。通过铁路冷链班列实施的全程冷链、低温、低成本的双向物流探索，将积极推动冷链物流产业及经济发展。该班列所运输的产品集散辐射至东亚、东南亚和南亚物流网络，通过运营开通"中国食品谷"号铁路冷链班列，潍坊将打通中国第一条内陆连通东亚、东南亚和南亚的专业化铁路冷链物流通道。

伴随着"中国食品谷"号潍坊至昆明铁路冷链班列的首发，"中国食品谷"将陆续开通潍坊至哈尔滨、潍坊至乌鲁木齐、潍坊至广州等多条铁路冷链班列，建立起覆盖全国的生鲜农产品集散大动脉，将"中国食品谷"物流中心打造成为全国生鲜产品集散中心，构建起中国内陆连通东亚、东南亚和南亚的专业化铁路冷链物流服务体系。

3. 广西防城港铁路冷链多式联运，东盟海鲜班列直通北京、沈阳

为满足国内春节市场对海产品的需要，2017 年 1 月 29 日大年初二，广西防城港开出新年首列东盟海鲜年货冷链班列，16 箱 416 t 海鲜年货搭乘 D20016 次冷链班列直达北京、沈阳。随着改革开放的不断深入，人民生活水平日益提高，家庭餐桌上菜肴越来越丰富，生猛海鲜也走进了寻常百姓家。尤其是春节期间，内地对海产品的需求更是旺盛。南宁铁路局、广西沿海铁路公司依托沿海沿边区位优势，在中越边境城市防城港迅速组织海产品货源，开行冷链集装箱班列。

这批来自东盟国家的海产品过境进入中国后，直接在东兴东盟国际海产品市场的铁路"无轨站"完成货运办理、换箱入库，然后由铁路部门统一运到防城港站装车发运。广西于 2016 年首次开行北海及东盟海产品铁路外运班列。依托成熟的温控技术和安全高效的运输优势，冷链专列赢得了广大海产品货主的青睐。2016 年年底以来，累计运送东盟海产品达 141 箱计3 666 t。

截至目前，广西已开通防城港至北京、沈阳、上海三条海产品冷链专列线路，实现了冷链专列两天一列常态化开行。2017 年，广西计划开行防城港至成都、石家庄、郑州、济南等方向的冷链专列，以满足更多消费者对海鲜产品的需求。

2016 年 2 月成功开行海鲜冷链专列以来，铁路冷链运输量不断增大，2017 年前 3 个月已运输 4 323 t，同比增长 25. 2 倍。防城港车站采取铁路+公路联运方式，全程服务货主，满足客户需求，将冷链运输拓展到沈阳、北京、济南、上海、重庆等五条线路，每周开行 2 列。目前正在拓展新的运输线路，预计将新增开往福建、山东和江苏等多条冷链运输线路。同时，车站积极破解冷链冷藏箱周转问题，为客户排忧解难，简化手续，优化服务环节，促进合作。此外，防城港通过现有设备技术和全国路网优势，加强与地方、客户三方密切联系，实现了铁路冷链运输的快速增长。

4. 新疆“疆果东送”冷链集装箱专列

2017 年 11 月 8 日，新疆铁路部门开行首趟“疆果东送”冷链集装箱专列，560 t 阿克苏优质苹果从阿克苏站出发，运往浙江萧山站，5 天后浙江的消费者就能尝到冰糖心苹果了。铁路部门发运的这趟特需直达专列，采用全程冷藏集装箱运输，一站直达，加快了阿克苏优质农产品的外运速度。此次开行的铁路冷链集装箱专列具有运量大、准点到达、环保节能的优势，其全程恒温不断链的特点满足了农产品长途保鲜运输的要求，降低了物流成本，可有力助推阿克苏地区优质农产品开拓浙江市场，稳定和固化产品销售渠道。据了解，2017 年以来，新疆铁路部门积极开展金融物流、冷链运输新项目，搭建了霍尔果斯站至杭州的果汁重去、矿泉水重回的冷链循环运输渠道，还采用公铁、铁水联运等运输方式，延长物流链条，提高物流综合效益。

三、省内冷链专列

1. 通辽—大连红鲜椒冷链集装箱专列

2017 年 4 月 12 日上午 9 时，通辽—大连首趟红鲜椒冷链集装箱专列在科尔沁区木里图工业物流园区缓缓起动，驶向大连港。首批货物发运达 30 车（40 ft 集装箱），全程总载重约 630 t，货值总计 327 600 美元，专列行驶 16 个小时后抵达大连港。开鲁县是国内红鲜椒的主要产区之一，通辽地区每年出口东南亚地区红鲜椒达 20 万 t 左右。本次冷链集装箱专列开通前，红鲜椒运输是传统的公路配货方式，通过棉被覆盖等方法进行保温，导致红鲜椒货损货差严重，达到 1%左右。东南亚客户对于鲜椒品质要求严格，因此鲜椒种植户每年都要承受很大的损失。

此次由内蒙古陆港保税物流园有限公司开通的红鲜椒冷链集装箱专列结合了铁路专列运输和冷藏箱保温的优点，仅需 16 个小时就能够完成入港制冷，装船后由大连出口至东南亚地区，不仅全程保证无货损货差，还降低了物流成本。据介绍，冷链集装箱专列预计 2017 年 4—8 月份达到每月 2 列，9—12 月份增至每月 3 列。红鲜椒是科尔沁区木里图工业物流园区的基础货源之一。下一步，园区将成立多式联运海关监管中心，出口东南亚地区的红鲜椒客户可直接在物流园区内进行通关报检，享受海关商检的一站式服务。

2. 福建海铁冷链集装箱专列

2017 年 11 月 8 日，福建省首列冷链集装箱海铁联运专列在福州港江阴港区发车，标志着冷链集装箱海铁联运车体在福州港江阴港区正式上线运营，开启了福建省内冷链运输新模式。此次冷链集装箱海铁联运专列是由福州港江阴港区与中铁特货运输有限责任公司南昌分公司合作启动，该车组配备了动力制冷设备，可为随车冷藏集装箱提供全程最低达-25℃的制冷支持，为远距离冷藏货物的运输提供了便捷、低价、环保的运输方式。冷链多式联运新模式的启动，不仅实现了运输成本和损耗的双降低，促进了区域冷链产业的升级换代，还为打造专业的冷链供应链管理模式提供了强有力的保障，为今后开展果蔬、肉禽、牛奶等冷链仓储、加工、转运业务打下了基础。

第三节　我国生鲜电商异军突起

一、我国生鲜电商发展态势

1. 国家重视电商物流发展

2017 年中央 1 号文件《关于深入推进农业供给侧结构性改革，加快培育农业农村发展新动能的若干意见》，首次将农村电商作为一个条目单独列出。其中包括：① 促进新型农业经营主体、加快流通企业与电商企业全面对接融合，推动线上线下互动发展；② 加快建立健全适应农产品电商发展的标准体系；③ 支持农产品电商平台和乡村电商服务站点建设；④ 推动商贸、供销、邮政、电商互联互通，加强从村到乡镇的物流体系建设，实施快递下乡工程；⑤ 深入实施电子商务进农村综合示范；⑥ 鼓励地方规范发展电商产业园，聚集品牌推广、物流集散、人才培养、技术支持、质量安全等功能服务；⑦ 全面实施信息进村入户工程，开展整省推进示范；⑧ 完善全国农产品流通骨干网络，加快构建公益性农产品市场体系，加强农产品产地预冷等冷链物流基础设施网络建设，完善鲜活农产品直供直销体系；⑨ 推进“互联网+”现代农业行动。

相较 2016 年的 1 号文件，2017 年中央继续着重于农村电商线上线下融合、体系标准和物流的建设，此外，还添加了发展地方电商产业园的内容，意在推广品牌、集散物流、培养人才、提供技术支持、保证农产品质量安全，促进农村电商体系更加完备。

从政策面来看，“十三五”专项规划相继发布，电商物流激励措施密集出台，2016 年 3 月份《全国电子商务物流发展专项规划（2016—2020 年）》发布，明确提出到 2020 年基本形成“布局完善、结构优化、功能强大、运作高效、服务优质”的电商物流体系，这是指导“十三五”期间我国电商物流发展的纲领性文件，标志着我国电商物流进入全新的发展阶段。

另外，《电子商务“十三五”发展规划》《商贸物流发展“十三五”规划》和《国内贸易流通“十三五”发展规划》也对电商物流提出了相关工作要求。国务院《全国农业现代化规划（2016—2020 年）》明确提出，要引导新型经营主体对接各类电子商务平台，健全标准体系和冷链物流体系，并提出到“十三五”末农产品网上零售额占农业总产值比重达到 8%的目标。部分省、自治区、直辖市也出台了适合本地区发展的“十三五”电商物流发展规划。随着《电子商务物流服务规范》《跨境商品电子商务经营服务规范》相继实施，市场服务更趋规范。

2. 农村电商发展迅速

根据不完全统计，2016 年国务院各部委支持农村电商的政策文件就达 40 多个。数据显示，在2016年第三季度末，我国已建成乡村电商服务点35万个，行政村覆盖率已超过50%。除了农村网购不断增长以外，农产品通过电商平台向外输出的规模也在不断扩大。目前，我国已有1 500亿元的农产品电商、2 800亿元的农资电商规模。另外有数据表明，2016年我国农产品的网络零售交易额达到2 200亿元，增长超过50%；2016年1—9月，农村网购市场规模达到6 043亿元，占全国网购的17%，2016年超过6 475亿元。

农村电商物流发展迅猛。2016年农村业务量指数平均为191.5，反映物流业务量增长速度接近200%，比同期总业务量指数高出35.4，意味着增速比总业务量高出30个百分点以上。分地区来看，农村业务量指数东部地区为180.1、中部地区为209.7、西部地区为202.3、东北地区为212。

电商物流行业2016年继续保持快速增长势头，农村电商继续领跑业务量增长，而冷链物流成为行业发展重点。从总体来看，2016年社会物流需求稳中有升，全年社会物流总额达230万亿元，同比增长约6%，社会物流总费用增长3%左右，增速与上年基本持平。社会物流总费用占GDP的比例有望降至15%以内，物流运行质量和效益稳步提升。其中，以电商物流为代表的新兴经济逐步成长为经济新动力。

3. “电商十三五规划”出台，智能冷链物流体系建设成焦点

2016年12月30日，商务部官网正式发布《电子商务“十三五”发展规划》全文（以下简称《规划》）。《规划》由商务部、中央网信办、发展改革委三部门联合发布，对未来5年电商发展作出指导，整体分析了“十三五”期间电商发展面临的机遇和挑战，明确了电商发展的指导思想、基本原则和发展目标，提出了电商发展的五大主要任务、十七项专项行动和六条保障措施。而在《规划》中被明确称为“电子商务发展的支撑保障能力”的物流占有重要地位，与之相关的物流人才问题、智能转型问题、制造业对接问题等均被涉及。

（1）电商从业人员稳步递增。《规划》中的5年目标是：预计到2020年，电子商务交易额同比“十二五”末翻一番，超过40万亿元，网络零售额达到10万亿元左右，电子商务相关从业者超过5 000万人。为实现这一令人惊叹的目标，物流作为其中的重要支撑行业，作为完成一件件商品递送到家的不可或缺的力量，将会形成一支庞大的军团。

根据2016年年初，北京交通大学、阿里研究院和菜鸟网络联合发布的《全国社会化电商物流从业人员研究报告》，2015年的电商物流从业者已经高达203万人，而这一数据在2010年还只有60万人，5年间增长了2倍多。而到2016年“双11”期间，菜鸟网络曾对外公布过参与“双11”物流的人员高达270万人，增长速度之惊人，令人完全无法想象在这种势头下，到“十三五”末，这支军团会壮大到何种程度。

（2）跨境电商物流与海外仓。纵观整个《规划》，跨境电商被提及甚多，与之配套的物流问题，也有不少关键点被指出，例如：海外仓、单一窗口等。《规划》明确提出，“因地制宜地优化发展海外园区及海外仓等产业服务载体”“鼓励设立海外仓储和展示中心，推进B2B业务创新发展”“发展跨境及海外电子商务园区、海外仓设施”。海外仓作为跨境电商物流的重要模式，有利于打造集聚效应、完善产业链和生态链，早在2015年就被重视，成为政策的重点扶持对象。从《规划》内容看，政府将其视为与国外企业建立合作的重要途径，能逐步实现经营规范化、管理专业化、物流标准化和监管科学化的目的。

此外，跨境电商综合试验区也是发展重点。《规划》明确提出，“推进跨境电子商务综合试验区建设”“总结评估并复制推广各综合试验区经验，推动全国跨境电子商务持续健康发展”。从杭州成立全国第一个跨境电商综合试验区开始，跨境电商综合试验区获得的政策支持、保税仓优势等就一直被企业关注。但从政府层面来讲，可能更关心的是长效机制，所以建立适应跨境电子商务特点的政策、监管和数据标准等体系，提高贸易各环节便利化水平才是政府不断进行试点的重要原因。其中跨境电商物流中通关问题一直是时效的牵制，《规划》明确了“建设单一窗口平台”，将会建立和完善电子商务海关、检验检疫、结算、税收等管理制度，加快推进形成跨部门共建、共管、共享机制，未来跨境电商企业和消费者将享受到更为便捷、快速的通关服务。

4. 生鲜电商增长迅速

在生鲜电商平台购买生鲜产品的现象如今越来越普遍，如时令水果、冷冻海鲜、冷鲜肉等。但在生鲜电商繁荣的背后，必须有足够强大的冷链物流支持，既要保持食品的新鲜，又要保证到达速度，其专业性和复杂性远高于常温物流，成本约占销售额的 30%~40%。

根据《2016 中国生鲜电商物流行业专题报告》预测，2017 年我国生鲜电商市场交易规模将突破 1 400 亿元，渗透率超 7%。因此，电商凭着经验涉足生鲜领域，吸引冷链运输车辆为之服务，被视为冷链物流发展的春天。

当前生鲜电商的冷链物流配送，基本可分为两类：一类是以易果生鲜、顺丰优选、每日优鲜、沱沱工社等为代表的自建物流；另一类是以本来生活、喵鲜生、拼好货等为代表的第三方物流。自建物流能提供更好的“鲜”品，未来的冷链物流将会越来越精细化、智能化。安鲜达杭州仓储负责人说，未来在满足自身需求的基础上，将会服务第三方。据艾瑞咨询公布的数据，2016 年，国内生鲜电商的整体交易额约 900 亿元，比 2015 年的 500 亿元增长了 80%，预计 2017 年整体市场规模可以达到 1 500 亿元。从流量入口分析，淘宝和天猫依然是最大的生鲜电商流量入口，京东紧随其后，移动社交平台的电商流量在逐步增加，几大垂直生鲜电商也是部分流量的入口。

二、生鲜电商物流运营各不相同

1. 天猫“甄鲜全球”计划启动，反哺上游环节

2017 年 1 月 5 日年货节期间，天猫“甄鲜全球”计划在杭州启动。2016 年天猫全球尖端品质生鲜商品数量已超 12. 5 万个，涵盖了全球 147 个国家和地区，商品大类包括优质水果、水产品、肉禽等。借助于菜鸟及社会化物流力量，天猫生鲜可实现全国 700 多个城市 24 小时内送达。“甄鲜全球”计划将为全球原产地引入大数据、物流、金融服务等平台能力，让原产地商品采销更加便利，让享受全球美食成为国民消费的一种常态。

根据《2017 中国家庭餐桌消费潮流报告》显示，伴随收入水平的提高，居民生活水平进一步改善，中国居民的饮食需求正在加速从基础需求向更高层次升级。中国消费者越来越愿意为质量可控、营养均衡、选择丰富和加工便捷的食材埋单，“鲜”也成为餐桌消费升级的核心趋势。其中新西兰奇异果、泰国榴莲、智利车厘子、越南芒果成为 2016 年的“明星”水果产品，深受中国消费者喜爱；在海鲜品类中，智利帝王蟹、波士顿龙虾、新西兰长寿鱼稳居前三名；进口肉禽类产品首推澳大利亚牛排、新西兰生牛肉。此外，还有更多“小而美”的生鲜产品脱颖而出，如突尼斯红石榴、波兰火鸡、以色列柚子等。未来，这类传说中神仙才能享用的全球美食都将通过天猫平台，更便捷地端上寻常百姓的餐桌。

为保证这些来自全球原产地食品的口感和品质，天猫还针对不同品类的生鲜产品专门制定了冷链运营方案。同时，考虑到生鲜类商品易损、易变质等特性，天猫在全行业中率先推出“坏单包退”服务。消费者如果在购买过程中收到了“坏单”，可享受快速退款服务，免去消费者的后顾之忧。天猫表示，“这对实现生鲜食品的全程追溯、为消费者提供更多的放心生鲜食品有重要意义，最终也将繁荣整个新零售生态”。除了海外原产地商品，国内各地特产、地方美食也纷纷开通了天猫“产地直供”。如广东清远鸡、内蒙古科尔沁大草原牛肉、川藏高原阿坝牦牛肉、宁夏盐池县特产滩羊等国内优质原产地商品，现在也通过天猫更便利地送达消费者。

除了方便消费者之外，“甄鲜全球”计划还将反哺上游的生产和加工环节。天猫将联合蚂蚁金服为商户提供从养殖种植到屠宰加工再到终端零售的产销全链路“新金融”服务，通过深度介入农牧产业链，来推动产销过程中“资金流、物流、信息流”的“三流”合一。

2. 京东生鲜签约京深海鲜，优质鲜活海鲜送到家

随着消费水平提高，海鲜逐渐走向普通消费者餐桌，尤其是春节，鲜活海鲜更成为消费者必购年货。为了让消费者春节吃好一点，2017 年 1 月 12 日，京东生鲜与京深海鲜达成战略合作，实现鲜活海鲜北京地区“211”配送，对河北、天津地区实行最慢隔日达配送服务。京东生鲜用严格的方式和标准甄选食材，与北京海鲜龙头企业京深海鲜达成战略协议。未来，北京及周边地区消费者足不出户，50 余种优质鲜活海鲜送货上门，不用挑不用拣，省时省心，不仅可以尽享大连花蛤、舟山鲜鲳鱼、青岛海白虾的鲜美，还可以品尝英国面包蟹、法国生蚝、澳洲鲍鱼的美味。“凭借电商优势，依托成熟‘买手’团队的自营直采能力，京东生鲜一直在深度发掘生鲜产品精品，并探索出一套包括生鲜产品分等定级、包装、冷链运输等全部环节的解决方案，让消费者吃得更好，赢得了消费者的信任。”

京深海鲜由北京二商集团和深圳市布吉海鲜市场强强联合、共同投资。依托北京二商集团三个各 15 000 t 的低温冷库资源，京深海鲜建成了海鲜、冻品等七大经营区域和一个配套服务区，汇集来自全国乃至世界各地的名、特、优海产品，占据着北京市 70%以上中高档水产品的供应份额，并承担着为驻华使馆提供日常食品的任务。此外，京深海鲜还拥有属于自己的配套检测中心，与北京食品药品监督管理局保持着密切合作关系，极大地保障了所售产品的质量，为市民提供安全、新鲜、营养、健康的海鲜产品。

一直以来，京东生鲜“协同仓+原产地”模式不断升级，通过建立樱桃协同仓、蔬菜协同仓，以及此次活鲜协同仓，开辟了生鲜电商发展新模式。此次京东生鲜以北京地区为试点，以创新性的模式切入鲜活海鲜这一传统的线下市场，深耕市场，不仅为消费者带来了舌尖上的福利和保障，未来还将在全国范围内推广成功模式，挖掘更多优质生鲜产品和一站式生鲜服务，完善生鲜电商布局，为消费者提供更加安全、便捷、高品质的购物体验。

3. 京东到家关闭上门服务入口，重点送超市生鲜

2017 年 1 月 12 日有媒体爆料，京东到家将于 2 月 10 日关闭上门服务，京东到家方面确认，将暂时关闭上门服务入口，并表示将专注服务超市生鲜品类。京东到家的用户更习惯使用京东到家来购买超市生鲜、水果、烘焙零食、鲜花以及药品等商品，而非选择家政等上门服务。为了将精力专注在实现“1 小时超市生鲜送到家”这个使命上，京东暂时关闭了上门服务的入口。

京东到家业务主要分为实物到家和服务到家，前者主要包括超市、生鲜、烘焙零食等品类，后者主要包括保洁、推拿等品类。目前上门服务相关品类在京东到家的页面已经消失，仅剩下“超市生鲜”“新鲜水果”“烘焙零食”“鲜花服务”“医药健康”五大品类。

4. 大润发入驻美团外卖

大型连锁综合超市大润发正式入驻美团外卖，其遍布华东、华北、东北、华中、华南五大区域的 200 多家综合性大型超市均已在美团外卖上线，消费者在家就可以采购各类商品，大大节省外出时间。用户在手机端打开美团外卖 App，搜索“大润发”或者点击“超市”，便可以进入“网上的大润发超市”，超市中的所有物品被精心分成数十个种类，蔬菜水果、肉类生鲜、面包零食、米面杂粮、生活用品应有尽有，甚至进口的保健食品都有专门分类。而且在美团外卖的“多入口战略”之下，用户通过美团、大众点评 App 或者微信钱包、微信小程序，也同样可以进入美团外卖，选购大润发的丰富商品。大润发是由我国台湾润泰集团投资创办的会员制大型连锁综合超市，拥有 10 万多名员工和 10 万多名导购，每天为 400 多万名顾客提供服务。通过与美团外卖的合作，大润发将通过线上渠道接触更广泛的用户群体，为消费者提供更便利的线上购物体验。

事实上，大润发积极拥抱线上零售渠道，正迎合了零售产业从线下到线上发展的大趋势。前瞻产业研究院的《互联网对零售行业的冲击挑战及应对策略专项咨询报告》显示，2007 年线上零售在社会消费品零售总额中的占比不足 1%，而到 2015 年占比已经达到 12. 8%，近两年更是以每年超过 2 个百分点的速度递增。在这样的趋势中，大润发和美团外卖的合作拥有无限的空间和可能。

美团外卖与大润发的合作，一方面能够提高效率，使用户足不出户一站式选购所需物品，节省时间、减少路费；另一方面，用户能够享受更低的购物价格。美团外卖旗下的美团专送团队能够在 1 小时内将用户选购的物品送到家中，也为用户免去了搬运重物的麻烦，对于老年人而言，减少出门，不用搬运物品，直接在家收货，同时也减少了摔倒、劳累等安全隐患。美国外卖作为国内最大的外卖 O2O 平台，日订单量在 800 万单以上，在 2016 年第三季度中国在线餐饮平台细分项得分调查中，在用户满意度、菜品丰富、送餐速度、服务态度等方面得分均居于首位。此次双方的合作，不仅是大润发对线上业务的再次拓展，也是美团外卖对线上商超业务的进一步布局，为消费者提供了全面的外卖订购选择，大润发、美团外卖、消费者三方都将获益共赢。

5. 京东冷库不断发展

随着消费者对生鲜产品的需求日益增长，生鲜电商的竞争已进入比拼资本、资源及服务的下半场。与京东生鲜已签署合作协议的供应商总计超过 2 000 个，包含海鲜水产、水果、蔬菜等各个品类。京东生鲜在全国拥有十大专属冷库，全面覆盖深冷、冷冻、冷藏、控温储物区。像京东这样拥有自己大面积生鲜仓储的企业并不多。用“一个巨大的多功能冰箱”来形容京东北京生鲜仓也毫不为过。就像每户人家的冰箱一样，这个占地 15 000 m^2 的大仓库，保存着海鲜、水果、蔬菜、肉禽蛋等在内的各式商品。每天在仓库的不同区域，工作人员有条不紊地进行着生鲜商品的入库、上架、分拣、打包、出库等类似于普通仓库的流转，但与普通仓库相比，生鲜仓多了冷藏、控温、深冷、冷冻四大区域，在这些区域里，保存着不同种类的产品。

根据《中国生鲜电商市场研究白皮书》预测，基于消费者消费习惯的养成以及冷链和仓储系统的完善，2017 年中国生鲜电子商务市场有望超过 1 000 亿元规模。京东集团高级副总裁、生鲜事业部总裁王笑松称，2015 年生鲜电商的规模是 497 亿元，2018 年预计达 2 365 亿元。2016 年年初成立的京东生鲜仓，意在从服务力下功夫。据介绍，京东生鲜自营现已覆盖 120 个核心城市，当日 15 点前的订单可 5 小时内配送到家，15 点之后的订单第二天可配送到家。此外，京东还将优质合作伙伴的仓储功能与京东仓储进行合并，形成“协同仓”，做到产地直发，一地配送全国。以冷链物流而言，过去生鲜电商的基础建设不够，投入资金成本比较大，生鲜电商企业通常使用第三方物流，但第三方服务的手段与内容较为单一，冷链也没有达到产品适宜的温度。随着冷链物流的发展，以及平台方对消费者习惯的了解，再加上自营冷链物流，生鲜电商如今无论是在仓储配置、布局、温控方面，还是在物流路径、物流网点上都更加专业。

6. 阿里与百联“联姻”易果生鲜

2017 年开年的零售业被阿里与百联的“联姻”推上一个高潮，马云表示：“2017 年是阿里巴巴启动新零售的元年，而新零售的第一站就在上海，第一个战略合作伙伴选择百联。”新零售时代到来，阿里迫切地要与实体零售企业合作，这已经毋庸置疑。据公开资料显示，百联集团是上海市属大型国有重点企业，旗下包含超市、百货、购物中心、便利店、医药、电商等业态，有 7 000 多家门店，其中 70%在上海。而且根据凯度消费指数发布的主要零售商市场份额占有率，百联集团全国排名第六，位于武商联、物美之前。

易果生鲜旗下的安鲜达物流，已在全国 10 个城市拥有 11 个仓库，配送覆盖超过 200 个城市及地区，特别是在华东地区多地实现次日达、次晨达，实现了用户购买生鲜产品一站式配送上门服务，打造了基于用户消费升级的冷链体系，并形成了标准化的仓储运作模式。而在生鲜供应链方面，易果生鲜拥有多达 4 000 个，涵盖水果、蔬菜、水产品、禽蛋、肉类、食品饮料、粮油、甜点等品类齐全、标准化、品牌化的供应链，甚至还在悄然布局上游农业，力图全面打通整个供应链体系。经营生鲜食品的关键就在于冷链物流建设，而这也恰恰是整个新零售供应链系统中最难的一个环节。因此在阿里与百联合作的新零售领域，易果生鲜扮演的角色更多的是在后端供应链、物流等方面。

据悉，目前整个天猫超市的生鲜配送及供应链系统都由易果生鲜来完成，同时苏宁的生鲜频道、苏宁准备发力的“苏宁小店”的生鲜部分也会由易果生鲜来接管。由此看来，易果生鲜将成为阿里系新零售战略里生鲜食品环节主要的供应链和运力合作伙伴。另外，据知情人士透露，主营淘宝便利店业务的闪电购也在与易果生鲜谈判合作。而百联旗下拥有超过 7 000家网点，根据阿里的惯例，若生鲜方面由易果生鲜给世纪联华、华联吉买盛、联华超市、华联超市、华联罗森、快客便利店、第一医药、第二食品等提供供应链和配送的服务，阿里就可以实现生鲜食品类的物流、供应链端打通，在商品和服务上都有较大提升，使顾客线上有好的购物体验，线下有好的服务体验。

三、跨境生鲜电商的发展

1. 浙达达缘 O2O 跨境生鲜

浙江达缘集团是一家可以操作肉类、水产品、乳制品以及新鲜果蔬等跨境电子商务保税分包平台的企业。达缘以进口食品安全为出发点，以解决食品安全问题、进口食品市场规范问题为己任，以政府支持、企业创新的方式为导向，实现了进口生鲜小包装的全程溯源、全程品控。而嗳品口美则是浙江达缘集团倾力打造的一套更为健康且可持续拓展的跨境生鲜 O2O 生态系统。

2. 天猫携手中房，开启跨境高端生鲜时代

2017 年 3 月 10 日，天猫生鲜与上海中房齐聚上海环球港，共同见证“共助生鲜消费升级”战略合作仪式。这是史上首次海运 1 195 头活牛进入中国，并以天猫作为独家渠道发售。在未来，天猫将锁定其在澳大利亚基德曼牧场所有的 20 万头活牛，持续规模化引入澳大利亚活牛和牛肉制品。澳大利亚活牛船运是中澳两国贸易的一次创举，而天猫与上海中房开启了此次首航，这不仅对中澳双方贸易的推动影响深远，更将共同推进生鲜牛肉的产业链合作，助推中国生鲜产业消费体验升级。

生鲜产品一直是全球消费品市场中最重要的品类之一，而生鲜牛肉产品是其中的佼佼者，在“民以食为天”的中国更是如此。随着国民消费观念的转变，牛肉逐渐成为餐桌热宠。据统计，2016 年，在中国牛肉总消费量 800 多万 t 的数字中，来自国内产能的贡献只有 675 万 t，剩下 15%的缺口都由国外进口牛肉补充，这就导致中国市场上的很多牛肉依靠进口。另外，中国消费者认定澳大利亚牛肉天然健康，也让国内对澳大利亚牛肉的需求量越来越大，中国也就成为澳大利亚牛肉的第一进口国，而现在天猫与中房，更是让澳大利亚生鲜牛肉进入千家万户。随着国内牛肉消费升级，进口牛肉将成为弥补国产牛肉巨大缺口的一个重要来源。“澳大利亚活牛进口+电商销售”的联动模式，也将进一步带动我国牛肉电商消费市场的发展。

第四节　快递与冷链物流融合发展

一、农村电商发展，吸引快递下乡

农村电商如火如荼，吸引着越来越多的快递物流企业启动新一轮“下乡”热潮。申通快递与安厨电商已达成战略合作，申通将借此布局农村市场，并进军冷链物流，这预示着快递公司正进一步向农村下沉，逐渐融入农业生产产业链中。

如今，在电商成为精准扶贫以及农业供给侧结构改革重要手段的战略背景下，快递下乡越发受到政策层面的力挺。国家邮政局印发的《快递业发展“十三五”规划》提出，加快实施“快递下乡”工程，推进“农户+电商+快递”发展模式，到 2020 年，乡镇网点覆盖率将达到 90%，基本实现乡乡有网点、村村通快递。随着互联网经济向县域、农村蔓延，农村“最后一公里”的“物流革命”，正成为激活“互联网+农业”，促进农村地区消费升级的关键环节。近年来，快递下乡持续获得政策力挺。2014 年，国家邮政局提出实施“快递下乡工程”；2016 年，中央 1 号文件明确提出实施“快递下乡工程”；2017 年，中央 1 号文件再次明确提出推动商贸、供销、邮政、电商互联互通，加强从村到乡镇的物流体系建设，实施“快递下乡工程”。

在政策力推下，乡镇市场一直是检验物流公司网点覆盖率的重要指标之一，过去几年，农村地区已经掀起一场物流竞赛。2014 年，圆通开始推进通乡镇、通村组的“两通”工程；顺丰推出农村战略，全面布局农村乡镇快递市场，并鼓励员工回乡创业，以代理模式渗透到乡镇一级。2015 年，申通启动了“千县万镇工程”。与此同时，以阿里和京东为代表的电商平台成为农村物流的另一支生力军。京东将配送渠道下沉到农村，将物流陆续渗透到县级城市，并于2014年年初推出了先锋站计划和“京东帮服务店”。2014年7月，阿里宣布全面启动渠道下沉战略，菜鸟网络联合日日顺物流，全面激活全国2 600个区县的物流配送体系。10月，阿里巴巴启动农村淘宝的“千县万村计划”，计划3~5年投资100亿元，建立1 000个县级运营中心和10万个村级服务站。如今，随着农村电商的定位被不断提升，将物流进一步向农村下沉，正引领着新一轮农村物流掘金热。2016年5月，菜鸟启动“县域智慧物流+”计划，这一计划已在全国所有省份落地，覆盖了530个县城、3万个村点，2017年“县域智慧物流+”将覆盖全国三分之二以上的县城。

中国电子商务研究中心的分析师认为，快递企业将进一步渠道下沉，角逐农村物流，“随着电商物流农村化布局加快，京东、菜鸟网络等电商物流在农村市场布局站点，以‘三通一达’为代表的民营快递企业也把体系铺设到农村，加快农村市场电商化进程”。

二、快递企业申通介入农村生鲜领域

2017年2月15日，申通快递有限公司宣布和县域农业电商服务商安厨电子商务有限公司达成战略合作。双方将在县域网点建设、农村物流服务、县级仓配服务以及安全农产品进社区等方面展开深度合作。随着近几年的发展，生鲜电商的渗透率已从初期的不到1%，到如今的2%~3%，年交易规模超500亿元，预计未来5年可以轻松突破千亿元规模。目前如此大规模的市场，谁都想在生鲜这片“蓝海”中抢得先机。申通快递正积极进行多元化产业布局，包括在快递、快运、冷运、仓配一体等领域进行布局，稳步推进国际业务、乡村业务发展。同时，申通快递还将对末端的配送板块进行精细化管理，进一步降本增效。借助于此次机会，申通快递与作为县域农业电商服务专家的安厨电子合作将进一步完善企业的多元化产业，推动乡村业务和末端配送的管理。可以看出，申通快递对生鲜领域的强势介入，正是其上市之后的重大产业布局行动之一。

据悉，申通与安厨的合作将首先在线上的流量方面展开。其实，申通早已涉足生鲜电商领域，并利用自身的网络建设，切实解决农村物流“最后一公里”难题。而此次合作的安厨，也已建立了自己的专业电商平台，是全国首家农产品县乡直供平台。一旦双方合作，申通快递将成为安厨商城的新流量入口，申通快递可观的网络流量，再加上安厨的电子商务，可有效激活县乡农村市场，充分发挥“互联网+”的作用，为农产品销售打开一个“新世界”的大门。同时，快递下乡有利于农村物流的发展，助力末端物流的配送。

尤其值得注意的是，经过多年的积累，申通快递已在全国范围内形成了完善、流畅的自营快递网络。截至2016年年末，申通快递已建立独立网点及分公司1 600余家、服务网点及门店20 000余家、乡镇网点15 000余家。通过与安厨电子合作在县域建立分站，形成“企业+农户+电商”的格局，在田园就打通了“农产品进城”的绿色通道。而“快递+特色农产品”的优质服务，势必加大当地农产品的输出量，输出量上去了也会进一步增加县域级网点的收件量。

申通快递方面表示，助力农产品销售是申通快递与安厨电子合作的基础，而实现农产品从农村到城市的配送，达到农村物流和城市仓配、冷链物流的无缝对接，帮助农民增收，也是申通快递建设企业文化、践行社会责任的初衷。

三、快递下乡开启双向流通

中国物流与采购联合会发布的《2016 年电商物流运行报告》认为，农村电商继续领跑业务量增长，而冷链物流将成为行业发展重点。农村电商物流发展迅猛，2016 年农村业务量指数平均为 191. 5，反映物流业务量增长速度接近 200%。

事实上，电商下乡就是要实现农产品进城、工业品下乡双向流通。随着“互联网+农业”的发展，如何建立起农产品进城的绿色通道，如何打破产品上行与下行之间的失衡，让互联网技术深度介入农业生产，提高农业生产率，则成为当前发展农村物流的着力点。对此，2017 年中央 1 号文件提出：“完善全国农产品流通骨干网络，加快构建公益性农产品市场体系，加强农产品产地预冷等冷链物流基础设施网络建设，完善鲜活农产品直供直销体系。”

不过，“农产品进城”对物流有着更高要求。随着消费者对生鲜和低温产品的需求量逐渐上升，如何强化冷链物流基础设施，逐渐成为农村物流市场竞争的重要方面。据悉，京东从 2016 年年初开始布局生鲜产业链，目前已在北京、上海、西安等 10 个城市建设了先进的多温层冷库，覆盖近 120 个大中城市。

随着互联网的普及和农村物流网络的完善，制约农村物流的信息不畅、物流基础薄弱等问题一定程度上得到解决，中西部特别是偏远地区的消费需求得到有效释放。同时，各级政府、电商企业也加大对电商物流的支持力度，例如宁夏、浙江、河北建立了电商物流示范基地；江苏、湖北则积极推进城镇乡村网点建设，实现全区县覆盖。产品“进城”和商品“下乡”双向流通格局正在加紧形成。

2016 年上半年，中西部农村网络零售的季度环比增速达到 24. 57%，高出传统发达地区农村增速 10 个百分点以上。截至 2016 年 10 月，全国信息进农户试点工程已覆盖 116 个县 2. 4 万户。中西部地区的农产品电子商务呈现跨越式发展，增速已超过东部沿海地区，形成了覆盖干货、加工品、休闲农产品全种类的产业格局。随着电商扶贫等利好政策接连出台，中西部农村物流有望搭上顺风车。未来，打通乡村快递“最后一公里”，将成为快递行业竞争的另一主线。

课后练习

一、选择题

1. 电子商务下的物流充分发挥了技术的优势，在运输、装卸、配送、保管和包装等物流功能中，利用信息技术和机电设施最大限度地减少人工参与，提高运作效率，这表明电子商务下的物流具备（　　）特征。

   A. 物流自动化　　B. 物流网络化
   C. 物流智能化　　D. 物流柔软化

2. 水产品冷链流程是（　　）。

   A. 捕捞—预冷—包装—冷藏—运输—销售
   B. 捕捞—冷藏—包装—预冷—运输—销售
   C. 捕捞—包装—预冷—冷藏—运输—销售

D. 捕捞—预冷—冷藏—包装—运输—销售

3. 关于农产品绿色运输的策略以下哪些描述是正确的？（　　）

A. 尽量选择汽车、航空等环保运输

B. 尽量采用适宜农产品保险运输的车辆

C. 车体内不允许使用有污染及放射性的涂料

D. 避免无效运输

4. 农产品物流信息系统的实施一般经过哪些步骤？（　　）

A. 数据录入　　B. 岗位培训

C. 系统试运行　　D. 系统转换

5. 从（　　）的角度来看，农产品物流可分为农产品包装、农产品装卸、农产品运输、农产品储藏、农产品加工。

A. 农产品供应链　　B. 农产品物理特性

C. 物流主题　　D. 农产品物流功能

二、思考题

1. 当前我国冷链物流发展存在什么问题？
2. 在"一带一路"背景下，广西如何发展冷链物流？
3. 如何利用中欧货运班列做大做强我国冷链物流产业？
4. 跨境电商如何与冷链物流融合发展？
5. 快递与冷链物流如何融合发展？

案例分析

冷链物流行业商机显露　发展机遇与风险并存

从食品、生鲜到药品都对冷链物流有需求。我国城镇化率的不断提升，给冷链物流的发展带来了巨大机遇。但行业存在的诸多痛点，导致冷链物流发展缓慢，成为当前冷链物流服务升级和创新变革亟待破除的障碍。

2017年"双11"，京东物流数据显示，11月11日当天仓库发货量同比增长134%，其中，生鲜仓库数据最为抢眼，同比增速高达236%。

目前，京东已成为中国最大的生鲜电商冷链宅配平台，在全国范围内建立了覆盖深冷、冷冻、冷藏和控温四个温区的冷仓，可满足不同品类生鲜商品的个性化存储需求，预计到2020年，随着京东仓储面积不断扩展以及智慧物流技术全面应用，京东生鲜冷链日均仓库订单处理能力将达到1 000万件。

此外，在我国各地，冷链物流建设也在持续加速。根据《河南省冷链物流转型发展工作方案》，到2020年，河南省基本建成链条完整、设施先进、标准健全、服务高效的冷链物流体系，郑州的国际冷链物流枢纽和全国冷链集散分拨中心地位基本确立，冷链物流发展水平位居全国前列。

据前瞻产业研究院《中国冷链物流行业市场前瞻与投资战略规划分析报告》的数据显示，2015年我国冷链物流总额为4万亿元左右，年增速达22%，未来5年（2017—2021年）年均复合增长率约为23.10%，2021年冷链物流总额将达到12.5万亿元。

经过这几年的深耕，我国冷链产业发展迅速。但由于起步较晚，我国冷链物流市场与发达国家相比，无论是在消费理念、基础设施建设、市场规范，还是在供应链整体规划等各个方面都还有很大差距。

首先，国内冷链设施相对陈旧，相关投入成本一直居高不下。冷库及冷藏车等资源的人均占有量仍旧偏低，部分基础设施陈旧且分布不均，亟待升级改造。

另外，由于配送要求高，导致冷链运营成本很高。据悉，在全国 5 000 多家生鲜电商中，纯赢利的电商不足 5%，其余的多处于亏损状态，只有小部分勉强盈亏平衡。

除了设备和成本问题，我国冷链物流的人力资源也严重短缺，而且这方面的培训机构也非常缺乏。

困难是挑战，更是机遇，但机遇总是留给有准备的人们。随着物流行业转型升级的加快，冷链物流行业将迎来重要发展机遇。

案例思考：

当前我国冷链物流行业发展面临哪些机遇？存在什么风险？

项目编辑：徐春英
策划编辑：韩　泽
责任编辑：刘永兵
封面设计：张　涛

农产品检验与物流安全

关注理工职教
获取优质学习资源

ISBN 978-7-5682-5117-4
9 787568 251174
01>

定价：35.00元

高职高专计算机任务驱动模式教材

网络服务器搭建、配置与管理
——Windows Server（第2版）

杨　云　康志辉　编　著

清华大学出版社